U0257873

BLUE BOOK

智库成果出版与传播平台

大数据应用蓝皮书

BLUE BOOK OF BIG DATA APPLICATIONS

中国大数据应用发展报告 *No.7*(2023)

ANNUAL REPORT ON DEVELOPMENT OF BIG DATA APPLICATIONS
IN CHINA No.7 (2023)

组织编写／中国管理科学学会大数据管理专委会
　　　　　国务院发展研究中心产业互联网课题组
主　　编／陈军君
副 主 编／吴红星　张晓波　端木凌

社会科学文献出版社
SOCIAL SCIENCES ACADEMIC PRESS（CHINA）

图书在版编目（CIP）数据

中国大数据应用发展报告 . No. 7，2023／陈军君主
编；吴红星，张晓波，端木凌副主编 . --北京：社会
科学文献出版社，2023. 12
　　（大数据应用蓝皮书）
　　ISBN 978-7-5228-2869-5

　　Ⅰ . ①中… 　Ⅱ . ①陈… ②吴… ③张… ④端… 　Ⅲ.
①数据管理-研究报告-中国-2023 　Ⅳ . ①TP274

中国国家版本馆 CIP 数据核字（2023）第 211745 号

大数据应用蓝皮书
中国大数据应用发展报告 No. 7(2023)

主　　编／陈军君
副 主 编／吴红星　张晓波　端木凌

出 版 人／冀祥德
组稿编辑／祝得彬
责任编辑／刘学谦
责任印制／王京美

出　　版／社会科学文献出版社 · 当代世界出版分社 （010）59367004
　　　　　地址：北京市北三环中路甲 29 号院华龙大厦　邮编：100029
　　　　　网址：www. ssap. com. cn
发　　行／社会科学文献出版社 （010）59367028
印　　装／三河市东方印刷有限公司

规　　格／开　本：787mm×1092mm　1/16
　　　　　印　张：19.25　字　数：288 千字
版　　次／2023 年 12 月第 1 版　2023 年 12 月第 1 次印刷
书　　号／ISBN 978-7-5228-2869-5
定　　价／168.00 元

读者服务电话：4008918866

主要编撰者简介

余福荣　杭州玖欣物联科技有限公司董事长，中国管理科学学会大数据管理专业委员会委员；从事过固网、光网络、3G、数通、存储、多媒体等领域研发工作；创立华为-3com 存储产品线和多媒体产品线；曾参与国家通信行业标准、华为 3COM 标准的起草工作；获得浙江省科技进步奖、国家级科技进步奖二等奖；2018 年开始从事工业互联网领域的研究与实战，已经成功为多家上市公司提供数字化转型的落地解决方案。

唐亚林　复旦大学国际关系与公共事务学院教授、博士生导师，复旦大学大都市治理研究中心主任，研究方向为中国政府与政治、比较政府与政治、城市治理与区域一体化。代表性论著有《从边缘到中心：当代中国政治体系构建之路》《网络政治空间与公民政治参与》等。研究成果有《公务员法（草案）修改建议》，2006 年 10 月获上海市第八届哲学社会科学内部探讨优秀成果；《社区自治：城市社会基层民主的复归与张扬》于 2004 年 9 月获上海市第七届哲学社会科学优秀成果奖。

周蜀秦　南京市社会科学院副院长、教授，"昆仑英才-名师工作室"首席科学家，江苏省政府研究室发展研究中心副主任。

夏景奇　天业仁和（北京）教育投资有限公司总经理，曾在北京大学经济管理学院攻读 MBA，2007 年至今，在北京自主创业。当选过第九届、第十届河南省政协委员。

董青岭　青年长江学者，对外经济贸易大学国际关系学院教授、博士生导师。主要致力于大数据科学与国际关系的交叉研究，研究内容涵括大数据海外舆情监测与冲突预警、国际关系自然语言处理与社会情感挖掘、机器学习与国际关系智能分析。出版个人学术专著两部：《复合建构主义：进化冲突与进化合作》（2012）、《大数据与机器学习：复杂社会的政治分析》（2017）。

摘　要

2023 年，中国数字经济发展呈现新特征。首先是政策层面，2022 年 12 月 19 日，中共中央、国务院印发《关于构建数据基础制度更好发挥数据要素作用的意见》，提出要建立合规高效、场内外结合的数据要素流通和交易制度，构建规范高效的数据交易场所。这份被业内称为"数据二十条"的文件，在中国数字化经济发展中具有里程碑意义，表明了国家高度重视数据这一崭新且关键生产要素的态度，也预示着数据要素交易实践将进入深度探索阶段。其次是技术层面，2023 年伊始，ChatGPT 迅速火遍全球。以 ChatGPT 为代表的大模型引领新一轮全球人工智能技术发展浪潮，大模型不断加速实体经济智能化升级，深度改变行业生产力。通过"大数据+大算力+强算法"的路径，大模型显著增强了通用性、泛化性，推动人工智能从以专用小模型定制训练为主的"手工作坊时代"，迈入以通用大模型预训练为主的"工业化时代"。在此新背景下，大数据发展应用将呈现出怎样的特点，迎来怎样的趋势和挑战？有待业内各方人士认真观察思考，做出积极应对。

"大数据应用蓝皮书"由中国管理科学学会大数据管理专委会、国务院发展研究中心产业互联网课题组和上海新云数据技术有限公司联合组织编撰，是国内首部研究大数据应用的蓝皮书。旨在描述当前新技术及政策背景下，大数据在相关行业、领域及典型场景应用的状况，分析当前大数据应用中存在的问题和制约其发展的因素，并根据当前大数据应用的实际情况，对其发展趋势做出研判。《中国大数据应用发展报告 No.7（2023）》分为总

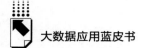

报告、热点篇、案例篇、探究篇四个部分，聚焦新技术、新场景，对大数据在数字政府、教育、文旅、金融、工业制造等多个领域及行业应用的最新态势进行了跟踪，组织编撰了相关实践案例。本期报告收集了大数据服务地方政府精准决策、大数据在文化和旅游资源普查与评价中的应用、教育大数据治理及应用、工业互联网在玻璃制造行业的应用等热点案例，并展开深入分析。

本书研究认为，以 ChatGPT 为代表的大模型的兴起，将给数字经济发展带来一系列变化：数据要素从资源化转为资产化；数据交易精细化管理；算力基础设施协同化、智能化、绿色化；AIGC（人工智能生成内容）技术引领技术变革。在国家相关政策的推动下，随着基础数据、模型技术和算力基础设施日趋成熟，AIGC 将进一步演化。它不仅将催生更为丰富和高质量的内容创作，还具备扩展至教育、医疗、工程、科研和艺术等多个行业的潜力。本书指出，大模型推动数据要素从资源到资产的转化，是释放数据潜在价值的关键步骤，标志着经济社会数字化向更深层次发展。大模型在带来一系列变化的同时，也带来了相应的众多挑战，如大模型在数据处理上对数据的权威性、质量、规模、多样性、及时性和安全性等方面提出了更高的要求。

关键词： "数据二十条"　ChatGPT　大模型　AIGC

序一
大数据助力新一代人工智能持续稳定发展

李凡长[*]

以 2022 年 11 月 30 日美国"开放人工智能研究中心"发布 ChatGPT 为标志，人工智能内容生成激起强烈反响。同年 12 月 6 日，DeepMind 发布 AI 剧本协作工具 Dramatron；12 月 24 日，You. com 上线 YouChat；2023 年 1 月 17 日，Anthropic 宣布其聊天机器人 Claude 进入测试阶段；2023 年 2 月 9 日，谷歌 Bard 发布会演示翻车，一夜蒸发千亿美金；2023 年 2 月 24 日，Meta 宣布开源 LLaMA；2023 年 3 月 17 日，微软公布 Microsoft 365 Copilot，将 GPT-4 接入其 Office 产品序列。我国企业不甘其后，百度文心大模型、腾讯混元大模型、阿里通义大模型、华为盘古大模型、讯飞星火认知大模型等纷纷发布。短时间内大模型引发空前关注，芯片、资本、云计算、内容服务商纷纷置身其中，新一代人工智能再掀热潮。

新一代人工智能并没有明确和统一定义，但以 2016 年深度学习击败人类围棋高手为分界点，大数据、算法、算力、场景成为驱动人工智能的新要素，深度学习、自然语言处理、计算机视觉和强化学习等成为人工智能技术核心，推动着人工智能应用广泛拓展。2017 年，我国多位院士与专家对新一代人工智能中涉及的大数据智能、群体智能、跨媒体智能、混合增强智能

---

[*] 李凡长，江苏省机器学习与网络安全交叉研究工程中心主任，江苏省计算机信息处理重点实验室主任，俄罗斯工程院外籍院士。

和自主智能等进行阐述，提出将数据驱动机器学习与人类先验知识和隐式直觉结合，有效产生可解释、健壮和通用的人工智能，从而将大数据转化为结构化知识，为社会提供更好决策；引入"人类计算与微任务""移动众包与共享经济""民众科学平台""群体软件开发"四种平台构建群体智能，聚集群体智慧来解决科学难题；从统一表征与模型、关联理解、知识图谱构建、演化与推理、描述与生成、智能引擎、智能应用中梳理跨媒体分析推理；提出人机混合增强智能和基于认知计算混合智能的人工智能发展模式；基于类人与超人感知提出 AI 2.0 的研究重点领域；并指出制造领域的新场景与趋势。2020 年至 2022 年间，李德毅院士[1][2]总结了新一代人工智能的内涵、外延、技术特征和发展目标等，提出新一代人工智能是跃升为无意识的类脑智能，其核心在于学习能力，新一代人工智能需打破连接主义、符号主义和研究主义的封闭，不用刻意界定通用与专用人工智能等观点。2023 年，国家自然科学基金委员会发布指南，针对可解释、可通用的下一代人工智能方法的基础科学问题，围绕以下三个核心科学问题开展研究。一是深入挖掘深度学习模型对超参数的依赖关系，理解深度学习背后的工作原理，建立深度学习方法的逼近理论、泛化误差分析理论和优化算法的收敛性理论；二是通过规则与学习结合的方式，建立高精度、可解释、可通用且不依赖大量标注数据的人工智能新方法，开发下一代人工智能方法需要的数据库和模型训练平台，完善下一代人工智能方法驱动的基础设施；三是发展新物理模型和算法，建设开源科学数据库、知识库、物理模型库和算法库，推动人工智能新方法在解决科学领域复杂问题上的示范性应用。

世界各国在产业环境、算法算力、数据、人才竞争等领域展开激烈竞争，形成中美两国引领、各国梯次分布、多极分化的竞争局面。美国将中国视为人工智能领域强力竞争对手[3]，采取技术制约措施，我国面临技术封锁、基础研究不足和技术领域创新滞后等挑战。在此情形下，发展独立自主

---

① 李德毅：《新一代人工智能十问》，《智能系统学报》2020 年第 1 期。
② 李德毅：《新一代人工智能十问十答》，《智能系统学报》2021 年第 5 期。
③ National Security Commission on Artificial Intelligence, Final Report, 2021.

的人工智能产业殊为不易。

我国将新一代人工智能作为国家战略，在多重创新力量共同驱动下，人工智能产业蓬勃发展，企业数量超过 4300 家，核心产业规模达到 5000 亿元，核心基础设施布局加快，算力规模位居世界第二。① 我国人工智能领域自主可控技术体系呈现雏形，发展出智能芯片、基础架构、操作系统、工具链、基础网络、终端系统、深度学习平台、大模型和产业应用的复杂技术体系，形成人工智能领域中美两国各自引领创新联盟格局。经过不懈努力，我国以人工智能为核心的融合产业群体逐渐成形，在智慧城市、智能管理、智能制造等多项领域开花结果。同样，人工智能的发展也推动了大数据、云计算、物联网、5G、区块链、语音识别、增强现实、智能芯片、机器视觉、生物识别、空间技术、光电技术、无人机技术、自动驾驶、知识图谱等多个领域的发展，呈现专业化发展趋势。中国形成以京津冀、长三角、珠三角、川渝都市圈为代表的人工智能产业聚集区；以百度、阿里、华为等头部企业引领，构建包括智能芯片、基础架构、操作系统、大数据、云计算、机器学习平台、大模型、行业应用与人才培养在内的自主可控技术体系；旷视、商汤、海康、大华、大疆、寒武纪等众多厂商在垂直领域独树一帜的产业协同形势。为应对外部竞争压力增大、技术体系存在短板、头部企业技术升级缓慢等挑战，我国需要打造基于网络空间发展的创新群体，促进高校、科研机构、创新组织与企业协同，提供开放应用场景和创新系统。

我国新一代人工智能将构建区域与城市合作作为主要机制，以引导企业簇群发展的创新平台作为基石，将人工智能与实体经济融合作为产业增长保证，发挥政府引导支持作用，形成以创新性产业集群为重要特征的新一代人工智能发展模式，持续推动我国人工智能高质量发展。

人工智能高速增长引发不安，人类担心传统劳动力被取代引发失业与经济失衡；隐私数据被泄露与滥用；数字鸿沟与垄断、数据与算法偏差带来歧

---

① 新华社：《我国人工智能蓬勃发展 核心产业规模达 5000 亿元》，2023 年 7 月 7 日，中华人民共和国政府网，https://www.gov.cn/yaowen/liebiao/202307/content_ 6890391. htm。

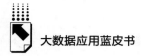

视与不公；人工智能技术被恶意滥用。例如美国白宫制定人工智能研究发展战略关注人工智能公正性，提出"对基础和负责任的人工智能研究进行长期投资""降低人工智能研发领域的门槛，加强先进计算资源的可访问性""小型非营利组织是社会人工智能造福人类举措的主要贡献者"等内容。①我国政府积极推动人工智能伦理建设，2017 年，国务院发布的《新一代人工智能发展规划》中强调要建立健全人工智能伦理规范，推动人工智能技术的健康发展；2018 年，中国科学技术协会发布的《中国智能科学与技术发展战略报告（2018-2030）》中涵盖了人工智能发展的伦理问题，包括人工智能伦理标准的制定、隐私保护、社会公平与公正等方面的内容；2021 年 9 月，国家新一代人工智能治理专业委员会发布了《新一代人工智能伦理规范》。提升相关法律建设与国际合作以加强人工智能的伦理挑战与科学应对，包括人工智能伦理研究与政策法律规范制定将是新一代人工智能稳健前行的前提。

"大数据应用蓝皮书"至今已经出版到第七期，该蓝皮书序列长期关注我国大数据应用与管理，跟踪和推动中国数字经济发展，收集和提炼中国数字经济转型实践与思想，对我国企业管理者、政府领导有重要参考价值。希望中国管理科学学会大数据管理专业委员会的专家和同志们在各自领域积极创新并深入思考，进一步为新一代人工智能持续稳定发展提供更多知识和宝贵经验。

---

① 《美国国家人工智能研究和发展战略计划 2023 年更新版》，美国国家科学技术委员会人工智能特别委员会，2023 年 5 月。

序二
打造数字创新生态，全面建设数字中国

陈　劲*

纵观人类社会发展历史，经济形态的每次重大变革，通常都依赖和催生新的生产要素，进入数字经济时代，数据则逐渐成为驱动经济社会发展的新的生产要素。2022 年 12 月 19 日，中共中央、国务院印发的《关于构建数据基础制度更好发挥数据要素作用的意见》明确指出："数据作为新型生产要素，是数字化、网络化、智能化的基础，已快速融入生产、分配、流通、消费和社会服务管理等各环节，深刻改变着生产方式、生活方式和社会治理方式。"这一中国数据发展里程碑式的文件，传达着国家在经济发展中对数据这一崭新且关键生产要素的高度重视。

在现实中，大数据、人工智能、区块链等新兴技术的加快应用，切实推动了数字经济等新产业新业态蓬勃发展，促进了产业链和创新链深层次有效融合。不断开辟经济发展的新领域、新赛道，成为驱动社会经济高质量发展的关键。然而作为新的生产要素，数据具有明显的"发展属性"，且总体处于发展的初级阶段，数据的"关键要素"特性还未达到预期，其创新潜能亟待开发。

* 陈劲，清华大学经济管理学院教授、教育部人文社会科学重点研究基地清华大学技术创新研究中心主任，中国管理科学学会副会长。国家社会科学重大项目、国家自然科学重点项目、国家重点研发项目首席专家。主持中央和国家有关部门以及地方政府决策咨询项目 10 余项，在国内外发表论文 800 余篇，完成专著 50 余部。

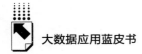

随着云时代的来临，大数据需要新处理模式、新技术加持才能具有更强的决策力，要想更有效地利用大数据，须重点突破以下三个关键点：第一，在更大范围内应用大数据和大数据分析技术进行创新，坚持数据产生洞察和洞察产生创新理念；第二，培育容许探索与发现的文化，数字化平台应保持灵活的态势，时刻对新创意和用户开放；第三，有效地利用大数据和分析工具开展创新，提出新想法、创建新业务。企业可通过与合作伙伴进行数据共创共享、价值链资产合作赋能数字化创新生态体系，即基于数字科技产生的创新生态，将进一步丰富和拓展数字科技和创新的外延，扩大中国企业、中国产业创新发展的力度和深度。数字化战略和创新生态相结合可以打造数字化创新生态体系，高质量发展数字经济，为全面建设数字中国提供巨大动能。

数字时代，数据是机遇，也是潜力。《中国大数据应用发展报告 No.7（2023）》系统梳理数据崛起这一典型遵循科技创新规律的自下而上的过程，提炼释放数据生产力的核心要义。2017~2023 年，"大数据应用蓝皮书"持续追踪中国大数据的演变与革新，聚焦国家数字经济发展战略，围绕大数据技术发展、大数据价值、大数据应用、大数据治理，以及大数据安全等方向进行探讨，撰写报告及案例涉及大数据在政府、金融、工农业、能源交通、5G 通信、医疗、民生、文旅、生态、教育、游戏、考古、舆情以及疫情防控等众多领域的应用。与此同时，"大数据应用蓝皮书"密切关注大数据技术、5G 移动通信、人工智能、物联网、区块链、量子计算、空间技术等技术前沿，独家发布大数据管理成熟度模型及指标体系、数字经济评价指标体系。截至目前，共发表各类报告及案例 94 篇，其中年度综合性研究报告 7 篇、指数体系研究报告 2 篇、行业和热点应用发展报告 32 篇、探究分析和应用案例 53 篇。

连续七年，"大数据应用蓝皮书"忠实记录了我国大数据在相关行业及代表企业的示范性应用，从不同角度展现了以数据为中心的新型大数据系统技术的创新发展，为数字经济发展中新的基础理论和核心技术的探索提供了借鉴，并进一步建立与完善了数据管理这一新兴的管理科学领域，丰富与发展了现代化的管理科学体系，并借助中国海量数据和丰富场景，发展具有中国特色并影响世界的中国数据管理理论与方法体系，支撑我国经济高质量发展。希望广大读者能从中汲取力量，获得启发，积极参与并不断发展中国的大数据管理。

目 录 ↰

Ⅰ 总报告

B.1 生成·创造：大模型背景下的中国数字化发展

················· 大数据应用蓝皮书编委会课题组 / 001

一 数字化发展概况 ··· / 002

二 数据要素及安全 ··· / 007

三 大数据+大算力+大模型 ·· / 015

四 数字化应用 ··· / 019

五 数字化发展趋势及挑战 ·· / 023

六 总结 ··· / 025

Ⅱ 热点篇

B.2 大数据在文化和旅游资源普查与评价中的应用

················· 王英杰 王 凯 张 鹏 韩 莹 / 027

B.3 数字转型赋能江苏开放大学教育治理实践：以"智治"达"高质"

················· 黄 黎 李凤霞 冯余佳 赖文涛 王 芬 / 052

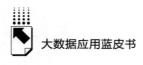
B.4 大数据服务政府精准决策的要素分析
　　——基于安徽省政府大数据平台建设实践
　　…………………………………… 汪晓胜　张　齐 / 071
B.5 全生命周期一体化云原生安全架构研究与探讨
　　…………………………… 陈　权　李　彦　黄　勇 / 088

Ⅲ　案例篇

B.6 工业互联网在玻璃制造行业的应用 ………………… 余福荣 / 116
B.7 数智赋能特大城市治理的南京实践 ………… 毛银玲　孙　文 / 132
B.8 大数据赋能城乡教育优质均衡发展 ………… 夏景奇　马友忠 / 145
B.9 面向大数据应用的供水企业数字化转型实践：以合肥供水集团为例
　　………………………… 朱　波　穆　利　吴　铭 / 161
B.10 基于智慧灯杆推动数字经济与实体经济深度融合发展的路径研究
　　…………………………………… 周蜀秦　臧　锋 / 178

Ⅳ　探究篇

B.11 大数据应用发展与数字政府建设：挑战与出路
　　…………………………………… 王小芳　唐亚林 / 198
B.12 探究大数据在商业银行存量信贷资产管理中的信息应用
　　…………………………………… 汪健豪　赵飞飞 / 216
B.13 数字标识夯实数字经济的身份基石 ………… 范　寅　王国荣 / 234
B.14 新文科实验室建设中亟待解决的问题 ……… 董青岭　刘文龙 / 252

Abstract ……………………………………………………… / 268
Contents ……………………………………………………… / 271

皮书数据库阅读 **使用指南**

总 报 告

General Report

B.1

生成·创造：大模型背景下的
中国数字化发展

大数据应用蓝皮书编委会课题组*

摘　要： 本报告详细分析了 AI 大模型背景下中国数字化发展的全貌，涵盖数字经济、大数据产业、关键技术和创新能力等多个方面；深入探讨了数据要素政策、数据交易和数据安全的现状，讨论了大数据与大型模型之间的关系，总结了计算力和大模型发展的趋势；展示了数字化在政务、文化、社会、生态等领域的应用和影响。报告还强调了数据要素从资源到资产的转变对深化数字经济和社会发展的重要性，突出了完善数据交易管理的必要性以创新交易技术和模式，讨论了"东数西算"战略在促进计算基础设施协同性、智能化和绿色化方面的作用，并预见了AIGC 技术将如何提升各行业内容创造的质量和多样性。

---

*　大数据应用蓝皮书编委会课题组起草。执笔人：汪中，博士、副教授/高级工程师，研究方向为大数据与人工智能。

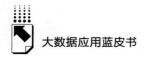
关键词： 人工智能 大数据 大模型 大算力 数据要素

一 数字化发展概况

（一）基础设施建设

1.网络基础设施

截至 2022 年，我国在通信基础设施建设上取得了显著成果，成功实现了"市市通千兆、县县通 5G、村村通宽带"的目标。5G 基站数量已经达到了 231.2 万个，相较于 2021 年增长了 88.7 万个，占全球的 60% 以上。这使得 5G 网络成功覆盖了全国地级市城区、县城城区以及 96% 的乡镇，5G 用户数量也达到了 5.61 亿。[①]

宽带接入领域也取得了长足进展，互联网宽带接入端口总数为 10.71 亿个，年增 5320 万个。其中，能够提供千兆网络服务的 10G PON 端口数量为 1523 万个，年增 737.1 万个。目前，已有 110 个城市满足千兆城市的建设标准，千兆用户超过 9000 万，千兆光网的覆盖能力已经超过了 5 亿户家庭。

在互联网带宽方面，我国已达到 38T，使得互联网骨干网的总体性能跃居世界前列。此外，移动物联网的终端用户数量已经达到 18.45 亿，年增 4.47 亿，使我国成为全球首个"物超人"的主要经济体。IPv6 的部署和应用也在深入进行，活跃用户数达到 7.28 亿，其中移动网络的 IPv6 流量占比接近 50%，这标志着我国互联网正在快速向 IPv6 转型。[②]

2.应用基础设施

工业互联网正朝着网络、平台和安全的一体化方向迅速发展，已经成功覆盖了 45 个国民经济大类，涵盖了超过 85% 的主要工业领域。截至 2022 年

---

① 夏骅：《我国网民规模达到 10.67 亿》，《北京日报》2023 年 5 月 24 日。
② 苏德悦：《数字经济成为稳增长促转型重要引擎》，《人民邮电》2023 年 5 月 29 日。

底，我国的工业互联网标识解析体系已经全面建立，全国的顶级节点已经累计接入了 265 个二级节点，其中新增了 97 个，为近 24 万家企业提供了服务。全国拥有超过 240 个具有行业和区域影响力的工业互联网平台，其中重点平台已连接超过 8000 万台设备，服务的工业企业数量超过 160 万家。

在车联网基础设施建设方面，我国也取得了显著的进展。全国已经建立了 17 个国家级的测试示范区、4 个国家级的车联网先导区、16 个智慧城市基础设施与智能网联汽车的试点城市。智能化道路的改造工作也在稳步推进，已完成的智能化道路长度超过 5000 公里，从最初的单条道路测试扩展到了区域性的示范。此外，能源互联网和智能充电设施也在快速发展中，为我国的能源和交通领域带来了新的机遇。

（二）发展概况

1. 数字经济发展概况

数字经济的发展已成为构建现代化经济体系的核心动力。2022 年，我国的数字经济规模高达 50.2 万亿元，稳定地位列全球第二，同比增长率为 10.3%，在国内生产总值中的占比也上升到了 41.5%。同时，数字产业持续壮大，数字技术与传统实体经济的结合越发紧密，众多新的业态和模式应运而生。数字化企业在技术、产品和服务方面的创新步伐也明显加快，为经济增长注入了新的活力。[①]

（1）数字产业持续扩张

2022 年，电子信息制造业的营业收入为 15.4 万亿元，同比增长 5.5%。软件业的收入突破了 10 万亿元大关，达到 10.81 万亿元，同比增长 11.2%。值得注意的是，信息技术服务的收入高达 70128 亿元，占整个软件行业收入的近 65%。此外，云计算和大数据服务的收入为 10427 亿元，集成电路设计业务收入为 2797 亿元，而电子商务平台技术服务的收入为 11044 亿元。电信业务也取得了 1.58 万亿元的收入，同比增长 7.5%。[②]

---

① 《规模超 50 万亿　我国数字经济加速跑》，《北京商报》2023 年 5 月 24 日。
② 武晓莉：《我国数字经济规模达 50.2 万亿元》，《中国消费者报》2023 年 5 月 29 日。

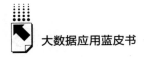

（2）数字技术与实体经济深度融合

制造业的数字化转型也在加速，关键工序的数控化率和数字化研发设计工具的普及率分别达到了58.6%和77.0%。农业的数字化进程正在加速，农业生产的信息化率已经超过了25%。智能灌溉、精准施肥、智能温室和产品溯源等技术在农业中得到了广泛应用。基于北斗系统的农机自动驾驶系统的应用也在增加，已经超过了10万套。此外，工业互联网的核心产业规模超过了1.2万亿元，同比增长15.5%。

（3）数字企业创新活力不断增强

2022年，我国市值排名前100的互联网企业的总研发投入为3384亿元，同比增长9.1%。在研发投入前1000的民营企业中，计算机、通信和其他电子设备制造业，以及互联网和相关服务业的平均研发强度分别为7.33%和6.82%。此外，科创板和创业板上市的战略性新兴产业企业中，与数字领域相关的企业占比分别接近40%和35%。①

2. 大数据产业发展概况

自进入"十四五"时期以来，大数据产业已迈入一个新的发展阶段，特点是集成创新、高速增长、深度应用以及结构的持续优化。数据要素市场的构建、技术的集成与创新以及产业的知识化转型已经成为核心的发展策略。更为重要的是，大数据现在更深入地赋能我国的经济和社会，推动其朝高质量的发展方向前进，其影响和效果日益凸显。

2022年，我国大数据产业规模达1.57万亿元，同比增长18%，成为推动数字经济发展的重要力量。预计到2025年，我国大数据产业测算规模突破3万亿元。云服务、大数据服务共实现收入10427亿元，同比增长8.7%。软件业务收入从2012年的2.5万亿元增长到2022年的10.81万亿元。大数据产业驱动数字经济规模持续壮大。2022年数字经济核心产业收入规模达到29.25万亿元，2020~2022年年均增速达117%，持续助推经济社会数字化转型。

---

① 《中国数字经济发展研究报告（2023年）》，中国信息通信研究院，2023年4月。

（1）数据制度

各地区加快制定出台数据开发利用的规则制度，已有 22 个省级行政区、4 个副省级市出台数据相关条例，促进地方规范推进数据汇聚治理、开放共享、开发利用、安全保护等工作。多地积极探索数据管理机制创新。截至 2022 年底，全国已有 26 个省（自治区、直辖市）设置省级大数据管理服务机构，广东、天津、江苏等地区探索建立"首席数据官"机制。

（2）数据规模

截至 2022 年底，我国的数据产量达到 8.1ZB，同比增长 22.7%，在全球数据产量中占据了 10.5% 的份额，稳居全球第二的位置。数据存储总规模突破了 1000EB，其中实际存储数据量为 724.5EB，年增长率达到 21.1%，在全球的数据存储量中占比达 14.4%。此外，我国的大数据产业规模也达到了 1.57 万亿元，同比增长了 18%。政府在数据开放与共享方面也取得了显著进展，全国一体化政务数据共享枢纽已经与 5951 个各级政务部门实现了接入，发布了 1.5 万类的数据资源，并累计支持了超过 5000 亿次的共享调用。目前，我国已有 208 个地方政府的数据开放平台上线，其中包括 21 个省级平台（不包括直辖市和港澳台地区）和 187 个城市平台。与 2021 年相比，新增加 1 个省级平台和 14 个城市平台。

（三）关键技术

1. 数字技术创新能力

我国已在 5G 领域实现技术、产业、网络和应用的全面领先，同时，6G 研发也在加速布局中。在集成电路、人工智能、高性能计算、电子设计自动化（EDA）、数据库和操作系统等关键领域，我国都取得了重要进展。特别是人工智能芯片和开发框架的发展势头强劲，AI 的基础软硬件支撑能力已基本形成。此外，国产操作系统正在加速规模化的推广应用，其中鸿蒙的总装机量已突破 3.2 亿台。[①]

[①] 《2023 中国大数据产业生态发展报告》，大数据产业生态联盟，2023 年 7 月。

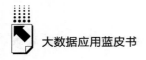

我国已进一步加大对"科技创新 2030—重大项目"、国家重点研发计划和国家自然科学基金的支持力度，特别是在高端芯片、集成电路、操作系统、关键软件、人工智能、量子信息和类脑智能等领域的基础研究和战略布局。2022 年数据显示，我国在信息领域的 PCT 国际专利申请数量接近 3.2 万件，占全球的 37%。此外，数字经济核心产业的发明专利授权量达到了 33.5 万件，同比增长 17.5%。数字技术企业在创新中的主导地位正不断加强，产学研用协同创新生态也在蓬勃发展。各地纷纷推动数字技术创新联合体建设，如湖北的新一代网络和数字化产业技术创新联合体，以及南京的未来网络创新联合体。此外，数字开源社区的协同开放创新生态也在不断完善，目前已有超过 500 个开源社区，涌现出大量的具有核心技术的开源平台和项目。为了进一步加强数字领域的人才培养，2022 年，国家自然科学基金委在数字与数字交叉领域资助了大量的科研项目。与此同时，国务院学位委员会和教育部也发布了相关的学科专业目录，进一步引导高校加强数字领域的学科建设和专业设置。据统计，2022 年通信和互联网领域的相关专业毕业生人数已达到 159 万，占毕业生总量的 15%，在 19 个分行业中排名第一。

2. 大数据关键技术

随着数据资源化和数据开发应用的进一步发展，湖仓一体技术、数据研发运营一体化技术（DataOps）和智能增强分析技术作为大数据技术发展的关键技术被研究。

（1）湖仓一体技术

湖仓一体技术作为数据平台发展的新阶段，正助力企业实现数据的融合一体化管理。在移动互联网的推动下，数据类型和应用场景的多样性要求企业在同一数据平台上混合部署数据湖和数据仓库。传统的湖+仓混合架构存在多种问题，如存储成本高、数据时效性差等。湖仓一体技术正是为解决这些问题而生，它整合了数据湖和数据仓库的优势，提供了一个一体化、开放式的数据处理平台。这种技术不仅降低了数据管理的复杂性，还提高了数据的利用效率，得到了包括亚马逊、阿里云和腾讯在内的多家大型企业的广泛应用。

（2）数据研发运营一体化技术

数据研发运营一体化技术简称 DataOps，是数据开发的新范式。它将敏捷和精益等现代软件开发理念引入数据开发过程中，旨在提高数据产品的交付效率和质量。通过重新组织数据相关的人员、工具和流程，DataOps 打破了传统数据开发中的协作壁垒，构建了一个集开发、治理、运营于一体的自动化数据流水线。随着产业实践和理论研究的深入，DataOps 已从一个模糊的概念逐步演化为具体的实践，得到了中国信通院等机构的积极推动。

（3）智能增强分析技术

智能增强分析技术代表了数据分析的智能化升级方向。这种技术通过机器学习、自然语言处理等先进技术，提高了数据分析流程中的自动化程度，使数据分析工作更加高效和准确。尤其是在 AIGC 技术的推动下，智能增强分析得到了广泛的关注和应用。微软、百度和观远等公司都推出了自己的智能增强型数据分析工具，这些工具使得数据分析可以通过对话的形式轻松完成，大大降低了数据分析的门槛，使更多的一线人员能够利用数据进行决策。

二　数据要素及安全

（一）数据要素政策

数据要素指的是在数字化时代，数据已经成为与土地、劳动、资本和技术等传统生产要素并列的关键要素。它已深入地融入生产、分配、流通、消费和社会服务管理的各个环节，从而深刻地改变了生产方式、生活方式和社会治理方式。简而言之，数据要素是对事实、活动和各种现象的数字化记录，它可以以多种形式存在，如数字、字符、图形和声音等。数据要素具有其独特性，与传统的生产要素相比，它首先表现为技术的产物，具有显著的虚拟性，即它存在于数字空间中。其次，数据可以以相对较低的成本进行无限复制，显示其低成本复制性。再次，每条数据在数字空间中都可能与多个

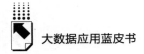

主体或参与者相关，表现出其主体的多元性。最重要的是，数据的这些技术特性赋予其非竞争性、潜在的非排他性和异质性，这使得传统的规则体系和生态系统难以直接应用于数据要素。①

我国对数据要素的政策布局逐渐细化和深入。自 2019 年党的十九届四中全会首次将数据增列为生产要素以来，中央已发布多项政策文件，专门围绕数据要素的发展进行全面规划。2020 年印发的《关于构建更加完善的要素市场化配置体制机制的意见》首次提出了培育数据要素市场的概念。2021 年的《要素市场化配置综合改革试点总体方案》进一步聚焦于"探索建立数据要素流通规则"，涵盖了数据采集、开放、交易、使用和保护等全生命周期的制度建设。这些政策不仅强调了数据要素市场的重要性，还从完善公共数据开放共享机制、建立健全数据流通交易规则、拓展规范化数据开发利用场景和加强数据安全保护等多个方面进行了具体布局。2022 年，我国的政策布局进一步深化。《要素市场化配置综合改革试点总体方案》强调了建立健全的数据流通交易规则，并探索了新的数据交易范式和数据用途与用量控制制度，同时也规范和培育了数据交易市场的主体。1 月 12 日，《"十四五"数字经济发展规划》进一步提出了充分发挥数据要素作用的指导思想，强调了高质量数据要素供给的重要性，加快数据要素市场化流通，并创新数据要素的开发利用机制。为最大化释放数据要素价值、推动数据要素市场化配置，2022 年 12 月，党中央、国务院印发《关于构建数据基础制度更好发挥数据要素作用的意见》，提出要建立合规高效、场内外结合的数据要素流通和交易制度，构建规范高效的数据交易场所，为数据要素交易发展提供了重要指引，数据要素交易实践自此进入深度探索阶段。

除了国家层面，31 个省（自治区、直辖市）相继发布数据要素的相关政策（见表 1）。这一系列政策不仅展示了我国政府对数据要素重要性的高度认识，还反映了在制度上对数据要素的全面布局和推动，旨在进一步促进数字经济的健康、快速发展。

---

① 闫碧洁：《推动数据要素价值释放 专家学者共谋发展之路》，《期货日报》2023 年 5 月 29 日。

表 1 31 个省（自治区、直辖市）关于数据要素的政策文件

文件名称	发布主体	发布时间
《北京市数字经济促进条例》	北京市	2022 年 11 月
《天津市加快数字化发展三年行动方案(2021—2023 年)》	天津市	2021 年 8 月
《推进上海经济数字化转型赋能高质量发展行动方案(2021–2023 年)》	上海市	2021 年 7 月
《重庆市数字经济"十四五"发展规划(2021—2025 年)》	重庆市	2021 年 11 月
《河北省数字经济发展规划(2020–2025 年)》	河北省	2020 年 4 月
《山西省数据市场体系建设 2023 年行动计划》	山西省	2023 年 4 月
《吉林省大数据产业发展指导意见》	吉林省	2023 年 5 月
《黑龙江省"十四五"数字经济发展规划》	黑龙江省	2022 年 4 月
《辽宁省加快发展数字经济核心产业的若干措施》	辽宁省	2022 年 7 月
《江苏省"十四五"数字经济发展规划》	江苏省	2021 年 11 月
《浙江省数字经济发展"十四五"规划》	浙江省	2021 年 6 月
《加快发展数字经济行动方案(2022—2024 年)》	安徽省	2022 年 11 月
《福建省"十四五"数字福建专项规划》	福建省	2021 年 11 月
《江西省"十四五"数字经济发展规划》	江西省	2022 年 6 月
《山东省"十四五"数字强省建设规划》	山东省	2021 年 7 月
《河南省"十四五"数字经济和信息化发展规划》	河南省	2022 年 2 月
《湖北省数字经济发展"十四五"规划》	湖北省	2021 年 11 月
《湖南省"十四五"数字政府建设实施方案》	湖南省	2022 年 3 月
《广东省数据要素市场化配置改革行动方案》	广东省	2021 年 7 月
《海南省国民经济和社会发展第十四个五年规划和二〇三五年远景目标纲要》	海南省	2021 年 8 月
《四川省"十四五"数字经济规划》	四川省	2021 年 11 月
《贵州省"十四五"数字经济发展规划》	贵州省	2021 年 12 月
《云南省数字经济发展三年行动方案(2022—2024 年)》	云南省	2022 年 5 月
《陕西省人民政府办公厅关于印发加快推进数字经济产业发展实施方案(2021—2025 年)》	陕西省	2022 年 6 月
《甘肃省"十四五"数字经济创新发展规划》	甘肃省	2022 年 2 月
《青海省数字经济发展三年行动方案(2023—2025 年)》	青海省	2023 年 4 月
《内蒙古自治区"十四五"数字经济发展规划》	内蒙古	2021 年 10 月
《西藏自治区加强数字政府建设方案(2023–2025 年)》	西藏	2023 年 6 月
《宁夏回族自治区数字经济发展"十四五"规划》	宁夏	2022 年 3 月
《广西数字经济发展三年行动计划(2021—2023 年)》	广西	2023 年 5 月
《新疆维吾尔自治区公共数据管理办法(试行)》	新疆	2023 年 2 月

表格来源：课题组自制。

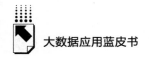
（二）数据要素交易

1. 国际发展现状

随着数字经济的崛起，全球数据流通受到多种因素如地缘政治、国家安全、经济发展和隐私保护的影响。目前，超过 30 个国家已经从数字经济的角度推出了相关制度和政策。[①] 数据市场逐渐成熟，综合性数据交易中心和企业级数据交易平台在财务、商业和健康等多个领域已经建立，展现出市场化的特点。美国作为数字经济的领军者，已经发布了《联邦数据战略》和《2020 年行动计划》，重视数据基础设施和数据流通交易市场的建设，进一步推动了数据产业的发展。欧盟则在"欧洲数据自由流动倡议"框架下推进数据流通，通过《数据法案》和《数字市场法》来促进数据市场的公平性和竞争性。日本政府对于国家安全相关的数据实施了本地化存储的要求，但对其他数据采取了开放态度。日本提出了"基于信任的自由流通体系"，鼓励在保护隐私的前提下实现数据的自由流通。澳大利亚则注重公共部门数据的共享，推动现代化的数据使用和分享机制。英国则强调数据基础设施建设和数据质量的提升，以及数据使用的透明度。

然而，尽管数据流通带来了巨大的经济和社会收益，但各国也意识到数据流通可能带来的风险。由于国家利益、价值观和信任问题，各国在短期内难以达成数据流通的国际共识。目前，国际上尚没有统一的数据流通政策和法规框架，各国的监管方式和倾向也存在差异。总的来说，数字经济时代的数据流通已经成为全球关注的焦点。各国都在努力制定和完善相关的政策和法规，以确保数据流通的安全、公平和高效。

虽然数据流通在全球范围内受到高度关注，但由于各国在地缘政治、国家安全、经济利益和隐私权等方面有着不同的考量和立场，在短期内达成全球性的规则共识变得尤为困难。目前，国际上尚没有统一的数据流通政策和法规框架，各国的监管方式和倾向也存在差异，在数据交易和保护方面呈现

---

① 《数据要素白皮书（2022 年）》，中国信息通信研究院，2023 年 1 月。

出不同的立场和重点。美国以其数字经济和信息技术的全球领先地位为基础，推崇全球数据的自由流通，同时强调个人隐私保护。欧盟则以推动数字单一市场和"数据赋能社会"为目标，内部鼓励数据流通但对外有严格管控。日本紧随美国，推动跨境数据流通，同时也与欧盟寻求数据规则上的共识。澳大利亚和英国分别在加强数据安全和改革现有数据保护法规方面做出努力。新加坡和俄罗斯则在数据出境方面有各自的规定和限制。这些不同的政策和措施反映了各国对数据交易和保护的多元化看法，也与之前提到的全球数据流通的复杂性和多维性紧密相关。这种多样性不仅突显了全球范围内建立统一数据政策的挑战性，也说明了各国在数据政策制定中的独特立场和优先考虑的因素。

2. 国内发展现状

随着《关于构建更加完善的要素市场化配置体制机制的意见》等一系列政策文件的发布，我国的数据要素交易进入了全新的 2.0 时代。自 2020 年起，北京、上海、深圳、广州、湖南和福建等多地纷纷设立数据交易场所。据统计，截至 2022 年底，全国已有 48 家数据交易场所成立，另有 8 家正在筹备中。这些交易场所包括交易所、交易中心和交易平台等多种形式。在股权结构上，国资控股、国资参股和民企控股等多种模式并存，但以政府及国资参股为主，占比高达 74%，而企业主导的交易场所仅占 26%。[①]

新的数据交易场所主要分布在经济发达的京津冀、长三角、珠三角和中西部地区。得益于强大的政府支持、完善的配套政策和资金筹措的便利性，省会城市成了数据交易场所的热门选择。数据还显示，GDP 排名较高的省份，因其经济发达、数据资源丰富和数据交易需求旺盛，所以数据交易场所数量较多，活跃度也较高，这反映了数据交易与区域经济之间的协同发展趋势。值得一提的是，贵阳大数据交易所作为首家成立的交易所，凭借其在贵州大数据发展领域的雄厚基础、丰富的实践经验和对市场需求的深入了解，

---

① 郑慧：《数据要素市场化配置优化路径探析》，《山东干部函授大学学报（理论学习）》2023 年第 2 期。

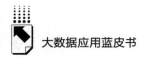

交易活跃度一直名列前茅，与北京、上海、深圳等交易所共同构建了国内数据交易的"四大支柱"。数据交易的生态链条逐渐形成，主要包括数据交易场所、数据供应方、数据需求方和数据中介等多元产业参与者。其中，数据供应方主要提供数据，数据中介提供如数据集成、数据经纪、合规认证等服务，而数据需求方则是数据的购买和使用方。[①]

随着全国算力网络和"东数西算"工程的推进，我国的大数据产业和数据市场呈现出区域集聚的发展态势。经济发达地区如京津冀、成渝、长三角和粤港澳大湾区等，数据市场正在快速崛起。贵州等欠发达地区则通过数据制度创新，形成了其独特的发展模式。北京探索"数据可用不可见"的交易模式，提出了数据跨境管理解决方案，并创新推出了数据托管服务平台。上海数据交易所则利用其在大数据产业上的优势，对数据交易过程中的难题进行了探索，并提出了"不合规不挂牌，无场景不交易"的交易原则。广东则探索了数据交易的"两级市场"，并在电力、电商和金融等领域开展了数据交易模式的探索。贵州则凭借其在大数据发展领域的政策先发优势，早早布局了数据交易市场。重庆与上海数据交易所达成了战略合作，推动了数据市场的互联互通。而浙江则将数字经济作为重点项目，构建了四级数据资源体系，注重激发微观主体的活力和创造力。我国的数据交易市场在政策支持和实践探索下，正逐步走向成熟，各地根据自身特点，都在努力探索适合自己的数据交易模式和路径。[②]

（三）数据安全

数据安全在国际上已经历了长达 30~40 年的发展。最初，它被定义为"信息安全"，主要关注计算机硬件、软件和数据的保护。但随着技术进步，特别是在美国，这一概念已经扩展为"信息保障"，覆盖了数据的保密性、完整性、真实性等多个维度。在中国，根据《数据安全法》，数据安全不仅

① 李文军、李玮：《我国大数据产业和数据要素市场发展的问题与对策》，《企业经济》2023年第 3 期。
② 《数据要素交易指数研究报告（2023 年）》，中国信息通信研究院，2023 年 5 月。

是对数据的保护，更是确保其得到合法利用并具备持续的安全状态。当前，随着数据成为新型生产要素，数据安全已经从单一的信息保护扩展到了数据载体、数据权益和数据开发三个层面。首先是数据载体的信息安全，即保护数据的保密性、完整性和可用性；其次是数据承载的权益安全，包括个人信息、重要数据以及数据出境时的国家和社会安全；最后是数据开发利用的安全，旨在促进数据的合法、有序开发和利用，以支持国家数字经济的高质量发展。这三个层次共同构成了一个全面的数据安全体系，不仅确保了数据本身的安全，还规范了数据流通活动和设施的安全，为数据在各个应用场景中的有序流动和安全应用提供了坚实的保障。①

1. 国外实践探索

国外对于数据要素流通的安全管理已经展开了深入的实践探索，具体如下。

（1）明确敏感数据流通利用的安全要求

欧美等国家在推进数据要素有效利用的同时，以原有的数据安全治理体系为基础，持续构建与数据要素流通相适应的安全规则与措施。其中，对于敏感数据如生物识别、宗教信仰、特定身份、医疗健康、金融账户、行踪轨迹等而言，这些数据与自然人的人格尊严及人身、财产安全紧密相关，因此实施更为严格的保护已成为全球共识。例如，欧盟数据保护委员会明确了位置数据和健康数据的使用处理条件和原则；美国则拟制定《健康和位置数据保护法》，禁止数据经纪人出售美国人的位置和健康数据。

（2）实施"列表""清单"管理

为了将原则性、抽象的数据安全规则转化为易于理解和实操的流程与标准，欧美等国家采用了"列表""清单"式的管理方式。这种方式具有明确具体、简明扼要、便于操作、可检验性强等特点。例如，美国梳理并编制了"受管控非秘数据列表"，其中包括国家经济数据、政府管理数据、敏感技术数据等，这些数据被视为重要数据，并采取了严格的安全管理措施来限制

---

① 《数据要素流通视角下数据安全保障研究报告（2022年）》，中国信息通信研究院，2022年12月。

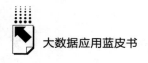
其流通和共享。

（3）细化数据流通的重点环节及典型场景制度规则

考虑到数据流通涉及的主体多元、场景复杂、环节众多，欧美等典型国家围绕数据处理角色权责、处理环节及典型场景等制定了配套指南指引，进一步为数据共享、交易等流通活动提供实操指引。

（4）搭建完善的数据基础设施并明确运行要求

为了构建安全可信的数据流通环境，日本、英国、德国等典型国家建立了完善的数据交易平台、数据银行、数据空间等基础设施。这些设施能够形成安全的数据存储、访问系统和虚拟架构，实现对数据的安全监控。

（5）积极利用数据安全技术化解数据要素流通与安全的矛盾

世界主要国家及代表性企业都在推进数据安全核心技术的研发应用，以防止数据泄露、丢失、滥用，保障数据的安全、共享与流通。

2. 国内现状

国内数据要素流通安全管理的现状可以概括为以下四个方面。

（1）数据分类分级保护

在《数据安全法》的指引下，各行业如金融和工信等已经开始探索以数据分类分级为基础的差异化管理要求，促进数据的安全共享和价值挖掘。例如，金融行业已经制定了《金融数据安全 数据安全分级指南》，工信领域也发布了《工业数据分类分级指南（试行）》。这些指南和政策都旨在确保数据的安全流通，同时满足业务需求。

（2）明确数据流通安全规则

各地区在《数据安全法》的基础上，进一步细化了数据流通的主体和关键环节的制度规则。这包括明确数据交易中介、数据处理服务提供者等参与主体的数据安全义务，以及细化数据交易等重点环节的数据安全规则。例如，贵阳已经发布了全国首套数据交易规则体系，其中包括《数据交易安全评估指南》。

（3）构建安全可信的数据流通设施

各地区和行业都在积极探索构建数字空间、数字金库、数据交易平台等安全可信的数据流通基础设施。例如，上海正在打造数据流通的"安全屋"，广东则首创了数字空间，而贵州等地的大数据交易平台则利用了先进的技术，如云计算、区块链等，来确保数据的安全流通。

（4）数据流通安全技术创新

国内正积极推动隐私计算、区块链、零信任等数据流通安全技术的研发和应用。《"十四五"大数据产业发展规划》已经明确了这方面的目标。隐私计算技术，特别是安全多方计算、联邦学习和可信执行环境等，被视为当前数据要素价值安全释放的关键技术。

三　大数据+大算力+大模型

AI 大模型通常指在机器学习和自然语言处理等领域中所采用的庞大神经网络模型。这些模型往往拥有数十亿甚至更多的参数，并依赖于大规模数据集进行训练，从而更精准地完成复杂任务，如图像识别、自然语言理解和语言生成等。

随着计算能力的飞速提升、大数据集的广泛可用性以及算法技术的持续优化，AI 大模型正经历一个快速增长的时期。其中，算力、算法和数据被视为大模型发展的三大支柱。在模型训练过程中，更强大的算力意味着可以构建更大的模型，并加速其更新迭代。而海量的数据集为 AI 提供了丰富的信息源，使其能够进行深入的处理和分析。尽管算力为大模型提供了快速发展的动力，但是高质量的数据才是确保其高效性能的核心。[①]

（一）大数据

大模型在数据处理上面临着众多挑战，其中包括数据的权威性、质量、规模、多样性、及时性和安全性等方面的要求。一是领域知识必须具有权威性，确保数据来源可靠；二是在质量上，高质量的数据不仅能提高模型的精

---

① 王春：《AI 开发从"作坊式"走向"工业化"》，《科技日报》2023 年 7 月 10 日。

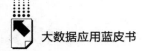

度和可解释性，还能缩短模型收敛到最优解的时间，从而减少训练时长；三是在规模上，保证数据质量的前提下，数据量越大，模型的推理能力就越强；四是多样性上，要求数据集全面且丰富，以增强模型的泛化能力，避免模型过度拟合单一数据；五是及时性，这意味着需要快速利用实时更新的数据；六是安全性方面，为了避免数据或商业机密泄露事件，大部分机构选择本地化部署，并且还需考虑数据的分级和合规性。

1. 数据质量

2023 年世界人工智能大会上，"大模型幻觉"这一概念被频繁讨论。它指的是大模型生成的不准确、无意义或与现实不符的文本。这种现象的根本原因是大模型在数据支持上的不足。由于其核心技术基于 Transformer 架构的 Next Token Prediction，数据的质量和多样性对模型性能起到了决定性作用。高质量且多样的数据集能够帮助模型更深入地理解各种概念、语义和语法结构，从而生成更准确和有意义的文本。

2. 数据数量

过拟合是机器学习中的一个常见问题，它发生在模型在训练数据上表现出色，但在新数据上表现不佳的情况下。这通常是由模型过于复杂或训练数据不足导致的。在这种情境下，大量的训练数据显得尤为重要，它可以帮助模型更好地泛化到各种未知输入，确保在各种场景下都能保持稳定的性能。

3. 数据多样性

数据的多样性对模型的泛化能力和预测准确性起到了关键作用。一个多样化的数据集可以让模型学习到更广泛的上下文和语言规律，从而更好地适应新数据，节省资源和时间。只有在质量上不断提升，数据驱动的智能才能真正实现飞跃，而不仅仅是数据量的简单增加。

（二）大算力

综合算力，作为集计算、存储和运输能力于一体的新型生产力，已逐渐成为我国推动科技创新、助力产业转型升级、满足人民日益增长的美好生活需要的新动能。其中，算力以计算能力为核心，综合了规模、经济效益和供需情况；存力则以存储容量为核心，融合了性能、协同发展和技术创新；运力则是数字经济时代的核心力量，网络能力更是连接用户、数据和算力的关键桥梁。①

1. 算力结构优化

截至 2022 年底，我国在算力基础设施领域取得了显著的进展。数据中心的机架总规模已经突破 650 万标准机架，展现出近五年超过 30% 的年均增速。目前，我国正在使用的数据中心算力规模超过 180EFLOPS，稳定地位列全球第二。其中，通用算力占比约 76.7%，而智能算力占比约 22.8%，与 2021 年相比增长了 41.4%。2022 年，京津冀等地八大国家级算力枢纽的建设进入了深化实施阶段，新开工的数据中心项目超过 60 个，新增的数据中心规模超过 130 万标准机架。值得注意的是，西部地区的数据中心比例持续上升。与此同时，"东数西算" 干线光纤网络以及兰州等地的国家互联网骨干直联点也在快速建设中，这都为我国的算力结构带来了进一步的优化。②

在超级计算机领域，我国已经走在了世界的前列。根据 2022 年最新发布的全球超级计算机 500 强榜单，我国有 162 台超算上榜，总数稳居全球首位。其中，"神威·太湖之光" 和 "天河二号" 这两大超算巨头持续稳定在榜单的前十名之列。此外，上海、天津、武汉、合肥、深圳和成都等城市也在积极推动智能计算中心的建设。

2. 存力规模稳步发展

截至 2022 年底，我国的存储规模已超过 1000EB，与 2021 年相比增长了 25%。全闪存储等先进技术的快速发展为此提供了支撑。各省区市也相继发布了与存储相关的政策和行动方案，如天津、山东、宁夏和青海等地发布的存储建设和发展指导。

3. 运力持续升级

我国在网络基础设施建设上持续加强，为算力产业和网络强国建设提供

---

① 《中国综合算力评价白皮书（2023 年）》，中国信息通信研究院，2023 年 9 月。
② 《中国算力发展指数白皮书（2022 年）》，中国信息通信研究院，2022 年 12 月。

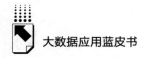

坚实的基石。据工信部数据，截至 2022 年底，我国已建成并开通了 231.2 万个 5G 基站，全国有 110 个城市满足千兆城市建设标准，光缆线路总长度达到 5958 万公里。随着"东数西算"工程的深入推进，各大运营商也在算力网络上加大了投入，如中国电信的"天翼云 4.0"、中国移动的"4+N+31+X"布局和中国联通的"5+4+31+X"多级架构等。

（三）大模型

全球范围内，美国的谷歌、OpenAI 等机构持续引领大模型技术的前沿，欧洲、俄罗斯、以色列等地的研发团队也在逐渐加大投入力度。在全球分布中，中国与美国显著领先，共同占据了超过 80% 的份额。特别是从 2020 年开始，中国的大模型发展速度与美国保持了同步。

在国内，北京、广东、浙江和上海是大模型的主要研发中心。至今，中国已发布 79 个 10 亿参数规模以上的大模型，其中北京和广东尤为突出，分别发布了 38 个和 20 个。这些模型主要集中在自然语言处理和多模态领域，而计算机视觉和智能语音领域的大模型相对较少。在研发主体方面，高校、科研机构和企业都在积极参与，但学术界与产业界的合作仍有待加强。

中国大模型的产业化应用主要分为两个方向：一是通用类大模型，如文心一言、通义千问等，它们正在快速发展并逐渐渗透到医疗、工业、教育等多个领域；二是专门针对特定垂直领域的大模型，如生物医药和遥感气象等，它们为特定业务场景提供了高质量的解决方案。

在算力支持方面，北京、广东、浙江和上海不仅是大模型数量最多的地区，也是近三年人工智能服务器采购最活跃的地区，显示出算力与大模型研发之间的紧密关系。此外，大模型研发需要高素质的 AI 人才，但目前这方面的人才仍然不足。从区域分布来看，北京在 AI 和大模型领域的人才储备都遥遥领先，而江苏、广东和上海也是大模型人才的主要集聚地。

在学术影响力方面，中国大模型通过学术论文发表已经取得了一定的成果。北京、广东和上海在论文发表量和引用量上都位居国内前列。同时，中国大模型研发团队也在推进大模型的开源发展，目前已有超过半数的大模型实现了开源。在这方面，北京、广东和上海的开源数量和影响力位居前三，其中清华大学的 ChatGLM-6B、复旦大学的 MOSS 和百度的文心系列大模型在开源领域都有着显著的影响力。

四 数字化应用

（一）数字政务

2022 年，我国数字政务迈出坚实步伐，为国家治理体系和治理能力现代化注入新动力。线上线下协同、标准统一成为发展主旋律，为企业和民众带来更高的满意度和获得感。[①] 政务新媒体逐渐成为政民互动的主要渠道。

1. 顶层设计与制度规则完善

国务院发布了关于加强数字政府建设和政务服务标准化的指导意见，推动政府数字化、智能化转型。各地结合数字技术，探索"线上+线下"协调管理模式。如北京打造一体化综合监管体系，天津强化"双随机、一公开"监管，浙江推进极简审批许可，实现商事主体登记"零干预、零材料、零费用、零跑动"。

2. 党政机关数字化服务能力增强

国家电子政务外网覆盖已达 31 个省份及新疆生产建设兵团，乡镇覆盖率达 96.1%。全国人大代表工作信息化平台开通，汇集办理议案建议群组超 2 万个。全国各级政协以信息化赋能委员履职，中央纪委国家监委机关推动"监督一点通"信息平台建设，覆盖 16 个省份 836 个县，办结群众投诉 68.7 万件。智慧法院服务覆盖率达 97%，电子诉讼占比提升至 28%，全国统一司法区块链平台完成 28.9 亿条数据上链存证。全国检察机关数字检察工作启动，提供律师互联网阅卷服务超 7 万次，同比增长 159%。

3. 在线服务标准化、规范化、便利化

我国电子政务发展指数国际排名从 2012 年的第 78 位上升至 2022 年的

---

① 《数字中国发展报告（2022 年）》，中央网信办，2023 年 4 月。

第 43 位，其中"在线服务"指数全球领先。上海城市数字化服务达国际领先水平，位列全球城市综合排名第 10。全国一体化政务服务平台实名注册用户超 10 亿，总使用量超 850 亿人次。96.68% 的办税缴费实现"非接触式"办理。电子证照共享服务体系完善，已汇聚 31 个省份和 26 个部门的 900 余种电子证照，提供电子证照共享服务 79 亿次。

4. 政务公开支撑全过程人民民主

社会各界通过网络媒体平台为党中央、国务院建言献策。党的二十大报告起草中，网络征求意见活动收到 854.2 万多条留言。《政府工作报告》起草收到网民建言近百万条，吸收 1100 多条有代表性的建言。政府门户网站交流互动能力增强，70% 以上的政府网站迁入集约化平台。政务新媒体账号达 11 万，年发文量超 2000 万篇，构建整体联动、同频共振的政策信息传播格局。

（二）数字文化

2022 年，数字文化在我国崭露头角，为文化自信、文化软实力和中华文化的全球影响力注入新动能。数字文化资源日益丰富，文化场馆数字化转型取得显著成果，网络文化蓬勃发展，数字文化消费持续增长，为文化强国建设注入新活力。

1. 文化数字化转型深化

中共中央办公厅、国务院办公厅发布《关于推进实施国家文化数字化战略的意见》，旨在构建线上线下融合的文化服务体系。文化场馆数字化步伐加快，智慧图书馆和公共文化云建设深入推进。数字文化资源日益丰富，数字阅读用户达 5.3 亿。传统村落数字博物馆建设取得新进展，已完成 839 个村落单馆建设。云演艺、云展览等新应用场景持续涌现，大型展演活动如"村晚"示范展示活动线上线下同步进行，参与人次达 1.18 亿。

2. 网络文化创作活力激发

网络文化展现出正能量，如"中国这十年"等主题宣传活动为党的二十大胜利召开营造了浓厚的舆论氛围。网络文化精品如《人世间》等作品受到广大观众喜爱。数字内容创作蓬勃发展，网文出海吸引约 1.5 亿用户，网络音乐用户规模达 6.84 亿，新型文化业态如动漫、互联网文化娱乐平台等实现营业收入 43860 亿元，同比增长 5.3%。

3. 数字技术与媒体融合推进

数字技术为文化服务注入新活力。全国广电机构推进 8K 超高清、云转播等高新技术，提升观众体验。中央广播电视总台推出我国首个 8K 超高清电视频道 CCTV-8K，对北京冬奥会进行直播。数字技术如 VR/AR 在《中国考古大会》等节目中的应用，为文物展示增添了新魅力。数字文化市场持续扩大，网络视频用户规模近 10.31 亿，短视频用户突破 10 亿，网络直播用户规模达 7.51 亿，网络游戏用户超 6 亿。

（三）数字社会

截至 2022 年底，我国网民规模达到 10.67 亿，互联网普及率为 75.6%，这一数字的增长不仅是一个数量的提升，更是数字社会建设的坚实基础。数字化不仅改变了我们的生活方式，更在教育、健康、社保、就业等领域为民生提供了更高效、更公平的服务。

1. 教育数字化

数字化教育已全面铺开，99.89% 的中小学学校带宽达到 100M 以上，多媒体教室覆盖率为 99.5%。国家智慧教育公共服务平台的开通，标志着我国建成了世界上最大的教育教学资源库。该平台自改版上线以来，已汇聚 4.4 万余条优质教育资源，其中包括 2.5 万课时的课程教学资源。此外，国家职业教育智慧教育平台也累计了 556 万余条各类资源，其中包括 6628 门精品在线开放课程。这些举措不仅提升了教育质量，还促进了教育资源的公平分配。

2. 数字健康

数字健康服务已全面覆盖全国 31 个省份及新疆生产建设兵团。远程医疗服务平台全年共为 2670 万人次提供了服务。全国已有超过 2700 家互联网医院，截至 2022 年 10 月，互联网诊疗服务人次超过 2590 万。医保信息化

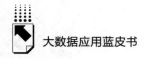

平台全面建成，覆盖了约40万家定点医疗机构和40万家定点零售药店，有效覆盖全体参保人。这些数字化手段不仅提高了医疗服务质量，还使优质医疗资源能更好地向基层延伸。

3. 数字社保

数字社保服务已实现规模化覆盖，全国电子社保卡领用人数达到7.15亿，月活跃用户超过1.27亿。全国人社政务服务平台、国家社保公共服务平台等多个线上服务渠道持续完善，全年累计访问量达到112.85亿次。在线就业服务也发挥了重要作用，提供了近4000万个岗位信息，为2865万人提供了求职招聘服务。

4. 数字乡村

数字乡村建设也取得了显著进展，农村网民规模达到3.08亿，互联网普及率为61.9%。中央网信办、农业农村部支持浙江等地建设数字乡村引领区。智慧农业建设起步迅速，农村电商也取得了长足的进展，2022年农村网络零售额达到2.17万亿元。数字化治理在乡村得到了广泛应用，为乡村治理提供了有力支撑。

（四）数字生态

2022年，数字技术持续赋能生态文明建设，推动生态环境监测预警、自然资源管理和国土空间治理能力的进一步提升。这不仅在生产、生活、生态治理等领域深入践行绿色低碳发展理念，更为高质量生态文明建设打下了坚实基础。

1. 生态环境治理

随着数字技术，如人工智能、大数据、遥感、物联网、云计算等的发展，它们在生态环境保护中的应用深度不断增加。生态环境数据资源体系正在迅速完善，新增了33类关键数据，覆盖空气质量、入河入海排污口信息、危险废物处置等重要领域。数据的总量已经达到惊人的169亿条，为环境保护和管理提供了宝贵的资源。在空间基础设施方面，我国成功发射并稳定运行了大气环境和陆地生态碳监测卫星，为国家碳排放管理提供了关键的数据支持。国家碳计量中心的成立不仅加强了对碳计量数据的采集、分析、评价和应用，而且为全国16个城市的大气温室气体和海洋碳汇监测工作提供了支撑。上海、深圳等城市在碳监测网络建设上已取得了突出的成果。

2. 数字化和绿色化协同转型

中央网信办和其他五个部门联手，选择了张家口、齐齐哈尔等10个具有代表性的地区，开展数字化与绿色化协同转型的试点项目。在基础设施方面，我国加速了数据中心和5G基站的绿色化改造进程。目前，全国已经建成了153家绿色数据中心，这些数据中心的设计电能利用效率显著提高。为了确保能源的合理使用，国家市场监管总局对49家数据中心进行了能源计量审查，并提供了计量技术的帮助。在工业领域，数字技术的应用为节能减排提供了有力支持，钢铁行业在超低排放改造方面取得了显著成果。同时，智能电网和电力调度技术的发展促进了我国能源结构的绿色转型。

3. 绿色低碳生活

数字化技术正在为城市居民创建一个更加绿色、舒适的生活环境。深圳等先进城市积极鼓励数字企业研发创新，推出了一系列的自动化垃圾管理设备和智能化管理平台，从而实现了垃圾的全流程管理。为了推广绿色生活理念，多个地方政府利用碳账户和碳积分系统，激励公众参与减排活动。此外，共享出行方式，特别是互联网租赁自行车，已经成为众多城市居民的首选，为日常出行提供了一种低碳、环保的选择。

五　数字化发展趋势及挑战

（一）数据要素从资源化到资产化

数据要素从资源到资产的转化是释放数据潜在价值的关键步骤，标志着经济社会数字化向更深层次发展。这一演变过程，与房地产市场从资源、资产到资本的转变存在共性。尽管数据目前被广泛认为具有价值，但其资产特性并未完全显现。只有当数据被确权、流通和交易，它才会从一种资源转化

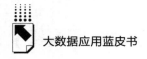
为可量化的数字资产。进一步的金融创新将使其升级为生产性的数字资本，充分释放其价值。国家在数据改革方面的探索，如数据授权、交易、资产登记和入表，都是这一资产化进程的重要组成部分。

（二）数据交易精细化管理

新一轮的数据交易采用"交易所"模式进行细致管理，旨在推动交易技术、制度和模式的创新，并促使数据流通实现规模化、场景化与定制化。

第一，构建一个涉及数据供应、需求及服务方的完整生态体系，其中包括资产登记、价值评估和数据托管等服务。在此基础上，交易所实施实名注册，并强调数据来源的合规性与数据交易的标准化。

第二，构建分级分类的交易模式，涵盖从免费公开到加密计算的多种数据融合方式，并为用户分配基于数据敏感性的访问权限。对于敏感数据，交易所采用严格的授权和合规管理。

第三，借助隐私计算技术，如联邦学习和安全多方计算，实现数据使用权与所有权的分离，从而拓展敏感数据的市场流通空间。

第四，推进数据的跨区域和跨境流通，例如实现上海与重庆的数据交易互通，以及与跨国公司合作，推出"京港通"业务，促进跨境数字贸易。

（三）算力基础设施协同化、智能化、绿色化

"东数西算"策略通过整合数据中心、云计算和大数据，旨在优化东西部算力布局并实现协同合作。面临的挑战包括：国内算力布局的供需失衡，数据中心的高碳排放，人工智能引发的数据中心规模增长以及缺乏成熟的算力调度方案。为应对这些问题，未来算力基础设施将积极向"协同化、智能化、绿色化"转型。

1. 协同化

为应对未来的算力资源需求，需统筹规划并精细化布局。分类引导与针对性施策成为关键。加强对算网协同技术的深入研究并与应用方、设备供应商等产业合作伙伴共同探索。通过联合制定标准、研究网络优化技术并创新

产业应用，旨在塑造高效的算力传输网络，进一步促进算网融合。

2. 智能化

数据中心需加强内部的智能运维，推进如智能巡检、能效最优化等技术的广泛应用。同时，赋能算力调度通过人工智能技术，持续完善和迭代"全国一体化算力算网调度平台"，并探索多元化算力的定价与计费标准。

3. 绿色化

重视新技术在绿色节能低碳减排中的作用，不断完善绿色低碳的监管体系。倡导使用节能产品和系统，并积极研发算力基础设施的节能关键技术。同时，强调对新建算力基础设施的 PUE 管理，并着手对现有算力设施进行节能化改造。

（四）AIGC 技术引领技术变革

随着基础数据、模型技术和算力基础设施的日趋成熟，AIGC（人工智能生成内容）将进一步演化。它不仅将催生更为丰富和高质量的内容创作，还具备扩展至教育、医疗、工程、科研和艺术等多个行业的潜力。通过构建针对各细分领域的"大模型"，AIGC 将促进专业知识和经验的开源化，降低运营成本，提高生产效率，从而深刻推动各行业的创新与变革。特别是在合成数据产业方面，基于 AIGC 的技术具有巨大的潜力。它不仅能够以更高的效率和质量来"增量扩容"数据市场，还有望成为支持人工智能未来发展的数据优势的重要驱动力。在确保数据供应的高质量方面，应平衡自主发展和对外开放的关系。例如，可以考虑创建经过筛选和过滤的境内镜像站点，如 Wikipedia 或 Reddit，以便国内的数据处理者能更便捷地访问和使用这些资源。

六　总结

习近平总书记指出，要促进人工智能"同经济社会发展深度融合，推动我国新一代人工智能健康发展"。从 2022 年底开始，以 ChatGPT 为代表

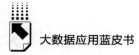

的大模型正在引领新一轮全球人工智能技术发展浪潮，大模型不断加速实体经济智能化升级，深度改变行业生产力。大模型通过"大数据+大算力+强算法"的路径显著增强了通用性、泛化性，推动人工智能从以专用小模型定制训练为主的"手工作坊时代"，迈入以通用大模型预训练为主的"工业化时代"，迎来新的发展浪潮。

本报告作为2022年大数据应用蓝皮书总报告的延续，围绕"十四五"数字经济发展总目标，重点分析数字技术发展概况和关键技术进展，以数据要素、大模型为重点展开论述，并给出大数据背景下的数字政务、数字文化、数字社会和数字生态调研分析。报告还指出了大模型背景下大数据发展的趋势和挑战，为政府和行业部门把握"十四五"期间中国数字化发展并进行科学决策提供重要参考。

热 点 篇
Hot Topics

B.2
大数据在文化和旅游资源普查 与评价中的应用

王英杰 王 凯 张 鹏 韩 莹*

摘 要： 文化和旅游资源普查与评价是资源开发、规划与管理的前提，大数据在其中发挥着更加重要的支撑作用。本文由文旅资源普查与评价的现状与发展趋势引入，重点围绕大数据在文旅资源普查与评价中的应用及其成效展开论述：首先，基于大数据，文旅资源普查模式得以优化改进，有效提升了文旅资源名录挖掘、整编与建库的效率与质量，同时，深入的文旅资源评价理论与方法创新得以推进及应用；其次，大数据在文旅资源普查与评价中取得了普查模式优化、评价结果精确、资源开发方向拓展等系列应用成

* 王英杰，中国科学院地理科学与资源研究所研究员，博士生导师，中国科学院大学教授，主要研究方向为旅游信息化、标准化，空间规划与旅游资源评价系统，地图可视化与地图系统等；王凯，中国科学院地理科学与资源研究所助理工程师，主要研究方向为空间规划与旅游资源评价系统、地图与GIS；张鹏，中国科学院地理科学与资源研究所博士研究生，主要研究方向为地图与GIS；韩莹，中国科学院地理科学与资源研究所博士研究生，主要研究方向为空间规划与旅游资源评价系统、地图与GIS。

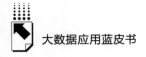

效，具体展现于宁夏、海南、祁门等不同地域尺度的案例实践中。

关键词： 大数据　文化和旅游资源　资源普查　资源评价

一　旅游大数据

大数据是一种规模大到在获取、存储、管理、分析方面大大超出了传统数据库软件工具能力范围的数据集合，具有海量的数据规模、快速的数据流转、多样的数据类型、价值密度低和真实五大特征。[①] 而旅游大数据是面向旅游行业，由官方机构、旅游从业者、消费者及相关行业针对旅游吸引物所产生的海量数据，涉及旅游景区、旅游盛会、文化、酒店、网红打卡点、旅游活动等。[②] 旅游大数据充分集合了大部分类型和来源的旅游数据，能够通过对大数据的挖掘，根据目标任务进行综合分析处理，获取有价值的数据和产品服务。[③] 旅游行业的从业者及消费者所产生的各类数据是旅游大数据的主要组成，其中游客产生的各类数据最为重要、应用价值最大。

旅游大数据按照数据类型可划分为结构化数据和非结构化数据。[④] 结构化数据通常驻留在关系数据库（RDBMS）中，其字段可存储各类数字、编码，可变长度的文本字符串也可记录，这使得它很容易搜索，一般结构化查询语言（SQL）可以在关系数据库中查询这种类型的结构化数据。结构化旅游大数据由于制作难度高，一般来源于政府、相关企业或权威机构，如旅游景区名录、POI 数据、星级酒店统计数据等。非结构化数据本质上是结构化

① 王国成：《从 3V 到 5V：大数据助推经济行为的深化研究》，《天津社会科学》2017 年第 2 期。
② 信宏业、刘艳：《旅游大数据发展需要战略定力》，《旅游学刊》2017 年第 9 期。
③ 张建涛、王洋、刘力钢：《大数据背景下智慧旅游应用模型体系构建》，《企业经济》2017 年第 5 期。
④ Xiang Z, Fesenmaier D R., "Big Data Analytics, Tourism Design and Smart Tourism", *Analytics in Smart Tourism Design: Concepts and Methods*, 2017, 299-307.

数据之外的一切数据。非结构化数据一般具有内部结构，但不通过预定义的数据模型或模式进行结构化。它可能是文本的或非文本的，也可能是人为的或机器生成的，它也可以存储在像 NoSQL 这样的非关系数据库中。非结构化旅游大数据来源多样，主要包括如网络文本、社交媒体、移动应用、PDF文档、图像、音频和视频等。

旅游大数据获取途径包括线上采集与线下搜集。[1] 线下资料主要包括本区域已有的各类规划文本、旅游图册、地方志等，可与当地旅游局联系获取或网上购买。对于获得的资料，进行收集、整理、数字化等操作，并存储到本地，供后续数据挖掘、分析使用。线上资料主要包括结构化的地名普查数据、土地利用数据及 POI 数据等。可基于当地旅游部门协调，获取相关地名数据、土地利用数据等的使用权限；以及各类与区域旅游相关的网络游记、博客、日志等非结构化数据，对于结构化数据与相关部门、服务商联系进行有关调取，对非结构化数据进行网络抓取、存储等操作。

二 文化和旅游资源普查与评价

（一）文化和旅资源普查现状与趋势

文化和旅游资源普查与评价是资源开发、规划与管理的前提。[2] 为推进全国旅游资源普查工作，2019 年初，文化和旅游部确定了海南、贵州、四川、青海、浙江、内蒙古、重庆 7 个省（自治区、直辖市）为旅游资源普查试点。同年颁布了《旅游资源普查工作技术规程》（文化和旅游部资源函）〔2019 113 号〕，指导各省（自治区、直辖市）开展旅游资源普查工作。截至 2022 年底，七个试点省份及宁夏、江苏、广西等 13 个省区已相继完成

---

[1] Alaei A R，Becken S，Stantic B.，"Sentiment Analysis in Tourism：Capitalizing on Big Data"，*Journal of Travel Research*，2019，58（2）：175-191.

[2] 王英杰、张桐艳、李鹏等：《GIS 在中国旅游资源研究与应用中的现状及趋势》，《地球信息科学学报》2020 年第 4 期。

普查工作，对资源数据进行了整编、建库，并形成相关分析报告成果。在此基础上，2023 年 1 月，文化和旅游部办公厅印发《文化和旅游部办公厅关于组织开展第一批中国特品级旅游资源名录建设工作的通知》，各省区市在资源普查工作完成的基础上申报中国特品级旅游资源。

本轮全国文化和旅游资源大普查，各省（自治区、直辖市）在实际普查工作过程中，基本都应用到大数据及数据挖掘等相关技术。如宁夏回族自治区文化和旅游普查应用大数据和知识图谱等技术建立了"室内提取+野外核查"的调查模式，使普查流程便捷化、精确化、高效化；海南省基于大数据，在实地普查前建立了旅游资源预名录，野外调研采用"外业核查"与"实地增补"的方式，大大提升了普查效率与精度；四川省基于制定的旅游资源分类标准和普查规程，充分挖掘和整理各类线上、线下资料数据，外业调查前形成了数据翔实的资源预名录，极大提高了外业普查工作的效率。由此可见，大数据在现阶段文化和旅游资源普查方面应用十分广泛。

（二）文化和旅游资源评价发展

文化和旅游资源评价是按照一定的评价体系对资源开发利用与保护价值的客观描述。[①] 文化和旅游资源评价是进行旅游区划和规划的前提，科学评估现有旅游资源在旅游地开发建设中所处的地位，是区域内旅游资源优化组合和合理开发规划的重要基础。[②] 传统的文化和旅游资源价值评价主要是依据国标建立的旅游资源"评价项目"和"评价因子"两个档次，根据专家学者的知识进行打分评判，具有一定的主观性和片面性。一方面，与旅游资源开发和保护相关的环境因素、开发条件因素并未被考虑进去，没有对资源的开发利用价值进行深入分析；另一方面，作为旅游消费主体的大众游客意见没有得到表达，随着互联网数据的指数式增长，大众游客对旅游资源的关

---

① 张桐艳、王英杰、张生瑞等：《基于 Voronoi 模型的海南岛旅游资源集合体空间边界提取》，《地理学报》2021 年第 6 期。

② Li Q, Li S, Zhang S, et al., "A Review of Text Corpus-based Tourism Big Data Mining", *Applied Sciences*, 2019, 9（16）: 3300.

注和兴趣得以通过数据信息体现出来。①

传统的文化和旅游资源普查评价手段主要包括野外纸质调查与评判、计算机网络填报与多专家打分汇总，资源评价尺度主要基于文化和旅游资源单体开展，评价模型单一。

通过系列研究和实践经验，基于大数据技术和方法体系，创新建立文化和旅游资源评价的新体系。从传统的针对文化与旅游资源单体数量评价、资源单体等级评价，到针对文化和旅游资源集合体、集聚区和组合区等多尺度评价（见图1）。并结合多学科、多知识、多平台理论与技术，建立资源单体–集合体–组合区综合评价体系，在传统的资源数量、规模、质量等分析基础上，建立基于环境、格网和开发条件的综合价值评估，提出区域文化和旅游资源开发、保护总体方向及开发时序。②

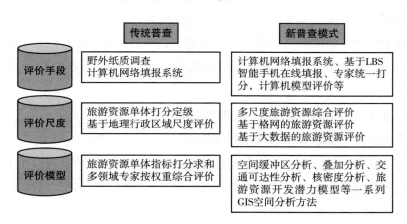

图1　文化和旅游资源评价新模式

图片来源：作者自制。

---

① 湛研：《智慧旅游目的地的大数据运用：体验升级与服务升级》，《旅游学刊》2019年第8期；陈晓艳、张子昂、胡小海等：《微博签到大数据中旅游景区客流波动特征分析——以南京市钟山风景名胜区为例》，《经济地理》2018年第9期。
② 张桐艳：《多尺度旅游资源知识图谱构建研究》，博士学位论文，中国科学院大学，2021。

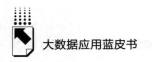

三 大数据在文化和旅游资源普查与评价中的应用

（一）大数据在文化和旅游资源普查中的应用

文化和旅游资源普查是为了全面摸清区域文化和旅游资源家底，以期为旅游规划开发与政策制定奠定坚实的数据基础。随着旅游大数据的发展，传统以野外实地勘探登记与地方上报结合的旅游资源普查模式已不能满足现实需求，存在成本高、耗时长、覆盖不全面等问题。旅游大数据中蕴藏着海量的文化和旅游资源信息，应用大数据技术开展资源普查是时代需求与当代发展的必须。大数据技术通过改变文化和旅游资源普查流程与普查模式，建立从大数据中获取文化和旅游资源信息的方法体系以及普查质量控制体系，极大缩短了野外调研时间与调研成本，提升了普查效率和精度，进而达成全面覆盖不重不漏的普查目标。大数据在文化和旅游资源普查中的应用具体如下。

1. 基于大数据的文化和旅游资源普查模式优化与改进

传统旅游资源普查由于数据资源短缺问题，以"轻室内+重野外"模式为主，一般需要组成多个调查小组进行实地踏勘，周期较长且费时费力。而大数据时代数据资源极为丰富，海量文化和旅游资源信息蕴含在数据中，各类资源普查应以大数据为基础，综合运用遥感、地理信息系统、知识图谱、知识挖掘、本体追溯等技术在实地普查前获取文化和旅游资源预名录，建立大数背景下的"室内+野外"调查模式，然后研发相关系统，野外实地基于资源核查补报系统进行资源核查、资源补录和属性信息采集。与传统旅游资源普查模式相比，大数据背景下的资源普查流程更加便捷、精确与高效，提高了普查的效率与精度，并可实现资源普查数据的动态循环管理（见图2）。

2. 基于大数据的文化和旅游资源名录挖掘、整编与建库

基于大数据的文化和旅游资源名录获取是从旅游大数据中识别并提取文旅资源的过程，可分为三个阶段：第一阶段为数据准备阶段。主要是收集、

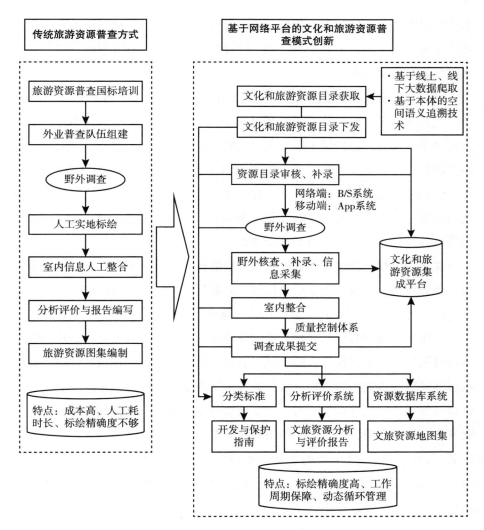

图2　文化和旅游资源普查模式优化与改进

图片来源：作者自制。

获取并存储与旅游资源相关的所有数据，数据来源包括线上、线下数据，数据构成包括结构化数据和非结构化数据，如景区数据、文保单位数据、社交媒体数据、社会经济数据、统计数据、旅游网站数据等。第二阶段为文化和旅游资源信息提取阶段。主要是对第一阶段收集的数据通过各类数据挖掘技

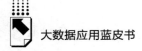

术从中提取文化和旅游资源信息，进而形成资源预名录。第三阶段为文化和旅游资源建库阶段。主要是基于第二阶段提取的文化和旅游资源信息，形成文化和旅游资源数据库。

文化和旅游资源数据库是资源普查工作的基础成果，也是最重要的一项，是后续资源分析评价、开发利用的基础。文化和旅游资源数据库一般包含多个子数据库，包括但不限于文化和旅游资源基础地理数据库、文化和旅游资源名录库、文化和旅游资源空间数据库、文化和旅游资源属性数据库、文化和旅游资源质量数据库、文化和旅游资源专题数据库、文化和旅游资源地图数据库等，研究对象涉及文化和旅游资源单体数据库、集合体数据库、聚集区数据库和组合区（区域）数据库（见图3）。

文化和旅游资源信息挖掘过程是其中的核心与重点工作，分别以文本数据、遥感数据、土地利用数据、旅游产品数据为例阐述资源提取的方法。

（1）基于典型特征和遥感分类的资源提取方法

提出基于典型特征和遥感分类的资源提取方法，针对实地普查片区的自然环境限制，可进入性较差的区域，进行查漏补缺。文化和旅游资源普查区域自然环境及地貌类型多样，部分普查区受限于区域的自然环境、交通可达性以及保护区制约等因素，对资源实地普查工作带来一定挑战。通过梳理文化和旅游资源集聚分布片区，如山林区、湿地区、荒漠区等可进入性较差的区域，设计一套分层提取的文化和旅游资源提取技术方法（分区、分面、分点），选择并提取典型资源的主要特征，应用高精度卫星影像建立其影像标志，由点到面提取同类资源点。对自然环境较好、交通便利等可进入区域，通过野外调查进行实地验证，不可进入区域基于权威资料，对本地专家、当地老人等进行查证、问询，实现资源不重不漏、全面普查的目标。

（2）基于文本数据的资源提取方法

旅游大数据中包含海量的文本数据，如旅游者的旅行游记、博客，以及旅游相关社区的论坛帖子等，这些文本数据一般记录了游客的旅游活动历程。从游客角度看，是一份美好的回忆与珍藏；从研究的角度看，这些网络文本信息蕴含着大量的旅游资源信息。运用自然语言处理、知识图谱、

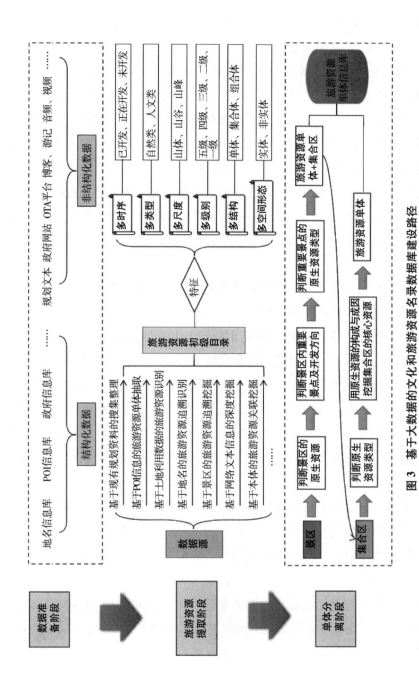

图 3 基于大数据的文化和旅游资源名录数据库建设路径

图片来源：作者自制。

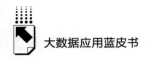

本体追溯等技术挖掘和提取这些旅游资源信息、构建文旅资源名录是实现资源普查全面覆盖的重要途径之一。

（3）基于土地利用数据的资源提取方法

土地利用数据是反映土地利用系统及土地利用要素特征和综合利用的数据资料。土地利用数据是旅游规划、建设的重要参考条件，其中也蕴含着多类型的旅游资源。依据 2017 版《土地利用现状分类》国家标准，土地利用数据共分 12 个一级类、73 个二级类。将土地利用分类标准与旅游资源分类标准进行关联分析，筛选出其中对应的旅游资源类型，再与空间数据、地名数据、POI 数据等叠加分析，识别其中的旅游资源信息。土地利用数据一般以面（块）状图斑表现，对于确定旅游资源空间范围及后续空间规划开发具有积极意义。

（4）基于旅游产品的文化和旅游资源认知、提取方法体系

科学区分文化和旅游资源与旅游产品相关概念，建立资源—产品转换关系，以及基于利用产品的文化和旅游资源认知、识别与提取方法体系。按照旅游资源本体构成关系，通过剖析旅游景区本体结构与各组成部分，设计景区内部旅游资源的识别和类型判别的方法，可以将各类景区转化为旅游资源单体和集合区；再对集合区进行原生资源类型判别，从资源的构成与成因挖掘集合区的核心资源，最终识别并抽取出旅游资源单体信息。判断所属产品、景区内的原生资源类型，建立基于不同尺度效应的旅游产品中资源的获取方法与提取路径。

除以上方法，文化和旅游资源还赋存于其他数据资料中。诸如区域的文保资料、非物质文化遗产资料、美丽乡村名单、特色村落名单以及部分地名数据等，依据旅游资源分类标准中的类型，匹配与之对应的旅游资源名称及相关资料，对获取文化和旅游资源名录具有重要意义。

对基于大数据建立的文化和旅游资源目录的数据来源进行梳理，从政府部门、普查资料、书籍资料、权威机构等四个类别进行数据源归纳，对不同结构数据项对应的旅游资源类型进行归类，并初步设置是否可纳入文化和旅游资源目录的置信区间及筛选条件。

对获取的数据资源进行单体和综合体区分，不同类型的单体资源的置信度差别较大，综合体的置信度基本为100%。其中，单体资源的置信度为100%时，可直接抽取并纳入文旅资源目录，如：国家文物局公布的全国博物馆名录；单体资源置信度小于100%的，需根据所在类型设置筛选条件，在实际普查中需进行核查、筛选。

建立文化和旅游资源追溯系统，总结不同类型资源的基本语义图谱，有数据的可以根据图谱关系衍生新的文旅资源信息，无数据的可在普查中让地方根据实际情况补录。衍生得出的不同层级的旅游资源的置信度不一样，一般自上而下置信度越来越低。

（二）大数据在文化和旅游资源评价中的应用

大数据时代的到来，给传统旅游资源评价带来了新的机遇。通过归纳、总结大数据背景下旅游资源普查与评价中的相关问题和方法体系，提升旅游资源评价的精准性，能够更加准确评估旅游资源的开发利用与保护价值。

传统文化和旅游资源质量评价主要依靠专家学者的知识进行打分评判，具有一定的片面性，作为旅游消费主体的大众游客的意见难以得到表达。随着互联网数据的指数式增长，大众游客对旅游资源的关注和兴趣得以通过数据信息体现出来。在传统旅游资源评价的基础上，基于大数据相关理论与方法，通过分析旅游资源受游客或潜在旅行者关注的情况，即关注的冷热格局，研究大众游客对旅游资源的"点评"与专家打分评判的关系，为旅游资源质量评价提供新思路。

1. 基于大数据的文旅资源评价概念模型与方法

《旅游资源分类、调查与评价》[①]（GB/T 18972-2017）规定，旅游资源质量评价由调查组、专家学者采用打分评价方法完成。国标中依据旅游资源单体评价总分，将其划分为五个层级，从高级到低级分别为：五级、四级、

[①] 中华人民共和国国家质量监督检验检疫总局、中国国家标准化管理委员会：《旅游资源分类、调查与评价》（GB/T 18972-2017），2017。

三级、二级、一级以及未获等级资源。其中，五级旅游资源称为"特品级旅游资源"；五级、四级、三级资源被通称为"优良级旅游资源"；二级、一级资源被通称为"普通级旅游资源"。这种评价体系依靠行业专家的知识判断进行赋分，一般能够较为客观地反映出旅游资源的质量品级，但作为旅游活动主体的大众游客的意志并未得到体现。随着互联网数据指数式增长，大众游客对旅游资源的认识和兴趣得以通过数据体现出来。

　　基于大数据对大众旅游资源的兴趣度分析，研究大众游客对旅游资源的"点评"与专家打分评判的关系，为旅游资源评价提供新思路。如图4所示，建立一套旅游资源评价概念模型，结合专家打分和"大众点评"，分别进行权重赋值，最终得出旅游资源单体评价的最终值。其中，专家打分主要依靠调查表等信息进行知识判断，按照旅游资源单体的不同相关属性进行赋值打分；"大众点评"是基于游客视角的旅游资源兴趣度分析，主要从海量文本数据挖掘大众感兴趣的旅游资源单体，并将挖掘结果按大众兴趣度进行

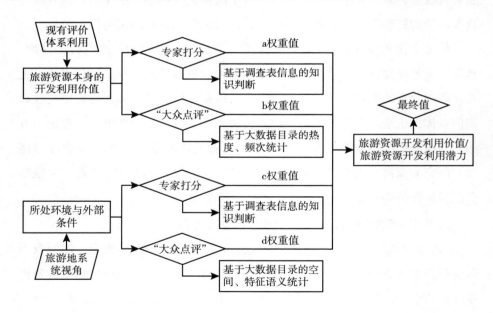

图4　基于大数据的文旅资源评价概念模型

图片来源：作者自制。

分级。基于大数据旅游资源兴趣度，对于大众比较关注的旅游资源，根据其开发状态识别其中待开发和未开发的旅游资源，作为未来重点开发对象，并进行旅游资源开发时序排名，为日后完善区域旅游热点布局，更科学、更高效地开发旅游资源奠定基础。基于大数据的旅游资源评价方法的特点是权威性高、更真实地反映旅游资源的开发潜力。

2. 基于开发条件与开发环境数据的文化和旅游资源开发利用评价

文化和旅游资源开发利用价值分析是从合理开发利用与保护文化和旅游资源的视角出发，运用科学的技术方法，选择相关评价因子，对一定区域内的文化和旅游资源自身价值以及外部开发环境、开发条件等相关方面进行综合评判和鉴定的工作程序（见图5）。目前对于文化和旅游资源开发条件尚未有严格的学术界定，狭义的文化和旅游资源开发条件主要指文化和旅游资源开发的难易程度，广义的文化和旅游资源开发条件则指影响文化和旅游资源转化成文化旅游产品的可行性、经济效益、发展规模和程度的外部条件；或指影响文旅资源开发的可行性、开发效益、开发规模和程度的外部条件。文化和旅游资源开发评价主要包含三个层次。

第一层，资源本体价值评价。一般通过调查人员野外评判、不同领域专家室内打分完成，特点是对资源本身具备的禀赋和开发价值有比较客观的评价，但对资源开发过程考虑不足。

第二层，资源开发条件评价。开发条件是指某地影响旅游业开发的外部条件，是相对旅游资源本身而言，强调其所处环境及影响其转化成文化旅游产品的外部因素和外部条件。主要选取与资源开发利用相关的因素，如交通条件（重点公路、铁路、机场等）、区位条件（重点城镇中心）、景区景点（影响力较大的 A 级景区）等，在资源本体价值评价的基础上，更加准确、综合评价资源的整体开发利用价值。同时通过"三线管控"（城镇开发边界、永久基本农田保护红线、生态保护红线三条控制线），确定资源是否适宜开发或进行综合保护。

第三层，资源环境状况评价。这一层次主要是在以上评价的基础上，对资源转化为旅游产品过程中主要涉及的环境条件进行分析，更加确切地分析

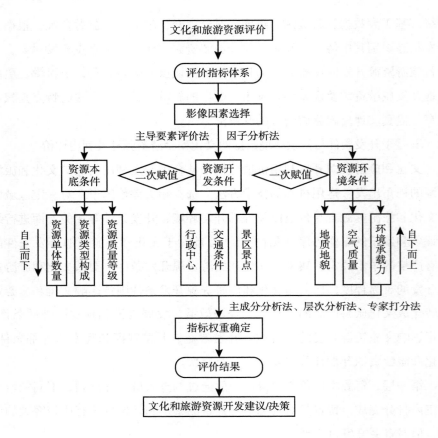

图5　基于开发条件与开发环境的文旅资源评价概念模型

图片来源：作者自制。

资源转化为文化旅游产品的综合潜力和价值。

3. 基于大数据的文化和旅游资源评价与旅游产品

文化和旅游资源评价是进行旅游区划和规划的前提，科学评估现有文旅资源在旅游地开发建设中所处的地位，是区域内旅游资源优化组合和合理开发规划的重要基础。① 基于大数据的旅游资源评价结果权威性高、更真实地

---

① 宋述雄、许颖：《基于大数据的冰雪体育旅游资源定量评价系统》，《周口师范学院学报》2020年第5期。

反映旅游资源的开发潜力，是指导区域未来规划设计、产品开发的重要依据。①

　　旅游资源与旅游产品转化是衔接资源普查与规划设计的纽带。如图 6 所示，旅游资源转化知识图谱的构建主要包括数据获取、知识抽取、知识存储、知识融合等几个步骤，需要基于海量大数据充分梳理和挖掘资源–产品之间的语义关系、关联关系等。从旅游产品文献研究和旅游规划文本中进行旅游产品相关主题的语义分析，并对旅游产品知识进行抽取，形成不同旅游产品概念实体，将不同实体进行链接，从而建立实体之间的关系，将实体与关系存储与非关系型数据库完成知识融合。其中，用于语义挖掘的文本，属于非结构化数据，来源于知网旅游产品相关研究文献与旅游规划文本，通过中文文本挖掘技术，采用中文 GBK 编码，从非结构化数据中抽取旅游产品关键词汇。

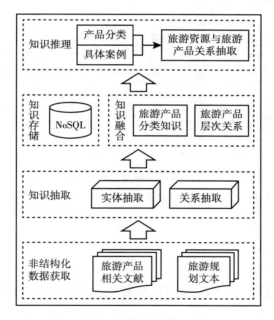

图 6　基于大数据的旅游资源转化知识图谱构建技术体系

图片来源：张桐艳：《多尺度旅游资源知识图谱构建研究》，博士学位论文，中国科学院大学，2021。

---

① 剌利青、徐菲菲、何云梦等：《基于游客视角的红色旅游资源开发价值共创机制》，《自然资源学报》2021 年第 7 期。

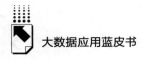

基于旅游产品相关大数据，进一步挖掘不同层次关系下旅游产品分类模式。如图7所示，通过海量数据分析，将旅游产品组合关系分为三类，即主题+功能、景观+功能、主题+景观组合。如山地+运动、养生+度假、生态+观光等旅游产品。旅游产品主类、亚类与基本类型自上而下体现层次关系，最上层的旅游产品尺度最大，自上而下尺度越来越小，尺度越大旅游产品越抽象，包含的类型越多；再将主类进行组合后形成亚类，亚类比主类产品相对具体；基本类型是在亚类的基础上进一步进行条件约束，它比亚类更具体。将旅游产品分类逻辑表示为不同主类的旅游产品相互组合形成亚类旅游产品，在亚类的基础上再依据地域特色细化为不同基本类型，如生态旅游产品中有森林康养、湖泊观光、山地度假等亚类旅游产品。

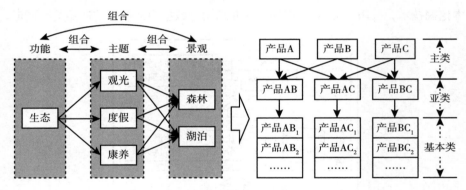

图7　基于大数据的旅游产品分类逻辑示意

图片来源：张桐艳：《多尺度旅游资源知识图谱构建研究》，博士学位论文，中国科学院大学，2021。

四　大数据在文化和旅游资源普查与评价中的应用效果

（一）大数据在文化和旅游资源普查中的应用成效

1.科学识别与提取潜在文化和旅游资源

建立基于大数据语义和资源本体的文化和旅游资源追溯技术与采集系

统，发现和识别潜在的文化和旅游资源体。在展开文化和旅游资源的耦合认知分析前提下，大数据的融入有利于进一步实现基于人地耦合、资源本体、知识图谱、语义关系和尺度效应的资源单体认知、划分、提取与分类模型与方法，研究和分析资源的空间聚合与组合特征等，有效支撑文化和旅游资源普查成果的全面覆盖、科学完整。

例如，针对野外调查可进入性较差区域，建立基于典型特征和遥感分类的文化和旅游资源提取方法，有利于进行文化和旅游资源普查质量检验与查漏补缺。部分普查区域自然环境复杂，地貌类型多样，山地、沙漠、海洋、自然保护区等受限于自然环境、交通因素等影响，可进入性较差。基于大数据建立分区、分层、分点方法，具体针对文化和旅游资源集聚分布但可进入性较差的区域，应用高精度卫星影像、大数据语义识别等建立其影像、性状标志，由点到面提取同类资源点，通过实地验证和基于权威资料、本地专家、当地老人等进行查证、问询，实现资源不重不漏、全面普查的目标。

2. 优化资源普查流程，提高资源普查效率和精度

基于大数据应用的文旅资源普查模式和方法体系创新，有利于不断优化普查流程，提高资源普查效率和精度。传统的旅游资源普查由于数据资源短缺问题，以"轻室内+重野外"模式为主，周期长且费时费力。而大数据时代数据资源极为丰富，海量文化和旅游资源信息蕴含在数据中，各类资源普查应以大数据为基础，综合运用遥感、地理信息系统、知识图谱、知识挖掘、本体追溯等技术在实地普查前获取文化和旅游资源预名录，建立大数据背景下资源普查新模式，野外实地基于资源核查补报系统进行资源核查、资源补录和属性信息采集。

3. 促进普查成果质量控制与检验，确保普查成果的科学性与完整性

应用大数据有利于对文化和旅游资源普查成果质量进行控制与检验。建立资源普查质量控制体系，保证普查质量的完整性、准确性，并克服不同普查单元普查程度、不同普查队伍普查水平参差不齐，以及最后评价结果不一致等问题。通过引入基于大数据的科学抽样、遥感分析、信息检测等方法，

建立"大数据资源名录获取—野外实地信息采集—普查成果质量检验—资源分级评价分析"一体化的质量控制体系，将地理相似性、大数据挖掘和知识图谱技术用于文化和旅游资源普查数据检验中，对普查结果中的资源类型数量、区域单体数量的覆盖率、精确度以及资源信息获取的精度进行评估，确保普查成果质量并做到区域资源全覆盖、不重不漏。

（二）大数据在文化和旅游资源评价中的应用成效

1. 提升地域文化和旅游资源综合管理和统筹水平

对普查地域而言，基于大数据的文化和旅游资源普查能够帮助相关部门摸清"家底"，实现文旅资源的有效整合，在此基础上的文旅资源评价通过多学科、多平台理论与技术，能够更好地掌握文旅资源本质和开发利用价值，有效展开文旅资源的分类建设与开发，提升地域文旅资源综合管理和统筹水平。随着文化和旅游业不断发展，相关文化和旅游资源数据不断扩充，迫切需要通过大数据管理来建立完整的资源信息管理平台进行一体化存储、展示和发布。通过大数据管理及平台建设，对文旅资源普查成果进行标准化处理、入库、管理、查询、检索、分析、展示和服务，具体展开对文旅资源普查信息的数据化、标准化和现代化管理，如文旅资源的整体入库、动态更新、维护管理、展示发布与决策服务等，科学地服务文旅资源开发利用与保护决策，有效提升地区文旅资源数据的综合管理和统筹水平。

2. 提升地域文化和旅游资源开发利用与保护水平

从科学角度出发，大数据基础上的文化和旅游资源评价有利于科学区分文化和旅游资源—旅游产品相关概念，通过建立资源—产品转换图谱并应用，为文化和旅游产品的开发创建提供方向，进一步为文化和旅游相关部门制定相关决策提供参考。同时，大数据基础上的文化和旅游资源评价有利于创新，能够更科学、准确地揭示资源分布格局和开发利用与保护价值，为文化和旅游融合背景下新时期文化和旅游资源开发利用与保护提供强有力的数据支撑。

3. 提升文化和旅游行业精细管理与决策应用水平

通过建设大数据支撑下的文化和旅游资源管理与决策系统，构建文化和旅游资源信息管理体系、开发利用与保护体系、资源决策服务体系等，进一步展开资源分析、评价与应用，有利于大力提升地域文化和旅游资源的智慧化、信息化管理和服务水平，提升普查全域文化与旅游行业精细管理和决策应用水平，促进优质旅游资源向优质旅游产品转化。

（三）应用案例

1. 省级尺度应用案例——宁夏回族自治区文化和旅游资源普查

2021年7月，宁夏回族自治区文化和旅游厅组织开展了宁夏回族自治区文化和旅游资源普查（一期）工作，委托中国科学院地理科学与资源研究所对宁夏全区文化和旅游资源进行了全面普查、建库、分析与评价。本次普查克服新冠疫情等影响，历时一年，于2022年8月8日召开项目终期评审会并通过验收。来自区内外的专家现场审阅了11本项目成果资料，并进行了点评、提问和讨论。专家一致认为，本次普查成果丰硕，技术先进，在分类标准、资源采集与获取、资源评价、质量控制等方面有较好的创新，可在全国做出示范。[①]

宁夏文化和旅游资源普查辐射全区5个地级市、22个县（区、市），形成了"8+1"成果体系。如图8所示，包括宁夏文化和旅游资源分类标准研究报告（实体、非实体分类标准体系）、宁夏文化和旅游资源普查技术规程、宁夏文化和旅游资源普查支撑系统（资源核查补报系统、资源信息采集审核系统、野外资源采集App）及相关培训材料、宁夏文化和旅游资源普查质量控制报告、宁夏文化和旅游资源数据库及相关成果数据库、宁夏文化和旅游资源分析与评价报告、宁夏文化和旅游资源地图集、宁夏文化和旅游资源开发利用与保护指南，以及宁夏文化和旅游资源普查成果集成管理平台共9项成果。全区共普查登记文化和旅游资源31872个，其中文化和旅游实体资源26706个、非实体资源3245

[①] 中国科学院地理科学与资源研究所：《宁夏回族自治区文化和旅游资源总体分析与评价报告》，宁夏回族自治区文化和旅游厅，2022年8月。

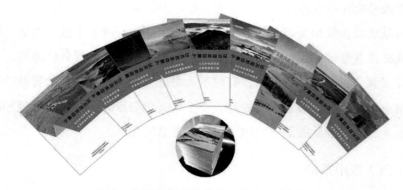

图 8　宁夏文化和旅游资源普查成果示例

图片来源：王英杰研究员团队绘制，《宁夏回族自治区文化和旅游资源普查项目》成果报告封面，2022。

个，集合体资源 1921 个，形成了近 34G 的数据库。

宁夏文化和旅游资源普查模式先进、成果丰富、创新性强。在普查模式层面，充分遵循文化和旅游部颁布的《旅游资源普查工作技术规程》，在此基础上对普查流程进行了创新优化与改进。首次采用基于大数据、知识图谱规则的资源预名录和推理目录整编，研发相关普查系统，基于资源核查补报系统进行野外实地资源核查、资源补录和属性信息采集。普查成果层面上，首次制定了面向文旅融合的宁夏特色的文化和旅游资源实体、非实体分类标准及集合体识别与评价标准，研发了基于大数据面向宁夏文化和旅游资源普查的支撑系统，实现了基于大数据的资源预名录核查补报与信息采集全流程。国内首次设计了资源质量控制模型与方法体系，确保普查成果不重不漏。开展了基于大数据的多尺度文化和旅游资源分析与评价，从以往基于专家打分评价文化和旅游资源本身的价值到基于资源开发环境、资源开发条件的二次评价，更加科学揭示区域文化和旅游资源分布格局及开发利用与保护价值。[①]

---

① 崔娜、徐沐恩：《宁夏：打造资源普查先行区 谱写文旅发展新篇章》，《中国文化报》2023年 2 月 21 日。

本次宁夏文化和旅游资源普查以旅游资源为核心，从资源分类标准体系建设、资源调查与信息采集、资源数据库建设、资源分析与评价、资源质量控制等多个维度进行创新，形成一整套科学、高效的文化和旅游资源普查流程体系。文化旅游产业是宁夏"六优"产业之首，普查成果数据和相关报告可为宁夏文旅融合深度发展、全域旅游示范区建设、新时期文旅资源开发利用与保护提供数据支撑。

通过分析宁夏文化和旅游资源单体分布状况，结合宁夏全域旅游规划、国土空间规划等上位规划，提炼宁夏文化和旅游资源在空间上的分布规律，宁夏文化和旅游资源总体格局可概括为"三区六带多中心"，即"三大文化和旅游资源片区""六条核心文旅资源核心带""多个特色文旅资源富集中心"。其中，"三区"指"北部黄灌区文化旅游资源区"、"中部旱区文化旅游资源区"和"南部黄土文化旅游资源区"；"六带"指"长城文化旅游资源带"、"长征文化旅游资源带"、"贺兰山东麓文化旅游资源带"、"黄河沿线文化旅游资源带"、"古丝路—清水河文化旅游资源带"和"南部河谷文化旅游资源带"；"多节点"包括"银川城市文化旅游资源富集中心"、"石嘴山工业文化旅游资源富集中心"、"吴忠文化旅游资源富集中心"、"中卫文化旅游资源富集中心"、"固原文化旅游资源富集中心"、"罗山文化旅游资源辐射中心"和"六盘山文化旅游资源辐射中心"等。

2. 省级尺度应用案例——海南省旅游资源普查与规划信息库建设

2018 年 5 月，受海南省旅游发展委员会（现海南省旅游和文化广电体育厅）委托，中国科学院地理科学与资源研究所承担海南省旅游资源普查与规划信息库项目。普查范围为海南省全域（不含三沙市），包括已开发、正在开发、未开发但具有进一步开发前景以及有明显经济、社会、文化价值的旅游资源单体和集合型旅游资源。同时根据旅游资源评价标准对旅游资源单体进行客观描述和评价，筛选出优质旅游资源。[①]

---

① 中国科学院地理科学与资源研究所：《海南省文化和旅游资源总体分析与评价报告》，海南省旅游和文化广电体育厅，2018 年 12 月。

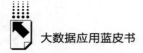

2018 年 12 月，海南省旅游资源普查与规划信息库完成并验收通过，文化和旅游部资源开发司对该项工作给予高度评价。认为海南省旅文厅按照建设"国际旅游消费中心"的战略目标，率先开展省级旅游资源普查工作，走在全国前列。如图 9 所示，此次工作形成了"五个一"成果体系，即"一个分类标准、一个信息管理系统、一套图集、一个普查报告、一个开发与保护指南"五项成果，以及基于大数据技术的旅游资源普查技术方法体系，体现海南特色的文化旅游资源分类方案，面向旅游资源采集、分析与管理一体化的信息系统等创新，具有全国示范意义。

图 9　海南省旅游资源普查"五个一"成果

图片来源：王英杰研究员团队绘制，《海南省旅游资源普查与规划信息库建设项目》成果报告封面，2018。

本次普查共获取海南省 18 个县市（海南岛主岛）的旅游资源单体 10425 个，其中海口市数量最多，共 1707 个，数量超过 700 个的还有三亚市、文昌市、琼海市和儋州市。旅游资源类型涉及 9 大主类、24 个亚类、112 个基本类型。同时，海南岛旅游资源分布不均衡，呈现出北部海口市、南部三亚市、东部海岸和中部山区资源高度集中的空间分布格局。这种格局与海南地形及经济发展相关，中部山区、东部海岸、三亚市的自然旅游资源相对集中，而北部海口市社会经济发达，历史文化悠久，人文类旅游资源丰富。

优良级旅游资源指观赏游憩使用价值和历史文化科学艺术价值较高、物种珍稀程度高、形态较奇特、整体较完整以及出现频率较高或概率较大的旅游资源单体。选取海南岛五级、四级、三级旅游资源作为优良资源进行分析，通过旅游资源的数量分析，得到位居前三的行政区为三亚市、琼海市、海口市。采用核密度分析法，计算整个区域资源点的密度与聚集状况。通过测量点生成的连续表面，从而挖掘出哪些资源点比较集中。以全岛 10 公里作为搜索距离进行核密度分析，获得三大高密度、高集聚资源点分布区域，即三亚市、琼海市、海口市，从而形成海南岛三大旅游资源核心区，作为未来资源开发的优先片区。

海南岛四周低平，中间高耸，由山地、丘陵、台地、平原构成环形层状地貌，梯级结构明显。基于多源数据分析，海南岛形成了从外到内的海洋生态圈、海岸生态圈、沿海台地生态圈和中部山地生态圈 4 个环层生态圈和 1 个原始热带雨林生态中心。海南旅游资源分布也形成了从外到内的近海与零星岛屿圈层、海岸带圈层、滨海平原圈层、山地丘陵圈层和一个生态绿心。

3. 县级尺度应用案例——安徽省祁门县文化和旅游资源普查与全域旅游规划编制

文化和旅游资源普查是区域规划编制、旅游发展的基础。2022 年 5 月，受安徽省祁门县文化旅游广电体育局委托，中国科学院地理科学与资源研究所承担祁门县文化和旅游资源普查与全域旅游发展规划（2022～2035 年）编制工作。项目历时半年，以祁门县文化和旅游资源为普查对象，以规划编制为目标，形成了"5+3"成果体系（见图 10），为祁门县文化和旅游业高质量发展及文化和旅游资源开发利用与保护提供科学指导和数据支撑，助力祁门县旅游产业转型升级、全域旅游示范区创建等工作的开展。①

祁门县文化和旅游资源普查方式主要采用网络大数据挖掘、实地资源核查和补充与网络化填报相结合的技术手段，普查的内容多为定量指标，普查流程主要是自上而下与自下而上相结合的过程。本项目创新了旅游普查的新模式，采用网络化旅游资源采集、上报、审核、评价和发布的一体化解决方

---

① 中国科学院地理科学与资源研究所：《祁门县文化和旅游资源总体分析与评价报告》，祁门县文化旅游广电体育局，2023 年。

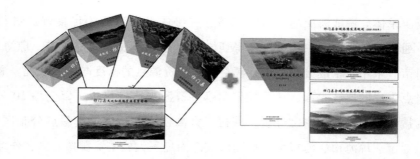

图 10 祁门县文化和旅游资源普查与全域旅游规划 "5+3" 成果

图片来源：王英杰研究员团队绘制，《祁门县文化和旅游资源普查与全域旅游规划》成果报告封面，2023。

案。祁门文化和旅游资源普查基于对祁门县文化和旅游资源分布特点的深度认知，创新性地形成了基于大数据的文化和旅游资源普查流程、方法及成果体系，有力保障了祁门县文化和旅游资源普查数据质量，为资源评价、规划编制开展奠定了基础。例如，祁门县文化和旅游资源预名录整编阶段，通过大数据分析挖掘及各类线上、线下资料提取，形成了 1900 条预名录，占祁门县文化和旅游资源名录比例达到 60%。基于大数据获取的预名录资源数量达到预期目标。

祁门县全域旅游发展规划是在祁门县文化和旅游资源普查数据分析评价基础上，综合运用分析结果，结合《安徽省全域旅游示范区创建认定管理办法（试行）》和《安徽省全域旅游示范区评分细则（试行）》等标准规范，编制的具有指导性、纲领性的规划成果。通过科学分析祁门县文化和旅游资源的基础价值，结合基于大数据等多源开发环境和开发条件进行二次赋值，计算资源的真实开发利用价值。建立资源与产品之间的转换关系，应用普查分析成果，进行资源集合体的提取与分析评价，进而识别全县文旅资源高集聚区、旅游发展潜力区域，进行下一步的规划设计。

基于大数据，梳理祁门特色资源体系。以"创新发展、协调发展、绿色发展、开放发展、共享发展"为指导，按照"全域布局、全景覆盖、全局联动、全业融合、全民参与"的思路，整合祁门"山、水、茶、城、村"

等特色资源，通过全域旅游杠杆将祁门生态优势、高品质资源转换为经济价值、社会价值、生态价值，带动祁门产业转型升级。大力实施旅游高质量发展战略，推动全域旅游示范区和著名红茶—生态与康养旅游目的地建设，促进形成产业绿色、集约循环的"国际红茶—生态与康养旅游示范区"。

五　小结

大数据背景下，随着 GIS、RS、数据挖掘、知识图谱等新技术不断迭代发展和旅游相关数据指数式增长，文化和旅游资源普查手段、调查方法、评价体系也不断拓展。传统野外调查方式将被大数据背景下的"室内+野外"调查模式取代，与传统旅游资源普查模式相比，大数据背景下的资源普查流程更加便捷、精确与高效，能够提高普查效率与精度，并可实现资源普查数据的动态循环管理。鉴于大数据时代的到来，传统文旅资源质量评价主要依靠专家学者的知识进行打分评判的局限性，将随着基于大数据的大众游客对旅游资源的"点评"与专家打分评判相结合的模式，更加客观体现资源的实际价值。同时，结合文化和旅游资源的赋存环境条件、开发条件的评价，可以更客观评价资源的开发利用价值。相关技术理论与方法可应用于特殊地区的资源普查工作，如青藏高原区、禁止进入的自然保护区、湿地保护区以及野外实地调查受限的高山峡谷区、原始森林区、沙漠区、生态红线区等。

B.3
数字转型赋能江苏开放大学教育
治理实践：以"智治"达"高质"

黄黎 李凤霞 冯余佳 赖文涛 王芬*

摘　要： 国家教育数字化转型战略行动的推进为新时代在线教育生态体系建设与改革带来了新动能。数字技术与在线教育融合创新不断深入，以数字化推动数字教育资源的融合共享，赋能教育教学和教育治理，推动高等继续教育的教育治理体系和治理能力现代化，具有重要的社会意义。江苏开放大学作为服务学习型社会建设和全民终身教育体系构建的主力军，以数字化赋能教育大数据治理体系建设，破解高等教育大数据治理的关键瓶颈，围绕基于数据基座的教育治理体系建设框架、实践路径和治理成效等方面开展了有益的探索，从技术和组织层面提出了高等继续教育数据治理的实践模型，形成了服务江苏全民终身学习型社会的办学能力和服务范式，促进了教育数据治理体系的协同式发展。

关键词： 数据治理　教育大数据治理　学习型社会建设　教育数字化转型数据安全

---

* 黄黎，博士，江苏开放大学信息化建设处副处长，江苏开放大学信息工程学院副院长，副教授，硕士生导师，研究方向为服务计算、教育信息化；李凤霞，硕士，江苏开放大学信息化建设处，助理工程师，研究方向为教育大数据应用；冯余佳，硕士，江苏开放大学信息化建设处，工程师，研究方向为教育大数据应用；赖文涛，硕士，江苏开放大学信息化建设处，助理工程师，研究方向为大数据分析、机器学习；王芬，硕士，江苏开放大学信息化建设处，助理工程师，研究方向为大数据与网络安全。

一　引言

党的二十大报告明确提出"推进教育数字化，建设全民终身学习的学习型社会、学习型大国"。教育数字化转型是在教育领域的各个层面运用数字技术，形成具有开放性、适应性、柔韧性、永续性的教育生态。[①] 教育数字化已经成为加快推进教育现代化，建设教育强国的必由之路。2018 年，教育部发布《教育信息化 2.0 行动计划》，提出教育信息化是促进教育公平、提高教育质量的有效手段，为构建泛在学习环境、实现全民终身学习提供了有力支撑。2019 年，中共中央、国务院印发《中国教育现代化 2035》，提出推进教育治理方式变革，构建服务全民的终身学习体系。2022 年 2 月，《教育部 2022 年工作要点》提出实施教育数字化战略行动，要求发挥网络化、数字化和人工智能优势，丰富数字教育资源和服务供给，创新教育和学习方式，加快实现教育的均衡化、个性化、终身化。[②]

2022 年 12 月，教育部部长怀进鹏在联合国教科文组织 2030 年教育高级别指导委员会年度会议上指出，以数字化为杠杆，撬动教育整体变革，推动数字教育资源共建共享、互联互通，赋能教师和学习者，探索教育数字治理方式，实现教育更加包容公平和更加高质量地发展。因此，深入实施国家教育数字化战略行动，构建服务全民终身学习的教育体系，建设学习型社会，对于促进经济发展、提高社会竞争力、增强社会凝聚力、提高生活质量以及推动可持续发展具有重要的意义。

2023 年 1 月江苏省出台《省教育厅关于大力推进高校教学数字化工作的意见》，坚持"育人为本、技术赋能、协同共享、特色创新"的基本原

---

① 祝智庭、胡姣：《教育数字化转型的本质探析与研究展望》，《中国电化教育》2022 年第 4 期。
② 《教育部 2022 年工作要点》，教育部，2022 年 2 月，http：//www.moe.gov.cn/jyb_ sjzl/moe_ 164/202202/t20220208_ 597666.html。

则。① 江苏开放大学作为服务学习型社会建设的中坚力量，始终坚持信息技术与教育教学融合创新，是一所没有围墙的新型大学。它充分利用大数据、人工智能、区块链等新技术，构建了网络化、数字化、个性化、终身化的教育体系，推进了开放大学由数字化向智能化跃迁。在全面深化高等教育综合改革的进程中，开放教育从教育数据管理走向教育数据治理，教育大数据在其中发挥着重要的"基本要素"和"重要保障"作用，以数据治理推动了学校教育治理体系和治理能力现代化的进程，为实现"人人皆学、处处能学、时时可学"智慧教育新生态奠定坚实基础。

二　开放大学服务学习型社会的数字化发展理路

（一）江苏开放大学数字化发展现状

《国家中长期教育改革和发展规划纲要（2010-2020年）》明确提出了"切实办好开放大学，推动建设学习型社会"的总要求。教育部发布《教育部关于办好开放大学的意见》（教职成〔2016〕2号），进一步明确了建成服务全民终身学习的新型高等学校的办学定位。从2012年经教育部批准正式更名（教发函〔2012〕285号）至今，形成以国家开放大学与北京、上海、江苏、广东、云南5所试点独立办学的开放大学"1+5"办学体系，江苏开放大学在其中发挥了服务江苏全民终身学习的主力军作用，形成了"江苏模式"。

江苏开放大学坚持植根江苏，以服务全民终身学习为办学宗旨，以终身教育思想为引领，秉承创新、开放、融合、共享的办学理念，深化"开放教育、职业教育和社会教育"的"三教融合"建设内涵。学校坚持开放办学和系统办学，现已建成"省—市—县（区）"三级共73所市县开放大学，以及"市—县—区—街道（镇）—社区"的五级办学体系，包含103

---

① 《省教育厅关于大力推进高校教学数字化工作的意见》，江苏省教育厅，2023年1月16日，http://doe.jiangsu.gov.cn/art/2023/1/16/art_55512_10727417.html。

所县（市、区）社区学院、1260 所乡镇（街道）社区教育中心、8000 多所村（社区）居民学校，共同构建了覆盖全省城乡、纵横交错的"5+N""蛛网式"服务全民终身学习的教育体系。建设了"江苏省终身教育学分银行"，搭建了服务全民终身学习的"立交桥"。目前，学校拥有开放教育在校生 17.2 万人，国家开放大学江苏分部教学管理中心学生 3.3 万人，高职在校生 1.2 万人，社会教育学员 178 万人。

"十四五"期间，学校明确了"以信息技术为支撑"的"特色发展战略"，围绕"一网""一平台""两中心"的"数智江开"架构（见图 1），构建"全面感知、深度融合、多维服务、虚实结合"的智慧校园环境，建成国家 B 级高性能云计算数据中心，实现数据的"采存算管用"，提供 800 台超算能力服务器、400T 存储空间，提升学校治理体系和治理能力的现代化，2022 年度获评江苏省智慧校园示范校。基于公有云架构建成覆盖终身教育体系的"江苏省终身教育资源库"，支撑"月明在线学历教育平台""课程超市""江苏学习在线""江苏省终身教育学分银行"和"非学历培训平台"等信息系统，助力开放教育、社会教育、职业教育三类教育融合发展，实现学历和非学历教育已开设专业和课程优质数字学习资源的全覆盖，累计服务人数超过 350 万人。截至 2022 年，终身教育资源库共有资源 52 万个，其中视频资源 9.8 万个，课程总数 1658 门，资源总播放量超 1.69 亿次，平均日播放量 20 万余次，"江苏学习在线"平台服务全省 200 多万人，单门课程学习人数最多达 8 万人，发布各类学习证书 21 门，15 万余人次获得证书。"江苏省终身教育学分银行"服务全省 400 多万人。

（二）江苏开放大学数字化面临挑战

当前，随着高等教育改革不断深化，教育信息化从 1.0 向 2.0 转段升级的进程中，数据成为核心要素。2014 年 1 月，全国教育工作会议提出"深化教育领域综合改革，加快推进教育治理体系和治理能力现代化"[①]，教育

---

① 袁贵仁：《加快推进教育治理体系和治理能力现代化》，《人民论坛》2014 年第 13 期。

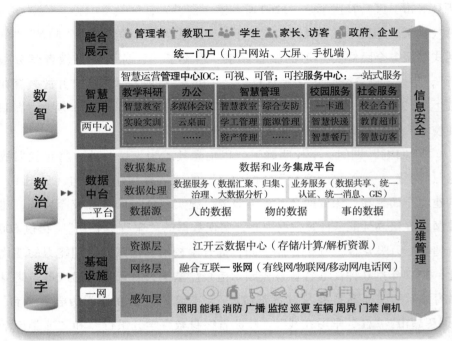

图1 江苏开放大学"数智江开"技术架构

图片来源：作者自制。

从传统的"教育管理"向"教育治理"转变已势在必行。[1] 2014 年 10 月，教育部印发《教育管理信息化建设与应用指南》，提出要充分释放教育管理信息化的潜能，使教育管理信息化在转变政府职能、支撑和推动教育治理能力现代化进程中发挥更加重要的作用，促进政府教育决策、管理和公共服务水平显著提高，推动教育治理体系和治理能力的现代化。[2] 江苏开放大学作为服务学历继续教育和全民终身学习的新型高校，教育类型具备多元化特点，服务对象逐渐呈现层级化、分散性、区域化和规模化的趋势，因此，为了满足学习者个性化、多样化的学习需求，开放教育数据治理的要素相比其

---

[1] 尹后庆：《从教育管理走向教育治理——政府转变管理职责方式的思考》，《上海教育科研》2008 年第 1 期。

[2] 沈富可：《〈教育管理信息化建设与应用指南〉解读》，《中国教育信息化》2015 年第 4 期。

他形式的教育，数据量更为巨大、数据类型更复杂、数据交换更密集，数据治理的需求也更紧迫。

在长期粗放式发展的数据管理实践中，信息孤岛、多源收集、重复采集、运维匮乏等现象普遍存在，数据流动性和底层数据质量无法得到保障，数据应用的实践效果受到极大影响。具体表现在以下几方面：一是信息孤岛现象依旧存在，数据融合共享渠道不畅，单体"烟囱式"的系统建设造成系统集成难度高、治理效果差。二是教育决策的科学性不足、精准度不高，教育的规模化与个性化矛盾日益凸显，以在线教育为主要支撑，服务学习型社会建设的供给侧能力失衡，内生发展动力不足。2016年6月，《教育信息化"十三五"规划》发布，提出要规范教育数据的采集、存储、处理、使用、共享等全生命周期管理，实现教育基础数据的"伴随式收集"和全国互通共享。① 三是数据治理时效性不够，针对在线教育平台中师生"伴随式"数据缺乏充分挖掘利用，数据驱动下的精准化教学及决策干预尚需加强，"一生一策"的大规模自适应学习模式亟待创新。四是数据治理运行效率偏低。各类系统的技术架构差异，导致了内部数据共享困难、数据质量良莠不齐、数据管理权限混乱、数据生命周期管理缺失、数据应用监管空白、数据创新服务不足等问题，进一步引发数据治理的深层次问题。因此，高水平开放大学建设亟须深刻分析治理体系和治理能力现代化的需求，构建新型治理结构、关系和保障，提升数据治理能力，实现教学、科研和服务的精准供给，为提高江苏省国民素质提供重要支撑。

三　数据驱动的开放大学教育治理建设框架与实施路径

（一）开放大学教育治理建设框架

大数据技术已广泛应用于教育教学发展变革，促成了数据驱动的教育治

---

① 任友群、郑旭东、吴旻瑜：《深度推进信息技术与教育的融合创新——〈教育信息化"十三五"规划〉（2016）解读》，《现代远程教育研究》2016年第5期。

理和面向教育的数据治理在内容和理念上的不断融合，数据成为教育信息化发展进程中的核心资产，是教育数字化转型的核心要素。通过数字化转型推动基于数据的信息透明和对称，提升组织的总体集成水平，提高社会资源的综合配置效率，因此，数据化已成为新时期教育数字化转型的关键举措。① 教育大数据治理需以国家教育数字化战略行动目标为指引，把握教育数字化转型契机，以教育数字化扩大"人人皆学"的覆盖范围、拓宽"处处能学"的空间广度、延伸"时时可学"的时间尺度，构建促进人的全面发展、满足全民终身学习需求、充满活力的学习型社会。② 教育大数据治理是一项复杂度高、综合性强的系统工作，需要多要素，全方位的共同保障，来实现教育运行机制由管理向服务转变，构建以人为本的教育生态环境。具体包括以下几个方面。

1. 建立教育大数据治理基础体系

教育大数据治理是充分发挥数据价值，围绕教育数据，研究教育领域数据治理系统及其基础性问题，不断完善服务学习型社会建设的教育大数据治理的顶层设计，准确把握国家和教育主管部门的战略、政策信息，建立个性与共性需求、体质与机制、技术与行为等方面的关联模型。完善数据从采集、清洗、存储，维护、分析、显化及应用等流程的各个环节，从人员、方法、技术、管理等方面全面指导并规范各环节工作，实现全流程有效管控。构建完善的教育大数据基础体系，并制定符合国家、社会发展及战略发展目标的数据安全、质量、服务、文化标准。

2. 建立教育大数据治理运维体系

教育大数据治理是一种综合治理模式，不仅起到连接数据治理和教育治理桥梁的作用，而且调和数据效益目标和教育价值目标。建立教育大数据治理运维体系应遵循系统思维，优化数据治理运行模式，形成标准化的数据资

---

① 马俊、司晓等：《数字化转型与数字变革》，中国发展出版社，2022。
② 吴砥、李环、尉小荣：《教育数字化转型：国际背景、发展需求与推进路径》，《中国远程教育》2022 年第 7 期；黄荣怀：《教育数字化转型的内涵与实施路径》，《中国教育报》2022 年 4 月 6 日；兰国帅、魏家财、黄春雨等：《国际高等教育数字化转型和中国实施路径》，《开放教育研究》2022 年 3 月。

产，包括信息标准和代码标准的制定、数据清洗转换、数据质量提升等方面，完善数据集由"管理阶段"向"数据资产运用阶段"的转变。拓展数据分析维度，从多数据源、多数据类型出发，提高分析精准度。科学制定教育大数据应用规范，拓展教育大数据资源的应用程度与范围。

3. 建立教育大数据技术体系

随着大数据、人工智能等新一代信息技术与教育的深度融合，教育大数据、人工智能教育应用研究蓬勃发展，"数字融合"为教育数据治理技术体系研究做了充分铺垫。一方面，加强核心关键技术的研发与应用，提升整合水平、数据质量与价值以及对教育大数据的采集、分析、应用、监控和评估的能力。另一方面，加强智能技术与教育大数据技术的融合，如人工智能、深度学习、虚拟现实等，充分挖掘教育大数据的潜藏价值。通过数据赋能决策与人机协同为教育需求侧提供全方位的适需服务，制定系统数据安全策略及数据存储和备份机制，运用数据安全和隐私保护等技术手段，确保数据合理准确的应用及共享。

4. 建立教育大数据共享体系

教育大数据是数字化教学服务流程、个性化服务供给和模式创新的基础。首先，建立共建共享机制，不断推进与教育大数据的汇聚、开放式共享和教育数据的标准化和交流，破除数据资源的分割和垄断，降低数据业务对接难度，实现由单一层面的数据应用向跨层级、跨时段、跨领域的协同应用转变，以及全流程的可信管控，确保数据服务与共享机制的权威性。其次，建立具备良好信誉和可靠性的教育大数据共享平台，实现教育大数据信息的统一采集、按需处理、多元化分析、精准化应用及科学化评价。

5. 开放大学教育大数据治理实践路径

江苏开放大学数据治理的实施是一个复杂的迭代过程，其中，摸清学校数据家底、制定本校数据标准、完善数据治理架构、落实数据安全治理是学校数据治理工作的四项核心内容。江苏开放大学在推进学校高质量发展进程中，形成了独具建设思路和创新理念的教育大数据治理建设成果。江苏开放大学教育大数据治理实践路径如图 2 所示。

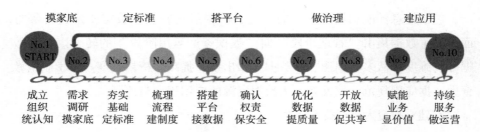

图 2 江苏开放大学教育大数据治理实践路径

图片来源：作者自制。

6. 摸清家底，盘活数据资产

数字化是在信息化生态系统上构建数字驱动的模式，旨在解决信息孤岛问题。由于传统信息管理系统是分散式管理数据，一方面，缺乏统一的数据标准，造成各系统数据质量参差不齐，敏感数据未进行有效处理等问题，导致数字化实施过程中无"可用的数据"。另一方面，各系统之间缺乏统一数据交换共享标准，无法良好通信，阻碍了教育资源的全面整合与共享，从而形成了信息孤岛。数据资产盘点作为解决以上问题的主要手段之一，通过对学校拥有的数据要素进行全面清点，必须做到明确 4W。一是 What：学校有哪些数据？数据如何分类？学校有多少数据？关注数据的存量、增量；二是 Where：学校的数据存储在什么地方？关注数据的存储和取用方式；三是 Who：学校的数据是由谁在管理？关注数据的归属部门和责任人；四是 Which：识别哪些是重要数据，哪些是敏感数据，关注数据的分级、共享条件和范围。总之，数据盘点是要根据业务的需要，厘清业务数据的各类要素范围和内容。如图 3 所示，江苏开放大学在数据治理中形成了比较完善的教育大数据资产目录。

7. 规范先行，建设数据标准

数据标准是数据治理与应用的基础性保障，数据标准规范建设是各级各类标准制定、实施、监督、服务过程中产生数据的集合。尤其是在教育行业中，从报名、招生、审核入学到教学、教务、考试、评价，产生大量的"伴随式数据"。因此，标准规范建设是高质量教学数据基础的重要保障。

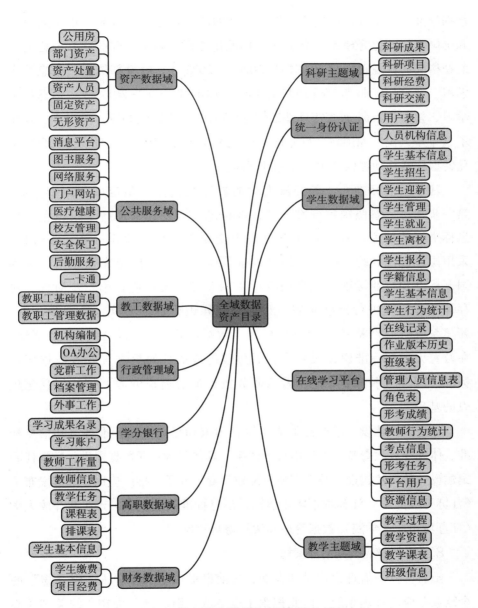

图 3　江苏开放大学教育大数据资产目录

图片来源：《江苏开放大学信息标准编制规范》。

数据标准化包括标准的制定、发布与实施的全过程。2020年，中华人民共和国国家标准化管理委员会实施《标准化工作导则 第1部分：标准化文件的结构和起草规则》（GB/T 1.1-2020）。2022年，教育部依据《信息技术 学习、教育和培训 教育管理基础代码》（GB/T 33782-2017）、《信息技术 学习、教育和培训 教育管理基础信息》（GB/T 35298-2017）等标准，发布了《中华人民共和国教育行业标准》（JY/T 0633-2022），为服务教育数字化转型战略行动提供了规范和标准保障。

基于以上标准，江苏开放大学的教育数据标准制定可分四步完成。第一步建标，参照国家标准、教育部标准，规划建立适应学校特色的信息标准规范体系，在数据治理过程中全面贯彻标准意识；第二步升标，采用国家标准和行业标准，提升权威代码，依据"向上靠拢原则"采用国家标准和行业标准，梳理确权后采用业务系统代码；第三步对标，对存量业务系统进行标准对照，对结果差异进行标准转换；第四步落标，新建系统时需严格落实规范化标准，数据治理过程需严格将标准落地。在教育大数据标准建设过程中，通过规范校内代码标准、业务数据接口标准、配套版本留痕对比，做到业务数据流的追根溯源，打好信息化建设的基础。

经过多年建设，学校已形成了符合国家和行业数据标准规范和信息标准、体现开放教育特色的标准规范体系。具体包含：元数据建设、数据代码集建设、数据集建设、数据交换标准建设等，并予以推广应用。陆续发布了《江苏开放大学（江苏城市职业学院）信息标准编制规范》《江苏开放大学（江苏城市职业学院）数据管理办法》等规章制度。

8. 业务为核，构建治理架构

随着学校的信息化建设和发展，目前已形成了服务"人、财、物"的全链业务应用管理系统，由此积累了以"人、财、物"为核心的关键核心业务数据。为了使数据智能的价值最大化，破除信息孤岛与技术壁垒，实现多系统的融合与数据集成，亟须建立数据治理平台，融合信息标准、配套管理工具和实施方法，服务于开放教育数据建设与治理需求。

数据治理平台是学校数据基础管理中心，负责学校整体业务数据管控，基于校级统一信息标准和数据流向建立权威主数据中心，开展数据模型标准定义、校级代码标准统一、数据质量提升、数据交换共享以及数据可视化监控过程等核心工作。采用增量快照的数据存储技术原理，解决了历史数据存储和版本问题，基于历史数据存储方法能够有效捕捉数据的变化，从而支持数据分析的准确性和可靠性。为数据分析应用提供丰富、高质量的历史数据，同时能够减轻资源要求的压力。采用"按天"级别的数据保留策略为教育数据治理应用的决策制定提供了可靠的数据基础。引入智能化历史存储，实现免人工干预式的作业规范。通过自动化的历史数据存储过程，智能化历史存储系统能够自动根据预定规则和策略对数据进行归档和存储，提高了数据管理的效率和准确性。支持对数据集成异常、数据服务调用异常以及数据备份等进行监控，保证数据的完整性和准确性。同时，针对数据服务调用异常的监控确保追踪和解决与数据访问和使用相关的问题。支持查询跟踪标准建设情况、业务系统集成情况以及数据质量情况等，评估教育数据治理应用的合规性和质量，及时发现和解决潜在的问题。此外，对业务系统集成情况和数据质量进行跟踪分析，全面了解教育数据全流程，从而帮助改进和优化数据管理和治理过程。支持数据外部关系图形化展示，即血脉图，更好地理解数据之间的依赖关系和流动路径，进而辅助数据分析和科学决策。

数据治理平台作为校级数据建设中台，是数据中台的中心节点，实现了综合管理学校全业务域、全数据域、全时间域的数据资产，其技术架构如图4所示。通过数据治理平台的辅助，快速实现数据资源的标准化定义，实现数据在各组织机构部门之间的共享，帮助学校提高数据的质量（准确性和完整性），保障数据的安全（保密性、完整性及可用性），推进信息资源的整合共享，实现校园业务的融合协同，从而提升智慧校园的整体信息化水平，充分发挥信息化的作用。

9. 安全为基，健全数据安全

数据安全保障是对大数据基础设施、数据资产和应用服务进行安全

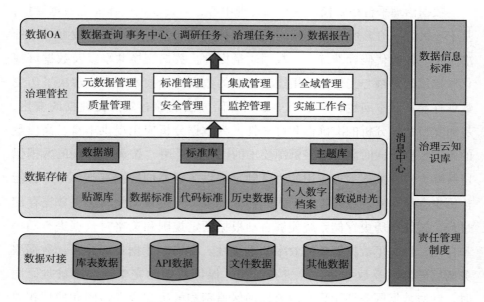

图 4　江苏开放大学教育大数据架构

图片来源：作者自制。

保障的相关行为和过程，从数据采集、数据存储、数据传输到数据处理、数据交换、数据共享，数据安全问题贯穿了数据生命周期的各个阶段，是教育大数据治理的安全保障。江苏开放大学加快推进智慧校园建设，积累了海量业务数据，数据传输、处理、存储、共享的过程中都存有潜在的安全隐患，由于传统数据应用、数据开放与隐私保护等采取粗放式"一刀切"管理方式，这给高校数据安全保障体系建设提出了新的挑战。

　　2019 年，《数据安全法》正式施行，标志着中国以数据安全保障数据开发利用和产业发展全面进入法治化轨道。数据分类分级管理有效实现了对数据资源的精细化管理和保护，既能避免"一刀切"带来的问题，又能确保数据应用和数据保护的有效平衡。如表 1 所示，学校在健全教育大数据安全体系建设中逐步形成了符合开放教育特色的教育大数据分级分类管理体系。

表 1　江苏开放大学教育大数据分级分类管理体系

数据分类等级	详细描述	共享使用范围
1 级数据	无危害，不会对个人合法权益、组织合法权益造成危害。	具有公共传播属性，可对外公开发布、转发传播，但也需考虑公开的数据量及类别，避免由于类别较多或者数量过大被用于关联分析。
2 级数据	轻微危害，可能对个人合法权益、组织合法权益造成轻微危害。	通常在组织内部、关联方共享和使用，相关方授权后可向组织外部共享。
3 级数据	一般危害，可能对个人合法权益、组织合法权益造成一般危害。	由授权的内部机构或人员访问，如果要将数据共享到外部，需要满足相关条件和授权。
4 级数据	严重危害，可能对个人合法权益、组织合法权益造成严重危害，但不会危害国家安全或公共利益。	按照批准的授权列表严格管理，仅能在受控范围内经过严格审批、评估后才可共享或传播。
5 级数据	机密数据，包含组织最重要的秘密，关系未来发展的前途命运，对组织根本利益有着决定性的影响。	泄露会造成灾难性的损害，其安全属性破坏后可能对组织造成非常严重的损失。

资料来源：作者整理。

在大数据环境下，数据安全治理是关键，建立健全数据安全治理体系，能有效提高数据安全能力。数据安全治理围绕着数据全生命周期展开，根据数据各阶段的活动特点有针对性地设计技术防护策略。第一，数据采集阶段，对数据进行分级分类，在数据源鉴别、数据水印等方面进行安全审计。第二，数据存储阶段，通过加密、防泄露、数据备份、数据容灾、数据审计等技术手段，保障数据在存储环境中的安全。[1] 第三，数据传输阶段，利用加密、数字签名、安全认证等技术手段确保传输数据的真实性。[2] 第四，数据处理阶段，通过敏感数据自动发现、动态脱敏、数据清洗以及数据转换等手段，保障数据安全可用。第五，数据交换与共享阶段，完善大数据共享平

---

[1]　焦萌：《政务大数据安全治理体系研究》，《网络安全技术与应用》2023 年第 4 期。

[2]　焦萌：《政务大数据安全治理体系研究》，《网络安全技术与应用》2023 年第 4 期。

台的用户授权、访问控制、入侵检测、日志记录等技术措施，对数据共享全流程进行监测预警。第六，数据销毁阶段，对数据信息进行彻底删除或对存放数据的物理设备进行彻底销毁，避免未经授权的用户利用残留数据恢复原始信息。江苏开放大学数据安全工作以管理体系为保障、以技术防护为基础、以安全运营为支撑，形成一体化闭环，确保数据安全治理健康发展。

四　服务学习型社会建设的教育数据治理应用成果

江苏开放大学在着力推进学习型社会建设进程中，充分发挥数据要素的关键基础作用。着眼于数据的精准供给、质量监测以及不同成果数据的融合共享，坚持"用数据说话、用数据管理、用数据决策"。"大数据、人工智能、互联网+、物联网+"等智能技术是推进教育治理体系和治理能力现代化的重要支撑手段，加强数据分析与应用，为管理与决策提供支撑，赋能教育数字化转型升级，推动高质量教育治理体系建设。

（一）构建数据赋能的云中校园精准教育服务

学校坚持"以人为本，服务师生"的理念，充分利用大数据和云计算等新型技术，实现教育业务应用数据流和业务流的重组再造，建成数据交换与共享平台，累计集成业务系统 14 个，数据 9141 万条；形成数据标准 259 个，代码标准 698 个；开放数据接口 45 个，共计调用 97 万次，服务学校融合门户、微门户、企业微信、财务系统、宿管系统等；输出实时数据可视化大屏 25 块，数据分析平台 220 个分析维度，覆盖学校人、财、物、教、学、管的全流程业务。面向多元化学习主体，提供更有针对性的教育干预措施，以满足不同学习群体的需求并提高其学习成果。基于课程教与学行为数据库，跟踪学习行为、教学行为，完整记录教与学档案。如图 5 所示，通过大数据分析制作"教学行为个人画像"，更好地了解学习者的需求和特点，并根据数据洞察制定相应的教育干预措施，推荐合适的学习时间、学习强度和知识点学习顺序等，让学生自己适应学习，同时为分流分类教学提供依据。

此外，进一步挖掘、分析数据的价值，借助大数据可视化分析技术为学校决策者和教师提供更全面的信息，以支持教育政策的制定和实施。

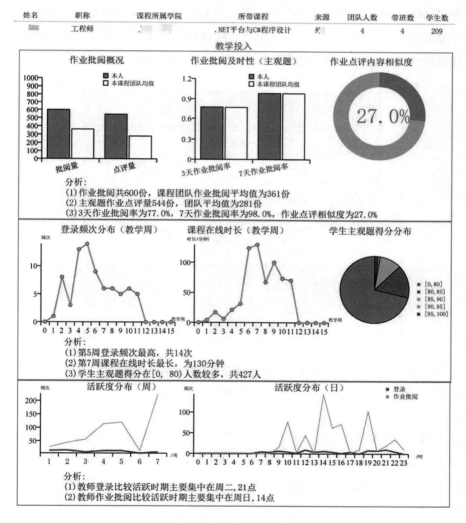

图 5　教学行为个人画像

图片来源：江苏开放大学"月明在线"开放教育学习平台。

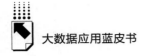

1. 打造数据驱动的教育服务质量动态监测

质量是开放教育高质量发展的生命线，如何发挥数据优势，实现大规模数字教育环境下的教育服务高质量发展也是学校的重要关注点。学校依照"基础大数据、应用大数据、决策大数据"三层架构体系，集成核心业务系统，实现领导驾驶舱、综合校情系统、学生画像、舆情预警、学业预警等专项数据综合应用，形成数据闭环，建立常态化内部质量保障机制，全面推动学校事业发展（见图6）。"'一中心、两体系、多支撑'在线课程质量保障体系的构建与实践"成果荣获2021年江苏省教学成果奖二等奖。

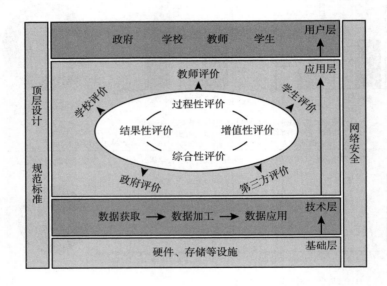

图6 数据驱动的教育服务质量监测评价体系

图片来源：江苏开放大学2021年江苏省教学成果奖。

基于标准体系，学校构建了"课程团队自控、学院全面审查、教学管理部门监控"，内部和外部联动的在线课程质量管理组织架构；学校建设完成实时大数据展播平台，以教学平台实时记录的"课程基本信息数据""学生学习行为数据""教师教学行为数据"为依据，结合学习"关键节点"的常态化教学质量监控和年度学生调查结果，不断强化对教学质量的过程评价和综合评价，定期发布《教学大数据分析报告》，确保在线课程质量保障体系落地执行，为在线课程的建、用、学提供了数据支撑。

2. 基于数据共享的跨域学习成果认定转换

开放大学在服务学习型社会建设过程中面临着教育类型多样、学习者来源广泛以及学习成果跨域等关键特征，按以学习者为中心的思路，将不同阶段、不同领域的学习成果进行纵横联动是构建学习型社会服务体系的重要基石。江苏开放大学在学习成果数据治理的基础上，依托国内自主研发的安全、可控底层区块链技术平台——Hyperchain，搭建了"1+2+5"服务模式的业务体系，即1张个人终身学习档案、2类学习成果应用场景（学历教育成果应用场景、非学历教育学习成果应用场景）、5项核心业务服务功能（获取个人学习档案、学习成果认定、学习成果转换、学习积分积累、学习积分兑换）。实现了基于区块链技术的学分银行学分互认溯源体系，有效提升学分互认的公平性和安全性，推进各级各类教育纵向贯通、横向融通，搭建了全民终身学习立交桥，服务江苏终身学习体系构建和学习型社会建设。目前学分银行已有用户 370 万，存入学习成果 3100 万条，直接服务联盟合作单位 314 家。2021 年学分银行信息系统列入教育部科学技术与信息化司《教育系统关键信息基础设施名录》。学分银行学习成果框架及成果认定标准入选联合国教科文组织、欧洲培训基金会出版的《2019 年全球地区和国家资格框架清单第二卷：国家和地区案》。借助区块链共赢思维，由学分银行跨行业、跨区域联合办学机构、行政单位、职业认定部门等建立去中心化的终身学习联盟链，服务"1+X"证书制度试点工作，83 所高职院校加入学分银行合作联盟，相关用户数已达 81 万，存入成果 504 万。研制"学习强国"积分认定学时标准，服务省教育厅组织的"江苏高校助力乡村振兴在线开放课程"10 个模块千门课程的学分认定与存储，还积极探索开展残奥会运动员获奖成果的奖励学分认定等工作。

五　结语

数字化转型为新时代高校教育治理能力现代化提供了新动能，江苏开放

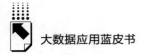

大学在开放大学服务学习型社会建设的教育大数据治理实践中进行的一系列探索和取得的进展，为高等教育数字化转型发展引入了新范式、创造了新工具、构建了新模式，以期促进教育的理念重塑、结构重组、流程再造、内容重构、模式重建，打造更加公平、更有质量、更加美好的全民终身学习环境。数字技术赋能是推动教育治理和教育生态体系发展的核心，大数据治理实践的应用使得教育系统更加透明和负责，为政策制定者、教育机构和社会各层面提供了重要的参考依据，能够有效推进教育政策的调整与改革，推动整个教育体系的进步和发展。未来，数据收集与建模、隐私保护、数据安全与开放共享、数据治理伦理与公平性等问题值得进一步研究与实践探索。顺应新时代数字化转型快速发展的潮流，要充分发挥数字技术在开放教育、职业教育和社会教育中的枢纽作用，探索新的发展路径，还要进一步提升人才培养质量，推进教育高质量发展，更好地服务江苏全民终身学习，为全国开放大学教育数字化转型发展提供"江苏经验"，形成"江苏品牌"。

B.4
大数据服务政府精准决策的要素分析

——基于安徽省政府大数据平台建设实践

汪晓胜　张 齐*

摘　要： 大数据不仅改变了政府决策的方式，同时也促使政府决策精准化。目前大数据服务政府精准决策应用还处于初级阶段，在政企数据融合、政务数据分析、数据安全保密、管理体制机制等方面存在障碍，导致不能用、不会用、不敢用、不愿用的共性问题。本文从政府大数据分析平台如何服务政府部门精准决策的角度，结合国家和安徽省部分省直单位的大数据分析平台案例，总结提出了推进数字化转型来实现省域治理能力现代化、提升大数据应对突发事件的应急响应能力、落实数字长三角建设、构建以数据为要素的数字经济产业生态、提升资源要素保障能力、提供满足群众需求规范服务、谋划场景服务等建议，进而提升大数据服务政府决策的能力。

关键词： 政务大数据　精准决策　大数据平台　安徽

一　引言

当前，数字化转型正在向社会各个领域快速渗透，使全球生产组织和贸

---

* 汪晓胜，安徽省经济信息中心正高级工程师，研究方向为数字政府、电子政务，互联网+政务服务，信息资源共享等；张齐，安徽省经济信息中心工程师，研究方向为电子政务。

易结构发生了深刻变革，不仅重新定义了生产力和生产关系，同时对城市治理模式和居民生活方式进行了全方位的重塑。许多国家把数据资源定位为国家重要的基础性战略资源，在国家发展战略的层面推动大数据产业的发展，在研究开发上加大支持力度，从经济发展、社会服务、政府决策等多方面大力推动大数据的应用。

二　政务大数据定义

国内外的学者对于政府大数据并没有一个明晰的概念，只是将其作为"大数据"的子概念来定义。政府大数据主要指从政府部门（党委、人大、政府、政协、法院、检察院等）依法履职过程中采集、获取的政务数据，以及公共企事业单位在提供公共服务和公共管理过程中产生、收集、掌握的各类数据资源。从宏观上看，政府大数据是基于政府产生的，包括了政府所拥有和服务政府两方面。从狭义上看，政府大数据代表的是政府所掌握的数据。政府大数据分析可分为三类，分别是描述性分析、预测性分析和定题性分析。政府大数据分析平台则是通过上面三类方法，实现对海量政府数据的细分和分析，从而达到以下目的。一是提高政务服务效率。通过大数据技术对社会公众提交的业务请求进行一定分析，快速且高效地处理业务，简化流程，提高政务部门的工作效率。二是提升政府公共服务水平。利用大数据技术，分析公众参与政务服务的各种信息，助力政府工作人员精准判断公众服务需求，主动为公众推送与其关联度高、时效性强的个性化信息或服务，从而提升政务服务的能力和质量，获得最大化的用户满意度。三是提供辅助决策支持。利用大数据技术对海量的政务数据进行信息研判，从中抽取出有价值的信息，并利用这些信息为政府各部门提供决策依据。[①] 对政务部门的业绩进行多维度考核与分析，收集平时各个部门的工作状态数据，促进政务部门的健康发展。

---

① 梁志斌：《浅谈大数据技术在政府服务中的应用》，《江南论坛》2019 年第 3 期。

三 政务大数据分析现状

"十四五"规划纲要提出，加快构建数字技术辅助政府决策机制，提高基于高频大数据精准动态监测预测预警水平。[①] 为了进一步推动大数据与政府治理深度融合，充分发挥大数据赋能作用，推动政府数字化、智能化运行，国务院办公厅印发的《全国一体化政务大数据体系建设指南》提出要加强数据汇聚融合和利用，促进数据高效流通使用。[②] 各地方各部门引入的大数据分析在调节经济运行、改进政务服务、优化营商环境等方面取得了一定的成效，然而，大数据分析平台如何在政府制定政策方面更好发挥作用，进一步增强政府部门的精准决策能力，有待进一步探索。

（一）部委"大数据+政务应用"建设思路

国家发改委牵头建设了投资项目并联审批监管平台、国家信用信息交换平台、国家公共资源交易平台等重点平台，汇聚了各部委的信用信息、项目信息，整合全国 2000 多家公共资源交易平台土地矿产、政府采购等信息，每年受理的价格投诉信息等，初步实现了信息资源应汇尽汇、信息系统集约化建设和基础设施的共建共享。与此同时，在数据资源建设方面，国家信息中心大数据分析中心在整合原有数据资源基础上，重点拓展以下工作：一是整合核心业务的数据资源，包括投资项目审批数据、全国规模以上企业能耗监测数据等；二是进一步拓展互联网大数据覆盖面，目前已经与阿里巴巴、新浪微博、360、百度、万得数据、美亚柏科等互联网公司达成战略合作意向，直接对接这些公司的核心大数据资源；三是与相关部委合作共同开发核心业务数据资源，如与农业农村部合作对 12316 三农服务热线数据进行分析，与国

[①] 《中共中央关于制定国民经济和社会发展第十四个五年规划和二〇三五年远景目标的建议》，2020 年 11 月 3 日，http：//www.gov.cn/zhengce/2020-11/03/content_ 5556991. htm。

[②] 《全国一体化政务大数据体系建设指南》，2022 年 9 月 13 日，http：//www.gov.cn/zhengce/content/2022-10/28/content_ 5722322. htm。

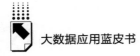

家税务总局合作对全国企业增值税电子税票数据进行分析，以及与国家质检总局合作对全国电子商务产品质量监测数据进行分析，等等。汇聚了经济、环境、电商等一批官方和第三方数据，建成了人口发展监测等多个大数据分析系统，启动了大数据综合分析工作，强化了决策支撑能力（见图1）。

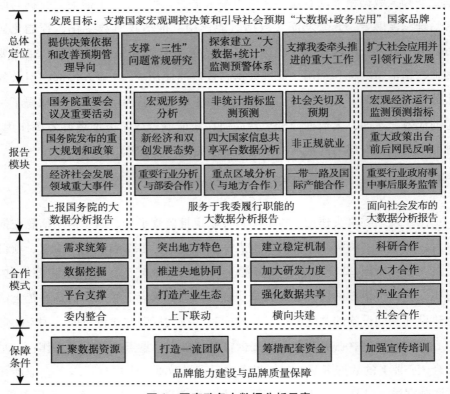

图1 国家政务大数据分析示意

资料来源：作者据国家信息中心资料制作。

针对互联网大数据专项分析工作涉及面广、数据采集难度大、数据分析智力密集度高、数据资源可复用性强的特点，国家信息中心牵头主导、采用广泛吸纳国内互联网大数据领域优势企业参与的方式，充分发挥社会力量作用，面向各级各类政府部门提供数据分析服务，形成多单位共同参与的可持续发展机制。成立互联网大数据创新发展联盟，广泛联络我国互联网大数据领域优势企业、科研院所，探索有序推进政府部门非涉密业务数据面向社会开放的实践模式。定期举办中国互联网大数据发展高峰论坛，发布互联网大数据发展蓝皮书报告等。

通过采用开放大数据开发利用应用申报平台和数据接口平台、面向全国重点高校举办互联网大数据创新应用大赛、与国内知名高校联合建设互联网大数据应用实习基地和联合研究机构等方式，广泛吸纳社会各界互联网大数据应用研究优秀成果。

（二）浙江省"大数据+政务服务"建设思路

浙江省提出，统筹运用数字化技术、数字化思维、数字化认知，把一体化、数字化、现代化贯穿到党的领导和经济、政治、文化、社会、生态文明建设全过程[1]，目标是推动各地各部门核心业务和重大任务流程再造、协同高效，构建整体智治体系，实现省域治理体系以及治理能力的现代化。[2] 新冠疫情相当于一次外生冲击，浙江省成功打破了此前的思维定式和制度掣肘，"五色图""健康码""精密智控指数""浙里办""捉谣记""浙政钉"等大数据抗疫方式，为社会稳定运行和经济发展做出了贡献，其中"健康码"和"浙政钉"的发展阶段分析见表1。疫情期间，全国推出"防疫健康码"，累计申领近9亿人，使用次数超过400亿人次[3]，成效显著。一是实现精准化治理。以杭州市为例，有980万常住人口，如果用传统方式对公众实施信息采集，时间、资金、人力成本巨大。得益于杭州近年来一直推行的"数字政府"建设，借助阿里巴巴、微信两大智慧服务平台和政务云平台，能迅速推进数据的分类化、精准化以及动态化治理。二是形成政企数据的优化统筹。浙江经验表明，通过整合阿里巴巴等互联网企业相关数据，采集公众方位、活动、生产等信息，建立新冠病毒感染风险基本算法，解决了政府在信

---

① 兰建平：《浙江数字化改革的实践逻辑、理论"矩阵"与路径设计》，《浙江工业大学学报》（社会科学版）2021年第20卷第4期。
② 裴梦义、何建莹：《宁波营商环境领域数字化改革的实践探索》，《浙江经济》2022年第9期。
③ 第47次《中国互联网络发展状况统计报告》。

息采集、信息研判和信息决策等方面的不足，不仅节约了大量成本，同时也极大提高了治理效能。软件企业与互联网企业建设对比分析如下（见表2）。

表1　"健康码"和"浙政钉"发展阶段分析

项目	起源	发展	成熟
浙江健康码	服务社区或企业内部管理的电子登记表	服务民众出行和复产复工的数字通行证	接入医保和健康管理的常态化系统
浙政钉	服务中心企业的沟通工具	服务公务员"最多跑一次"的掌上政务工具	服务整个数字政府的政务平台

资料来源：作者整理。

表2　软件企业与互联网企业建设对比分析

企业类型	技术	方法	理念
传统软件企业	软件开发	先集中数据，再找应用场景	以上级为中心，命令和控制
互联网企业	算法和云能力	先找场景，再驱动数据搜集	以用户为中心，服务和制衡

资料来源：作者整理。

（三）安徽"大数据+政务服务"建设思路

安徽省明确以数据共享应用为突破口，推进技术融合、业务融合、数据融合，按照一套基础强支撑、一个中心汇数据、一个平台推服务的模式，建成"线上政府、智慧政府"，形成政府治理体系和提升政府治理能力。经过调研，安徽省省直部门有12家单位建设了数据中心或大数据分析平台，同时500万元以上的项目中大部分都建设有大数据分析模块，如全省省组织工作大数据平台信息化工程、公安大数据中心、"智慧皖警1+10+N"大数据实战应用体系视频应用系统建设项目、省环境大数据与"互联网+生态环境保护"应用建设、安徽省商务诚信（大数据）公共服务云平台、宏观决策大数据应用子系统（省医保局）、省脱贫攻坚大数据管理平台等12个大数据平台（详见表3）。

表 3　安徽省政务大数据分析统计

序号	项目名称	单位
1	全省省组织工作大数据平台信息化工程	省委组织部
2	公安大数据中心	省公安厅
3	"智慧皖警 1+10+N" 大数据实战应用体系视频应用系统建设项目	省公安厅
4	省环境大数据与"互联网+生态环境保护"应用建设	省环境信息中心
5	安徽省商务诚信（大数据）公共服务云平台	省商务厅
6	宏观决策大数据应用子系统	省医保局
7	省脱贫攻坚大数据管理平台	省扶贫办
8	江淮大数据中心（一期）项目	省数据资源管理局
9	大数据平台	省戒毒管理局
10	中小企业服务大数据平台	省经信厅
11	安徽农业大数据综合信息平台	省农业农村厅
12	安徽省生态环境大数据中心	省生态环境厅

资料来源：作者整理。

四　开展政务大数据分析的难点

政务大数据分析虽然在各地普遍开展，但成效并不显著，存在的主要问题在于政务数据融合、专业团队、数据安全等方面。[1]

（一）数据融合不够，不能用

目前，超过 91% 的省级政府制定了政务数据资源共享管理办法，政务数据共享开放和分析利用取得了明显进步，各省级政务应用系统也建设了大数据分析平台。然而，政务数据和社会数据无法有效对接，尤其是互联网企业的实时数据，难以被政府部门和社会公众所利用。[2] 政务数据与社会数据对接融合的种类数量、对接程度、应用领域、价值实现不断增强，表现为 4

---

① 汪晓胜：《大数据服务在政府精准决策中的应用案例》，《电子技术》2021 年第 12 期。

② 《政务数据与社会数据平台化对接的演进历程及政策启示》，2020 年 3 月 27 日，https://www.ndrc.gov.cn/xxgk/jd/wsdwhfz/202003/t20200327_1224275_ext.html。

个典型的演进模式（详见表4）。短期内，单一模式难以完全满足政府和社会的实际需求，由于本省未和互联网企业建立有效的合作机制，部分业务大数据分析未能开展。

表4 政企数据融合对比分析

数据融合模式	数据融合时状态	数据融合特点	企业提供数据方式	数据加工处理	数据流向	企业共享政务数据	融合时数据的安全性	典型应用场景
1.0模式	格式数据	并列式	行政手段	政府处理	企业数据单向融合	未授权	完全涉密	经济形势分析
2.0模式	数据接口	通道式	市场机制	政府（企业）处理	政府（企业）数据单向融合	需授权	半涉密	民生服务
3.0模式	模型算法	嵌入式	市场机制	企业处理政府使用	模型算法双向融合	需授权	半涉密	公共服务治理
4.0模式	本体特征	融合式	政企合作机制	企业处理社会使用	数据特征双向融合	需授权	已脱敏	社会各领域应用

资料来源：作者整理。

（二）分析缺乏专业团队，不会用

当前政府大数据分析所在的发展阶段主要依赖于专家丰富的经验和智慧，专家的稀缺使这项工作无法在各地普及[1]，大数据分析研究工作会朝着专业化、平台化方向发展，并且形成一些高水平且具有影响力的研究机构，承接大数据分析任务，这类机构能够通过云平台向社会公众和各地政府提供多样化、功能丰富的分析软件工具，地方的大数据分析相关业务将会以政研室与外部专业化机构合作模式来共同推进。

---

① 谢治菊、肖鸿禹：《大数据优化基层政府决策的表征、困境与出路》，《中共福建省委党校学报》2019年第6期。

（三）安全问题高度重视，不敢用

从责任角度来看，存在很多政务数据涉及法律许可问题，除非有文件明确规定，否则不能直接使用；从权力角度来看，数据的所有权实际属于政府部门，数据在归集、使用过程中尚不顺畅；从激励角度来看，各部门基于职责完成任务，除非领导要求或者业务特殊需要，否则进行政企数据融合分析的动力不足。综上，很多部门还不能对某些业务进行全面大数据分析。

（四）体制机制无法突破，不愿用

各地大数据局的业务主要集中在对数据资源的公开披露、加工处理以及数据经济的开发利用上，在增进政府部门的数据分析推进数据驱动型决策与服务优化方面还有一定差距。[①]

1. 与相关部门的业务联系不够

数据分析人员不能深入了解部门业务，在数据治理的关键问题和任务需求方面达不到要求。

2. 部门应用场景中数据关联分析不够

部门对数据的价值感知与关联分析不够，无法提高政府服务的精准化水平。[②]

3. 公务员数据技能培训较少

倡导数据共享文化不够，优化政府数据分析实践等方面亟须提高。

五　政务大数据成熟度评测指标体系

大数据平台建设对减少财政对同类型信息化项目重复投入资金效益显著。同时能够鼓励和推动企业、第三方机构、自然人对政府公共数据进行深

---

① 洪伟达、马海群：《我国政府数据治理协同机制的对策研究》，《图书馆学研究》2019 年第 19 期。

② 汪晓胜：《大数据服务在政府精准决策中的应用案例》，《电子技术》2021 年第 50 卷第 12 期。

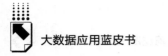

入的分析和应用，使数据可以转变为具有市场竞争力的资源，实现附着的经济价值，成为大数据新兴行业的创业创新财富，从而推动大众创业、万众创新。大数据还将在加快产业转型升级方面发挥重要作用，能够有效带动大数据投资和经济转型，促进大数据产业的快速发展加升级。大数据主要从以下三个方面服务了政府决策。

（一）预见性

政府治理涉及诸多要素，同时受环境和外部条件的影响，面临一定的不确定性，这是制约政府治理效能发挥的重要因素。大数据将政府治理活动中的相关要素以文字、图像、信号等形式数据化，并对大量数据进行采集、聚合、分析和应用，从而发现以前不能认知的、具有统计学意义的规律性，发现不同要素之间的内在关联性。这为政府治理降低不确定性、提升效能提供了新途径。比如，把大数据应用到交通管理中，通过安装在路口信号灯上的设备实时感知车流量、车速及排队长度等交通数据。将数据上传平台后，通过人工智能算法可以发现车流量变化规律并做出一定预测，进而得出通行效率最优、与路况最适应的路口信号灯配时方案，有效改善城市交通状况。

（二）精确性

近年来，我国政府高度重视信息化建设，政务信息系统建设和应用取得长足进展，"最多跑一次""掌上办"等服务新模式不断涌现。为了更好地满足群众需求，需要进一步提升政府治理活动的精确性，这对相关数据的采集、分析、处理能力提出了更高要求。在保证数据充足、质量可靠的前提下，大数据能够对政府管理服务中的相关要素实施全过程精确分析，使行政决策的目标确立、方案制定、动态调整都能以深度数据分析结果为依据，从而更具精准性、更有针对性。比如，为了更好保障民生，有的地方将来自不同部门的困难群众信息汇集起来，通过大数据分析研判，在相关人员触发救助条件时自动预警，从而实现对困难群众的精准画像、精准救助。

（三）时效性

信息优势带来决策优势和行动优势。大数据具有数据更新同步性、数据处理快速性、数据分析成果应用即时性等优势，能够辅助政府部门及时研判发展趋势、主动适应社会需求的动态变化。这不仅有利于缩短决策周期、减少决策层级，而且能进一步优化决策流程，显著提升决策质量和行动效率。大数据的这一赋能作用在应急管理中有着生动体现。比如，通过拓展智能终端设备在防险救灾中的使用，可以实现对降水量、河流水位、地质灾害点土壤状况、周边应急资源储备情况等数据的实时抓取和分析，从而提升应急响应、决策指挥、社会动员、救援实战的反应速度，有效增强对风险灾害综合防控、协同处置的应急管理能力。

大数据平台将极大增强政府数字化的支撑能力，提高工作效率，提供管理和决策支持。在推进政府职能转变，提高监管能力和公共服务水平，发挥对经济调节、市场监管、社会管理、公共服务积极作用的同时，大数据平台还将进一步加快数据共享开放，增加办事透明度，让企业和群众办事更加便捷，优化营商环境。[①]

如表 5 所示，通过对政府大数据治理成熟度评测指标体系[②]进行分析提炼，生成政府大数据治理成熟度评测模型，加快推进政府大数据分析，服务政府精准决策建设。

表 5　政务大数据分析成熟度指标

大数据成熟度要求	要素	指标
主要目标	战略规划	业务目标和价值创造、大数据科学决策能力
	过程实现	过程标准制定、大数据解决方案

---

① 顾才东：《基于协同大数据服务政府精准决策的研究》，《苏州市职业大学学报》2020 年第 31 卷第 4 期。

② 张宇杰、安小米、张国庆：《政府大数据治理的成熟度评测指标体系构建》，《情报资料工作》2018 年第 1 期。

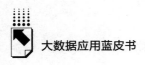
大数据成熟度要求	要素	指标
制度保障	规章制度	数据资源管理（数据采集、保存、共享、交易、复用、安全等），数据资源权益
	管理规定	技术方面、应用方面、人才方面、资金方面
	标准规范	数据管理、统计评价
组织保障	机构	管理机构、实施机构
	人员	数据治理专家、数据管理员、数据使用者
	文化	组织文化
技术架构	数据平台	政府数据统一共享交换平台、政府数据统一开放平台
	数据技术	大数据关键共性技术、大数据技术创新
数据管理	管理规则	信息生命周期管理、元数据管理、主数据管理、数据质量管理、数据所有权管理
	数据质量	数据存储、数据采集、数据清洗
	数据共享开放	数据资源清单目录、政府数据共享开放目录
	数据协同	信息资源共享共用、数据融合和协同创新
	数据安全	数据风险管理和数据隐私保护
治理能力	相关方参与度	政府治理能力、社会治理能力

资料来源：作者整理。

六 加快发展大数据分析工作的几点建议

在国家加快发展数字经济、数字社会的背景下，安徽省要以此为契机，加大数字化改革力度，利用大数据提高政府的决策能力。

（一）推进数字化转型，实现省域治理能力现代化

全面学习借鉴先进地区数字改革精神，统筹运用数字技术、数字思维、数字认知对体制机制、平台建设等方面进行全方位系统性的重塑。[1]

---

[1] 《浙江省数字化改革总体方案》（浙委改发〔2021〕2号），2021年3月1日，http://www.echinagov.com/info/291654。

1. 聚焦数字政府

坚持"以用促建、共建共享"原则，打造健壮稳定、集约高效、开放兼容的一体化数据基础平台，提升数字资源配置效率，全面推进流程再造、管理重构、制度重塑，加快形成科学决策、主动服务、高效运行的新型治理形态。

2. 聚焦数字经济

构建跨区域、跨行业、跨领域工业互联网平台体系，以数字化、网络化、智能化改造传统产业，赋能产业数字化转型，围绕培育壮大十大新兴产业和提档升级优势传统产业，融合产业链、创新链、供应链、贸易链等数据，建设"产业大脑"，打造一批"未来工厂"，大力开展"招大引强"工作，积极争创国家数字经济创新发展试验区，尽快在探索数据交易方面取得实质性进展。

3. 聚焦数字社会

以实现社会治理现代化和满足群众高品质生活需求为导向，夯实数字化治理基础，整合政务数据资源，积极引导社会力量参与社会治理，提升社会治理智能化水平。

（二）健全体制机制，提升大数据应对突发事件的应急响应能力

1. 理顺工作机制

将数字化辅助政府决策作为"一把手"工程，完善智慧党建、数字经济、数字政府、数字社会专项协调组工作机制，建立双月调度机制和常态化考核机制。

2. 强化信息化统筹

赋予各级数据资源管理部门政务信息化项目立项、审批、验收、运维等全流程管理职能；增加机关及下属机构人员编制，逐步整合部门信息中心。设立政务信息化项目建设运维和大数据发展专项资金，统一交由各级数据资源管理部门负责。

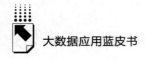

3. 统一项目建设运营主体

组建国资控股公司，负责建设运维省级各部门政务信息化系统。

4. 加强人才引进和培养

开展全民数字化技能培训，提升政府、企业、群众数字化素养。设立大数据专业职称序列，建立数字化建设专家智库，完善人才引进机制。

（三）落实数字长三角，借鉴沪苏浙地区先进做法

1. 持续推进长三角政务服务"一网通办"

依托全国投资项目在线审批监管平台，强化长三角区域投资数据资源共享，不断提升投资便利化水平。进一步规范电子证照制发归集标准，推进高频电子证照在长三角区域内共享互认。

2. 打造城乡现代治理体系

高水平建设合肥等城市大脑，探索打造城市治理的一体化数字平台，联合构建长三角"城市大脑集群"。积极拓展"城市大脑"在公共服务、市场监管、社会管理、环境保护等领域的应用，探索数字城市新型标准、政策、流程体系。率先开展数字孪生城市建设，数字化模拟城市全要素生态资源，实现"一屏观天下、一网管全城"。

3. 联动推进公共数据开放共享

加快制定数据资源安全开放机制，协同制定数据共享交换标准、基本目录标准、开放基本标准。

4. 协同探索数字通行规则

联合开展数据治理、人工智能等法律伦理研究，率先探索数字竞争、跨境数据流、数字化知识产权和数字使用政策和规则制定。

5. 加强长三角网络和信息安全保障

加强网络内容传播阵地和渠道建设，强化长三角区域网络空间协同治理。完善关键基础设施网络安全保障机制，加大密码技术在重要数字基础设施中的推广应用力度。

（四）建立产业生态，构建以数据为要素的数字经济

安徽省应加强大数据产业整合，统筹发展信息和大数据相关产业，充分利用行政和经济措施，合理规划产业布局，构建以数据为要素的数字经济，提高产业集聚品牌。

1. 不断培育形成完整的大数据产业链

针对链主企业，采取政府购买服务方式，加强与赛迪智库等高端平台的深度对接合作，发挥好省软件行业协会、省大数据产业协会、量子科技产学研创新联盟作用，全力支持行业协会和商会开展专业化招商引资、招大引强工作，促进本地一些新设立科技型企业的生成和发展，形成一个紧密相连的产业生态系统，不断加强技术攻关。

2. 逐步提升技术攻关能力

加快建设国家实验室、数据空间研究院、人工智能研究院等既有平台，在一些重点方向上，如政务服务、应急管理等方面，加强技术攻关和抢占技术前沿，以此来推动成果产业化。

3. 探索做好数据要素流通和交易服务

出台构建数据基础制度，积极探索安徽模式。制定数据产权制度，推进政府数据、社会数据和经济数据分类分级授权使用，形成数据所有权、使用权、经营权分离的运行机制。

4. 优化数据中心建设布局

新建大型、超大型数据中心原则上布局在国家枢纽节点芜湖数据中心集群范围内，落实《关于推进长三角枢纽节点芜湖数据中心集群建设的若干举措》，避免数据中心盲目无序发展。

（五）完善政策体系，提升资源要素保障能力

1. 汇聚政策支持合力

利用省江淮英才计划、高峰学科建设、科技创新、"三重一创"、数字经济、人工智能等政策，以及市区相关政策，聚焦支持大数据领域人才培

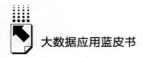

养、理论研究、科技创新、产业发展，形成全过程、全方位、深层次的政策支持体系。

2. 建设多层次资本市场

利用国家大力支持数字经济的机遇，鼓励企业积极申请地方专项债和低息贷款。落实大数据企业、大数据园区认定办法，鼓励、推进大数据产业链企业积极上市融资。

3. 积极优化"养人"环境

依托"科大硅谷"、合肥国际人才城、欧美同学会长三角海创中心等平台，加强与著名高校、大院大所等合作，在住房、子女入学、体检就医、学术休假等方面做好服务保障，做好人才"引育留用"，建设大数据产业高水平人才高地。

4. 完善第三方专业服务

加快组建大数据相关行业协会，瞄准打通产业链供应链"堵点""卡点"，帮助企业实时掌握行业动态和需求信息，牵头推进行业自律和编制相关规范标准，常态化组织行业内和跨行业对接活动。

（六）提供规范服务，在更好满足群众需求上取得突破

1. 统一数字化公共服务平台

依托安徽政务服务网和"皖事通"App，整合现有的公共服务各领域数字化系统，推动公共服务领域数据互联互通、共建共享，提升服务效率。

2. 扩大服务资源供给

围绕"衣食住行医、教科文体娱"等领域，运用互联网手段，改造政府内部行政流程，创造性探索"一件事"集成协同场景，推进公共服务供给创新。

3. 提高服务供给质量

打造智慧医院、数字校园、社区生活服务等一批数字化示范场景，推进商业、旅游、体育、出行、文娱等高质量民生服务数字化新模式、新业态健康发展，满足人民群众对高品质社会服务的需求。

（七）谋划场景服务，实现大数据服务决策新突破

1. 以"利企"提升营商环境

组织各部门开展数字化整体设计，围绕营商环境，推出一批在全国可复制推广的创新场景应用，支持经济大脑、金融大脑、科技大脑、农业大脑等经济调节类场景建设，精准推送科技创新相关政策和资源；推行企业融资服务免审即享服务，加快解决企业融资难问题。

2. 以治理"精度"提升社会"温度"

各市加快建设城市大脑，推动城市交通信号灯、电子标识等智能升级，提升通行效率；开展"智慧城管一张图"，实现环卫、园林等工作的数字化管理。

3. 以数据"说话"助力科学决策

搭建"大数据+扫黑除恶"应用系统，提升基层社会治安专业化、智能化水平。推进智慧应急建设，深化应急指挥协调能力，提升项目建设，加强安全生产风险和自然灾害监测预警。深化基层小微权力"监督一点通"应用，建设基层监督大数据分析系统。深化城市生命线安全工程监管平台建设等应用场景。

B.5
全生命周期一体化云原生安全架构研究与探讨

陈权 李彦 黄勇*

摘 要： 本文从云原生架构出发，简要说明云原生的发展现状及其带来的安全挑战。为了应对这些安全挑战，参考 Gartner 和信通院的整体安全框架，结合国内需求，提出了安全框架的设计思路。据此思路，介绍了云原生全生命周期的安全防护能力，包括云基础设施安全、制品安全、运行时安全等方面内容，进而提出了一体化安全运营平台的建设运营方案。最后，简要介绍了一个实际部署的应用案例。

关键词： 云原生安全 DevOps 容器安全 CNAPP

一 云原生架构简介

（一）云原生概述及发展现状

云原生（Cloud Native）被 CNCF 定义为：云原生技术有利于各组织在公有云、私有云和混合云等新型动态环境中构建和运行可弹性扩展的应用，

---

* 陈权，现任陆军炮兵防空兵学院信息技术室主任，副教授，硕士生导师，军队院校网络与教育技术联席会委员，长期从事军队院校信息化工作；李彦，现任联通（安徽）产互云计算事业部总监，中国联通骨干级战略人才，主要研究方向为云原生；黄勇，安徽健坤通信股份有限公司副总经理。

它是一种构建和运行应用程序的方法，是一套技术体系和方法论。

如图1所示，云原生可以简单地理解为新型的IT系统架构，通常被认为是云计算的演进，或称为云计算2.0，让业务更敏捷、成本更低的同时，使可伸缩性更灵活，更快完成数字化转型，降本增效、提升企业核心竞争力。

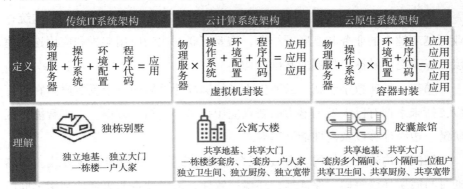

图1 云原生系统架构类比示意

图片来源：作者自制。

2020年中国云原生市场开始大规模落地，云原生广泛走入非互联网企业视野。据IDC预测，2023年中国容器基础架构软件市场规模将达到约5.89亿美元（见图2）。

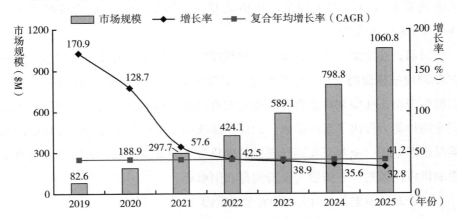

图2 2020～2025年中国容器基础架构软件市场预测

数据来源：《软件定义计算软件市场半年跟踪报告》，IDC，2021。

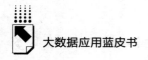

云原生在企业中的典型应用场景包括：

第一，提升敏捷性和效率。通过采用容器、DevOps、CI/CD 等云原生技术，企业可以获得弹性扩展的基础架构，提升资源利用率，简化 IT 运维管理，并大大加快应用交付速度。

第二，推动业务转型。在"互联网+"和数字化转型的浪潮下，传统行业把越来越多的业务和互联网结合，需要互联网化的应用架构和应用迭代速度，以及更加敏捷可扩展的基础架构。

第三，加速数字创新。云原生市场能够高速发展的一个重要原因在于可以支持未来拥有巨大发展潜力的新兴应用技术，包括大数据、人工智能、区块链、边缘计算以及高性能计算等。

第四，构建灵活架构。多云/混合云是企业上云的最佳实践方式。容器通过与底层环境解耦，保证运行环境一致性，可以使企业更好地利用不同的云上资源和特性，满足不同的业务需求。

（二）云原生架构带来的安全挑战

随着云计算大步迈向"云原生"，面向云的安全也在悄然发生变革。越来越多的云基础设施从虚拟机、云主机转变为容器，越来越多的安全需求从云旁挂安全转向云原生安全，从传统开发、运维、安全分离的状态转向 DevSecOps 体系流程。

目前，在金融、运营商等信息化程度领先的行业，云原生架构已经成为 IT 基础设施建设的重点，也是遭受网络攻击最多、监管要求最高的。因此，云原生安全正面临来自监管和实战的双重挑战，这就对云原生使用场景下的安全防护能力提出了新的需求。云原生环境的安全风险主要是容器环境的风险暴露面增加、业务开发运行模式的变化带来的安全挑战、云原生应用全流程的供应链风险、全流量安全检测存在困难等。

1. 云基础设施变革引入新的安全暴露面

云原生架构的安全风险包含云原生基础设施自身的安全风险，以及上层应用云原生化改造后新增和扩大的安全风险。云原生基础设施主要包括云原生计算环境（容器、镜像及镜像仓库、网络、编排系统等）、DevOps 工具链；云原生应用主要包括微服务；同时云原生基础设施和云原生应用也会在原有云计算场景下显著扩大 API 的应用规模。

按照 Gartner 定义的云原生架构，自下而上各层安全风险主要包括：一是云原生基础设施带来新的云安全配置风险。二是容器化部署成为云原生计算环境风险输入源。三是 DevOps 提升了研运流程和安全管理的防范难度。四是微服务细粒度切分增加云原生应用 API 暴露面。

2. 业务开发模式的改变带来新安全风险

云原生的重要组成部分之一就是 DevOps 流程的引入，这彻底改变了原有的开发、测试、部署、运行的模式，围绕着云原生应用的开发、分发、部署、运行的全生命周期得以展开（见图 3）。

全流程中每个环节都存在相关的安全风险，主要包括：外部依赖组件及开源代码的脆弱性与供应链攻击；微服务架构暴露面扩大及架构设计引入的脆弱性，编码包含逻辑与安全漏洞、脆弱性配置；经由环境发生的代码和配置泄露、恶意篡改、恶意镜像、恶意代码引入等；镜像与配置在分发流转过程中发生的一致性与风险变更及恶意篡改、结构脆弱性编排部署与失效的特权访问控制、编排平台自身的不当配置；运行时环境隔离失效导致的容器逃逸，容器宿主机环境安全风险；脆弱性利用与访问控制失效、攻击的内部横向移动、针对应用的漏洞利用。

3. 传统防护手段在云原生环境下失效

因为云原生环境相对传统的 IT 系统环境或云计算环境都发生了很大的变化，尤其是运行阶段的全面容器化，所以大量原有的安全产品或防护能力不再适用，具体表现在如下方面。一是防火墙。容器网络和传统完全不同，传统防火墙无法部署和使用。二是 WAF。仅能防护南北向对外公开的服务，内部微服务东西向之间的 API 互相访问无法防护。三是 IDS。无法获取容器内部的网络流量包，无法对容器的流量包进行威胁检测。四是主机安全。仅仅能防护容器运行的主机 OS，容器内部的安全问题无法解决。五是漏洞扫描。仅仅能从网络上或者主机上进行探测和扫描，无法从文件系统层次扫描

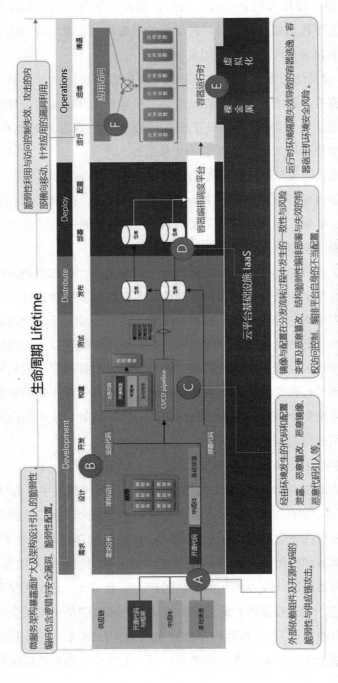

图 3　云原生应用生命周期的安全风险

图片来源:*作者自制。*

容器镜像漏洞。六是基线合规。仅能覆盖主机基线，容器和编排平台的基线无法覆盖。七是数据库审计。基于流量镜像或者 agent 采集的方式在容器环境下无法部署和安装。

4. 云原生应用在各流程阶段存在供应链风险

在云原生环境中，打破了应用从开发阶段到运行阶段的界线，引入了 CI/CD 的概念。CI/CD 是一种通过在应用开发阶段引入自动化来频繁向运行交付应用的方法。CI/CD 的核心概念是持续集成、持续交付和持续部署。它是一个面向开发和运营团队的解决方案，主要针对在集成新代码时所引发的问题（也称为"集成地狱"）。CI/CD 可让持续自动化和持续监控贯穿于应用的整个生命周期（从集成和测试阶段，到交付和部署）。

正是因为 CI/CD 的存在，云原生应用在开发、构建阶段存在的风险会传递至运行阶段。比如，仓库中存储的自研镜像、第三方镜像均有可能包含漏洞或许可证风险；运行时阶段上传的第三方镜像未经严格检测，有可能包含多种风险等（见图 4）。

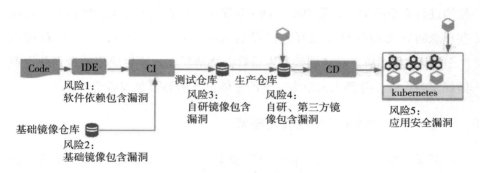

图 4　云原生应用供应链安全风险

图片来源：作者自制。

5. 云原生安全运营所面临的问题

云原生环境是一个复杂的架构，相应的，云原生安全也是一个系统性工程，涉及的各种安全风险需要用到很多安全产品来提供防护能力。这就给云原生安全运营带来了巨大挑战，如果运营能力不足，工作不到位，很可能造

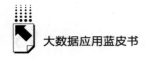

成大量投入的安全能力无法得到发挥。

安全运营方面可能存在的问题如下。一是云原生资产动态变化，如何采集全量资产信息，及时发现影子资产。二是开发态资产与运行态资产如何对应，建立关联关系。三是业务部门持续分发上线新版本，安全是否合规，如何管控。四是开发态代码漏洞对生产业务影响面有多大，如何快速止损。五是如何判断生产环境安全漏洞从 DevOps 的哪个环节被引入。六是微服务间东西向流量威胁如何检测。七是如何对失陷容器进行攻击链溯源。八是对 DevOps 自动化流程中引入的安全风险，如何进行自动化管控。

二　云原生安全架构的设计思路

随着云原生技术在国内外的广泛应用，企业数字化转型的进程也不断加快，云原生在安全维度上的能力缺失也愈发明显。究其原因，一是现有合规要求无法全面覆盖云原生场景；二是现有安全防护手段无法有效针对云原生架构进行安全防护。于是 DevSecOps 和安全左移相关的理念相继提出。对这些理念的狭义理解是要在开发阶段引入必备的安全能力，广义的理解和"三同步"相呼应。具体到云原生场景，就是要在云原生应用的规划阶段就做好安全设计，并要求云原生安全的整体方案能够覆盖到运营阶段。

（一）Gartner 云原生安全框架

基于云原生"生于云、长于云"理念，全球咨询机构 Gartner 提出了云原生应用保护平台（CNAPP）的安全能力框架，并将云原生安全分为三个部分：制品安全、基础设施安全和运行时安全，安全能力涉及软件成分分析（SCA）、云安全态势管理（CSPM）、Web 应用安全与 API 防护（WAAP）等。

（二）中国信息通信院云原生安全框架

中国信息通信研究院（以下简称信通院）也提出了《云原生应用保护

平台（CNAPP）能力要求》① 标准框架，标准中定义了制品安全、运行时安全和基础设施安全领域的多种云原生安全功能；同时具备研发与运营阶段全流程的信息双向反馈和一体化管控能力，实现价值流动，助力企业构架高效便捷的云原生安全防护体系（见图5）。

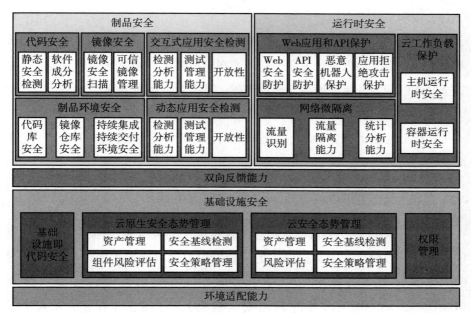

图5 信通院云原生应用保护平台（CNAPP）能力要求

图片来源：作者自制。

1. 制品安全

制品安全是指云原生应用在上线前的安全风险防护。包括代码安全、镜像安全、制品环境安全、交互式应用安全检测、动态应用安全检测。

2. 运行时安全

运行时安全是指应用运行状态的安全防护。包括 Web 应用和 API 保护（WAAP）、网络微隔离、云上工作负载保护（CWPP）。

---

① 中国信息通信研究院：《云原生应用保护平台（CNAPP）能力要求》，2023 年 1 月 9 日。

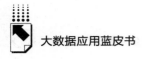

3.基础设施安全

基础设施安全是指保护云基础设施受到配置漏洞、不同攻击面的风险攻击。包括基础设施即代码（IaC）安全、权限管理（CIEM）、云原生安全态势管理（KSPM）、云原生安全态势管理（CSPM）等。

4.双向反馈能力

双向反馈能力安全是指基于 CNAPP 实现研发与运营阶段的信息反馈。基于这些上下文信息进行关联分析，实现价值流动，通过开发与运维团队在安全方面的配合，使云原生安全更完整、更高效，也更安全。

5.环境适配能力

环境适配能力包括边缘、多云、混合云等云环境适配；CI/CD 环境适配；信创适配等。

（三）适应国内需求的云原生安全框架设计

参考 Gartner 和信通院对云原生安全框架的研究成果，结合国内在云原生领域发展的现状，本文提出了更适合国内落地的云原生安全框架（见图6）。本框架覆盖云原生应用全生命周期，以应用为中心贯穿一体系（DevOps）、两方向（安全左移与安全右移）、三环节（开发、配置、运行），从而实现云原生应用的全方位安全保障。

整个框架以云原生应用为中心，安全能力覆盖整个云原生架构以及云原生应用的全生命周期。其中纵向从下到上覆盖云原生应用运行的基础设施，包括 IaaS 平台、PaaS 平台、主机及容器工作负载以及应用自身对应的微服务，横向从左到右覆盖云原生应用的整个生命周期，包括开发、配置和运行。

1.云基础设施安全

需要重点关注云原生应用运行环境的安全基线管理，其中重点是不合规的配置风险。

2.制品安全

重点在于供应链安全风险的管控，特别是开源软件的合规、安全使用。

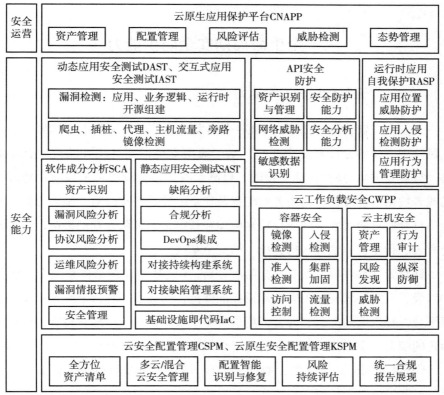

图 6　适应国内需求的云原生安全框架设计

图片来源：作者自制。

3. 运行时安全

包括：第一，容器安全。容器面临的威胁最为严峻，因为越来越多用户已经将容器在核心生产环境中应用，所以安全需求也最为迫切，需要尽快完成覆盖全生命周期的容器安全建设。第二，云主机安全。强调暴露面梳理、持续威胁监测以及深入操作系统内核层的安全防护，可在第一时间发现和定位安全威胁，并通过微隔离有效减少损失。第三，微服务安全。主要针对来自运行时的 API 调用和应用自身脆弱性，可通过应用运行时自防护（RASP）、API 行为分析与访问控制等能力建设有效缓解。

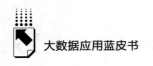

三 全生命周期安全防护能力

（一）云基础设施安全能力

云安全配置管理（CSPM）是一个集发现云上配置风险、评估风险、修正风险于一体的云计算安全产品。基于通用安全框架（法律法规、企业策略、行业要求），通过预测、预防、检测、响应来持续管理云风险；通过主动或者被动的发现评估云服务的配置及安全配置是否有风险、是否可信，并在不符合要求的时候手动或自动地施加补救措施。可跨云基础架构，为各种公有云、行业云、私有云构建统一的安全基线。

针对云计算环境特性及安全需求分析，CSPM 遵循国家信息安全等级保护二级、三级要求和相关安全建设标准规范，构建了一套云上配置项安全管理平台，提供面向多云、混合云场景下多个云平台的统一配置检查、评估及纠正的能力，全面提升云平台的配置合规性及抗风险健壮性。

CSPM 针对云计算场景，通过云平台 RAM 账号及简单安全认证，即可获取云账号内包含的所有云资产、配置信息，基于扫描→验证→监控→修复的闭环管理流程，完成配置的检查及修复。并输出安全态势、合规报告以及提供持续评估能力。支持将资产数据、配置数据、合规的过程数据、结果数据上传至 SIEM、SOC 等分析平台进一步处理。此外，产品支持将插件式规则扩展用于自定义规则，提供 SSO 接口供第三方单点登录（见图 7）。

1. 多云/混合云对接

客户可以根据需要添加阿里云、腾讯云、华为云账号，基于预定义基线或者自定义基线，对多个云账号的所有资产进行统一风险评估。

云安全配置管理平台通过云平台 API 实现云平台资产、配置等信息的同步，并可通过配置信息与基线标准的映射对比，发现错误配置并展示详细结果。

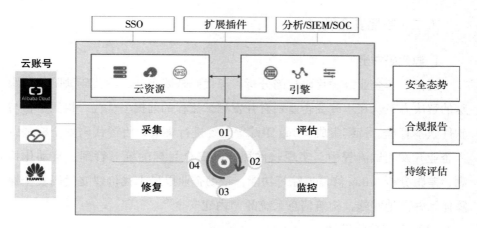

图7 云安全配置管理平台业务架构

图片来源：作者自制。

2. 全方位资产清点

通过对接云平台原生 API，自动获取云账号对应的各种云上资源，并进行统一的展示与管理；支持包括计算、存储、网络、数据库、IAM、应用、审计、容器等八大资源类型，帮助用户 7×24 小时保障云资源的配置安全。

3. 配置识别与修复

平台预置规则，可以自动匹配云产品配置，并支持分类分级，确定云平台错误配置的处理优先级。此外要提供一键式自动修复方案，降低云平台配置风险及加快合规过程。

4. 风险持续评估

通过任务式管理方法，对云资源配置实时跟踪，发生变化时及时告警，从而实现持续评估。

5. 多样化报表输出

云资源配置扫描后，可以以日报、周报、月报、季报等多种方式呈现扫描结果。

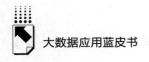

（二）制品安全能力

1. 源代码安全

提供一套企业级源代码缺陷分析、源代码缺陷审计、源代码缺陷修复跟踪的解决方案。在不改变企业现有开发测试流程的前提下，代码检测平台与软件版本管理、持续集成、Bug 跟踪等系统进行集成，将源代码安全检测融入企业开发测试流程中，实现软件源代码安全目标的统一管理、自动化检测、差距分析、Bug 修复追踪等功能，帮助企业以最小代价建立代码安全保障体系并落地实施，构筑信息系统的"内建安全"。

（1）系统功能设计

第一，缺陷检测分析。支持主流编程语言开发的软件源代码的安全检测；支持1600多种常见安全缺陷类型的检测；支持从代码版本管理工具上获取软件源代码进行缺陷分析；支持从代码依赖库上下载对应依赖；支持自定义白名单函数，实现自动化路径剪裁，降低误报；支持文件/文件夹白名单功能；支持用户对缺陷分析模板的灵活配置。

第二，项目管理。配置定时计划任务，自动从代码仓库拉取代码进行检测；支持项目目标的设定，检测的时候可以选择检测目标；支持从代码仓库中获取代码，实现自动化的周期检测；支持自动化审计信息携带；支持一个项目中多个代码仓库的检测结果合并生成一份检测报告；支持添加多个工程（源码）到一个项目中进行批量的持续检测、数据统计和趋势分析；检测、审计完成后的结果，可以单个或批量提交到缺陷跟踪系统中。

第三，源代码审计。对源代码安全缺陷扫描结果进行汇总，并按照问题的严重性和可能性进行威胁级别的划分；显示安全问题所在的源代码行，对问题产生的整个过程进行跟踪；可根据缺陷的名称、分类、审计状态、所在文件进行搜索；提供源代码安全漏洞问题的中文描述及修复建议；对缺陷进行人工审计和等级修正，记录缺陷审计信息。

第四，检测报告。可以导出概要报告和详细报告。概要报告包括代码行信息、缺陷等级及缺陷类型等基本统计信息；详细报告除包括概要报告的内容外，还包括缺陷分类、缺陷描述、修复建议、风险点、缺陷跟踪信息等详细信息。报告内容可根据需求对缺陷等级、缺陷类型、修复建议、跟踪路径进行配置。提供包括 Word、Excel、PDF 等多种格式的检测报告。

第五，统计分析。能够按照项目、部门、用户、缺陷多个维度进行统计分析并展示结果；展示统计范围内的总任务数、源代码数、各语言检测代码行数、缺陷总数、缺陷密度等数据。

（2）DevOps 集成

第一，单点登录。支持 LDAP 用户集成或通过定制化开发，实现单点登录。

第二，代码仓库对接。支持从客户端直接上传代码检测，也可以从代码仓库获取代码发起检测任务。

第三，IDE 插件支持。支持从 Visual Studio、Eclipse、intelliJ 直接发起检测任务并查看检测结果，对结果进行审计。

第四，与持续构建系统融合。与企业现有流程融合，成为自动化流程中的一个环节，减少开发和测试的额外开销。

第五，与缺陷管理平台融合。与主流缺陷管理系统融合（Bugzilla、Jira、TFS、禅道），检测结束后，可以通过代码检测界面，将检测结果批量提交到缺陷管理系统中，方便开发人员快速进行处理。

第六，邮件通知。与邮件系统整合，在检测结束或检测失败时，可以自动发送邮件通知项目组成员，反馈项目中的缺陷统计信息及检测结果详细链接，方便查看检测结果。

第七，二次开发接口。提供成熟的 API 接口，包括创建任务、查询检测进度、导出检测报告等，企业可根据自身需求进行代码检测的检测能力整合，并将其融入开发流程。

2. 开源软件安全

产品架构由客户端、安全管理平台、安全分析中心、知识库、开源组件防火墙等部分构成，从开源组件的引入到漏洞情报监控，全面覆盖开源组件安全管控的各个环节，确保用户准确、全面、及时地掌握应用系统中开源软

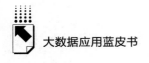
件的安全风险，并进行及时修复，提高应用系统的安全性。

（1）开源软件资产识别

开源卫士采用多层次的开源软件依赖分析、高效的软件指纹分析、源代码片段分析等分析技术，对软件中所使用的开源软件进行精确识别，目前支持 Java、Python、JavaScript、. NET、C/C++、PHP、Swift/OC、Go/Golang、Erlang、Scala、Ruby、Perl、R、Grovvy、Kotlin、Clojure、RUST 等多种语言开发的 4000 万+个开源软件版本的识别。

（2）开源软件安全风险分析

开源卫士通过开源软件信息及其对应的漏洞信息，能够自动分析软件中存在的已知安全漏洞和协议风险，目前开源软件漏洞信息兼容了美国国家通用漏洞数据库（NVD）、国家信息安全漏洞库（CNNVD）、国家信息安全漏洞共享平台（CNVD）、开源社区漏洞信息等多个漏洞数据源。

（3）开源软件漏洞情报告警

开源卫士通过智能化数据收集引擎在全球范围内获取开源软件漏洞情报，开源软件漏洞信息每日更新，自动关联企业软件的开源软件信息。开源卫士通过邮件和站内通知的方式，让企业及时掌握最新的开源软件漏洞情报。

（4）开源软件私服防火墙

开源卫士私服防火墙插件是开源卫士为市场主流的私服仓库 Artifactory、Nexus 开发的开源组件防火墙插件，该插件的主要功能包含：对私服中的开源组件进行安全检查、对不符合安全策略的组件进行策略拦截、定时巡检等。

（三）运行时安全能力

1. 容器安全

如图 8 所示，容器安全检测平台采用微服务架构，由管理中心、容器安全探针组成。

在每个数据中心内部安装一个管理中心，可以对多个容器平台统一进行安全管理，配置每个容器的安全策略；管理中心接收安全探针上传的安全事

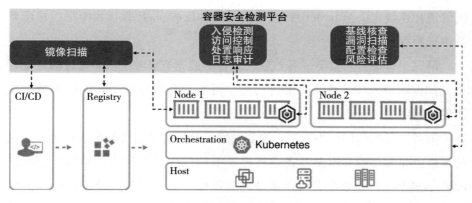

图 8　容器安全产品架构

图片来源：作者自制。

件和网络流量日志，通过多维度、细粒度的大数据分析，以可视化的形式展现给用户，从而帮助用户对已知威胁进行告警。

全微服务架构支持单机部署和 k8s 集群部署。每台服务器部署一个容器安全管理平台。安全容器（容器安全探针）安全组件安装在数据中心的每个计算节点和物理服务器上，接收管理中心配置的安全策略，容器镜像仓库，容器运行时进行文件、网络和系统的安全检测，并将安全事件及行为日志上传到管理中心进行分析。

在 Kubernetes 环境中部署如下，只需要使用 yaml 文件进行部署，在集群任意结点中执行使用 kubectl create，即可完成部署。

（1）运行时入侵检测

容器运行时会出现各种实时攻击，针对入侵检测模块，基于内核部署 eBPF 程序虚拟机，灵活高效地监控容器内部的安全事件。入侵检测功能包括以下内容。

第一，暴力破解检测。系统内置防暴力破解规则，有效防御 SSH 登录的暴力破解，对暴力破解行为进行检测，并对违反规则的行为进行实时告警，保障容器安全，支持 IP 白名单和黑名单。

第二，反弹 shell 检测。通过检测 bash 反弹 shell，nc 反弹 shell，进程之

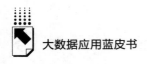

间管道相连接定向至 bash 的输入输出等多种反弹 shell 的行为特征，检测系统中是否存在入侵行为。

第三，可疑行为检测—容器逃逸。容器逃逸有多种手段。通过对可疑行为（如读取写入/etc 目录）进行检测，可实现对敏感数据访问的报警，从而发现容器逃逸行为。

第四，漏洞利用行为检测—容器逃逸。利用容器组件漏洞进行容器逃逸的事件也非常普遍。攻击方式是将容器中的目标二进制文件替换为返回的 runC 二进制文件，攻击者可以通过附加特权容器（将其连接到终端）或使用恶意镜像启动使其自行执行。安全防护组件中的漏洞利用行为检测功能可检测通过漏洞利用造成的提权攻击事件并针对安全事件报警。

（2）容器微隔离

微隔离是一种以应用为中心的结构，提供了基于策略的网络控制，用于隔离风险应用，减少风险应用对系统的破坏。

微隔离通过 Kubernetes 网络插件实现。要使用微隔离，需使用支持网络策略的网络解决方案。允许设置 Pod 与 Pod，以及 Pod 与 Namespace 之间的访问控制关系。

网络策略包含两个关键部分：第一部分是选择器。基于标签选择相同 namespace 下的 Pod，将其中定义的规则作用于选中的 Pod。第二部分是规则。就是网络流量进出 Pod 的规则，采用"白名单"模式，符合规则的通过，不符合规则的拒绝。

2. API 安全防护

（1）API 识别与管理

API 检测与识别功能支持根据流量特征自动识别 restful、GraphQL、websocket、MQTT、gRPC、JSON-RPC、XML-RPC 的 API 类型，并可以提供自定义配置方式，可以通过关键特征发现预期 API 资产，并标记标签。

API 资产管理功能支持主动标记 API 资产的标签和应用，并支持导入、导出及编辑 API 资产列表的能力。包括标签、属性等信息，同时也支持风险 API 资产管理能力威胁检测功能。

（2）API 威胁检测能力

漏洞利用攻击检测能力包括：针对已知 API 漏洞的特点和攻击特征监测出网络攻击行为；监测 API 类威胁；根据配置异常所产生的数据特征检测 API 配置异常的接口；针对不同 API 协议所面对的独特攻击方式进行告警；针对 API 漏洞攻击事件进行分类和威胁等级标注。

异常行为检测能力包括：发现特定用户访问地址变化或者访问群体出现访问地点离群值的情况；针对同一会话期间访问地域发生跳变的异常行为的检测能力；针对 API 请求中的账号进行追踪，将异常请求与账号关联以发现异常用户；针对 API 认证阶段的异常检测能力；针对多因子认证、密码找回等重要流程发现流程绕过等异常行为；针对基于"流程绕过行为检测技术"发现绕过登录认证过程直接访问敏感数据传输接口、重要业务接口的能力。

（3）API 敏感数据检测

敏感数据识别能力包括：支持对通过 API 接口传输的非结构化数据进行识别与检测，类型包括但不限于图片类、压缩文件类、文档类；支持针对 API 接口传输的半结构化数据进行识别与检测；支持针对 API 接口传输的结构化数据进行识别与检测；支持针对敏感数据泄露识别，发现 API 请求和响应中的敏感数据内容和敏感数据类型；支持针对识别 API 通信中所包含的个人敏感数据、重要数据；支持针对识别 API 通信中所包含的账号及认证凭据信息；支持针对自定义敏感数据识别策略，并据此策略对 API 通信数据进行自动打标。

数据流转异常检测能力包括：支持发现特定用户下载非正常业务所涉及敏感文件行为的能力；支持发现特定用户在非工作时段下载大量敏感文件行为的能力；支持针对 API 接口响应数据是否包含敏感信息进行检测；支持针对 API 数据流转异常事件进行分类和威胁等级标注。

敏感数据泄露检测能力包括：支持对非结构化、半结构化、结构化数据类型的检测；支持常用的敏感数据检测规则；支持自定义敏感信息检测能力；支持对 API 敏感数据泄露事件进行告警。

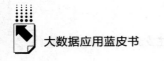

（4）API 安全分析能力

异常行为分析能力包括：根据攻击源 IP 或者会话标识将异常与相关告警聚合成事件；在异常的基础上结合接口属性进一步细分告警；对 API 接口的访问行为进行建模与 API 接口的访问行为进行比对，从而识别出异常访问行为；支持 API 异常行为的详细信息记录；对 API 异常行为事件进行分类和威胁等级标注。

攻击事件分析能力包括：支持以 API 接口作为分析对象；支持以攻击者作为分析对象；支持以业务应用作为分析对象；支持攻击事件分析，对 API 接口的漏洞攻击情况进行分析；支持 API 攻击事件的详细信息记录；应对 API 攻击事件进行分类和威胁等级标注。

涉敏事件分析能力包括：支持以 API 接口作为分析对象；支持以访问者作为分析对象；支持以业务应用作为分析对象；支持敏感事件分析；支持 API 涉敏事件的详细信息记录；支持确认涉敏事件中关联的敏感数据数量及内容；支持 API 涉敏事件信息事后溯源分析及日志研判、取证。

4. 运行时应用程序自我保护

应用运行时保护系统是以 Gartner 在 2014 年提出的"运行时应用自保护"理念为核心技术蓝本。RASP 不依赖类似 IPS、WAF 的基于规则的检测匹配手段，通过直接将安全逻辑注入应用内部，提供应用在函数级别的检测和防护。

（1）安装部署

RASP 产品主要基于 Java 或者 . NET 等语言开发，因此可以通过插件的动态加载方式来实现自动化部署，不需要对业务进行任何代码修改。RASP 提供自动、手动的安装方式，针对 Java 类应用通过采用 Java-attach 机制进行动态注入加载。无须重启应用，应用无感知。针对一些非 Java 类应用或者二次修改过的 Java 应用，可采用手动安装的方式。手动安装时需要修改应用的配置文件，并对应用进行重启操作。针对当前比较流行的容器基础设施，能够支持容器化的部署。

（2）入侵检测

RASP 主要检测的是以应用为攻击目标的攻击，常见的 Web 攻击、

Webshell、SQL 注入检测。RASP 的入侵检测可遵循 OWASP TOP10 进行检测覆盖，包括注入类、失效的身份认证和会话管理、敏感数据泄露、XML 外部实体（XXE）、失效的访问控制、安全配置错误、跨站脚本（XSS）、不安全的反序列化、使用含有已知漏洞的组件、不足的日志记录和监控等。从实战化角度看，可以根据 CVE 的角度组织攻击防护，包括常见的反序列漏洞、任意文件下载漏洞、任意代码执行漏洞、OGNL 表达式漏洞、IIOP/T3 协议漏洞等。

（3）热补丁

RASP 的实际应用场景除了对应用运行时的攻击进行检测之外，还可进行热补丁的应用，热补丁的概念相对于实体补丁的概念成对存在。实体补丁对应用漏洞进行修复，但在实际生产环境中，即便是漏洞非常危急的情况下，由于生产环境的连续性问题、业务影响评估问题等，无法对应用进行补丁修复。为此，RASP 的"热补丁"的概念应用价值凸显。通过对应用施加 RASP"热补丁"，应用可以带漏洞运行。虽然应用当前仍然存在该漏洞，但利用该漏洞的流量或攻击无法生效，会被 RASP 进行拦截，从而达到漏洞依然存在但无法被成功利用的情况，变相解决了漏洞的问题。热补丁可以为应用业务方创造时间，特别是在爆出 0-day 漏洞的时候，应用厂商尚未提供补丁或者缓解措施时，RASP 热补丁能够暂时抵御攻击。

（4）可见性及逃生

RASP 在安全能力上有其独特的价值和检测面。由于其具有侵入性，同时也修改应用的配置文件，对 RASP 的影响可见性要求及逃生机制要求就非常高。经过压测，RASP 安全逻辑施加之后，对于一般业务而言，性能影响在 3% 左右，响应延时增加在 5ms 左右，完全处于可接受范围，当然可以根据业务要求进一步调优，适当在安全和性能方面进行平衡，将安全检测点和安全逻辑进行适当减少。在逃生方面，RASP 能够热插拔 HOOK 点。一旦 RASP 内部安全逻辑出现异常或者瞬时业务量过大，RASP 能够自行进行 HOOK 点脱钩或者自身安全能力 bypass 快速退出业务流程，保证业务持续稳定运行。同时，对每个 RASP 插件的 CPU、内存、请求数、HOOK 点、安全

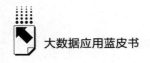

逻辑入口和出口进行监控，支持展示分析延时、并发损耗、性能损耗等性能指标。以便对插件状态进行运营管理，支持设置性能阈值，支持熔断机制。

四 全生命周期一体化安全运营平台设计

（一）资产管理

平台通过对接的组件持续获取到多个维度的资产信息，并做全面关联分析之后，从多个维度展现资产信息以及细颗粒的指纹信息（见图9）。

1. 资产管理实现方式

资产管理具体实现方式设计如下。

第一，通过 API 从 CSPM 中实时获取到云平台、集群、容器、镜像等详细资产信息。

第二，通过 API 从 CWPP 中获取到物理主机、虚拟主机、容器以及在其中运行的应用的详细资产信息。

第三，对以上的资产信息进行综合关联分析之后，构建出基本的资产信息框架以及资产之间的关联关系。

第四，通过对接开源卫士、代码卫士、API 安全等组件后，进一步补充资产指纹的细颗粒度信息，保证用户可以从一个应用资产信息一直下钻到 CI 阶段的资产信息。

2. 资产管理模块特点

资产管理模块具备以下特点。

第一，资产范围覆盖广阔。从基础资产信息到应用资产信息全部覆盖，包括云平台、集群、主机、容器、应用每一层级的详细资产信息。

第二，资产内容识别详细。对每一类资产进行深入挖掘，既包含了基础的指纹信息，更突出了和安全相关的指纹信息。

第三，资产识别时效性高。在云原生场景下，像容器、serverless 等资产生命周期更短，变化更快，因此要求平台在采集资产的时效性上具备更高

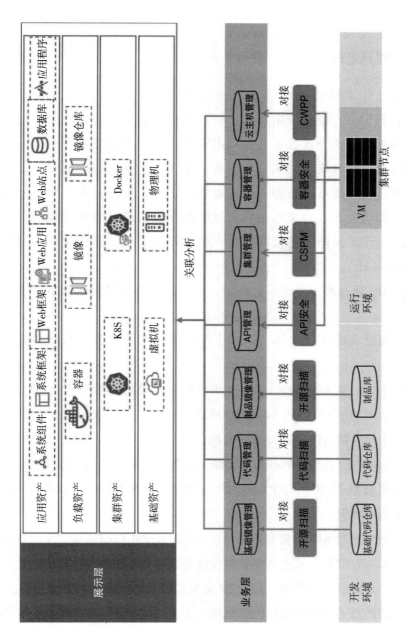

图 9 资产管理功能实现逻辑

图片来源：作者自制。

要求，利用云原生自身的消息通知机制，及时发现资产的变化并上报给平台，同时采用增量同步资产机制，在保证实时性上又极大降低性能损耗。

（二）配置管理

平台通过对接 API 安全、容器安全、CSPM/KSPM 等安全工具，获取云平台、容器集群、容器应用及 API 资产及风险数据，设置定时扫描任务，获取最新基线不合规数据并关联至资产，用户可通过资产查询相对应不合规信息；平台支持基线管理模块，包含 API 基线风险管理、云原生基线管理、云环境基线管理，通过对数据汇总，可通过不合规基线检查项查询受影响资产，持续监测资产风险状态。另外不合规基线将作为数据输入，提供给风险评估模块做资产整体风险评估。具体实现方式设计如下（见图 10）。

第一，API 通过配置流量采集任务，获取云原生流量发送至 API 安全探针。

第二，探针完成流量分析，识别生产环境 API 资产及未授权等风险数据。

第三，平台对接 API 安全工具，实时获取 API 最新资产数据，并将 API 未授权风险上报至平台的 API 风险管理模块。

第四，平台关联 API 资产及风险数据。

第五，容器安全设置定时任务，定期对容器应用资产进行扫描，获取基线检测不合规数据；CSPM/KSPM 定时对云环境、K8S 集群进行扫描，获取基线检测不合规数据。

第六，平台通过 API 对接容器安全、CSPM/KSPM 扫描工具，实时获取最新扫描结果，存储在云原生基线管理模块与云环境基线管理模块中。

第七，平台根据资产类型、资产 ID 完成基线不合规数据与资产关联。

第八，资产及不合规数据作为数据输入源，被风险评估模块消费，作为资产风险评估评判指标之一。

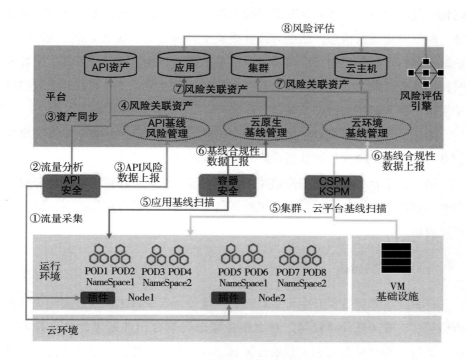

图 10　配置管理功能实现逻辑

图片来源：作者自制。

（三）风险评估

平台通过 API 对接代码扫描、开源扫描、容器安全、主机安全等安全工具，由扫码任务获取镜像、代码、容器、云主机的漏洞及弱口令信息，并通过资产 ID 关联到相应资产，用户可通过资产查询相对应风险；另外平台支持风险管理模块，包含漏洞风险管理、弱口令风险管理，通过对数据汇总，可通过风险项查询受影响资产，持续监测资产风险状态。资产风险数据将作为输入，提供给风险评估模块做资产整体风险评估。风险评估具体实现方式设计如下（见图 11）。

第一，平台通过 API 对接代码扫描工具，配置定时扫描任务，获取代码相关漏洞信息；通过对接开源扫描工具，配置定时扫描任务，获取基础镜像、制品镜像漏洞信息；通过对接容器安全扫描工具，配置定时扫描任务，获取容器资产漏洞数据及应用弱口令信息；通过对接主机安全工具，配置定时扫描任务，获取云主机漏洞及弱口令信息。通过定时任务下发并获取扫描结果后，存入相应漏洞库及弱口令库。

第二，平台将对应风险信息与资产关联，通过资产下钻查询单资产风险信息，或通过风险库查询某条风险项所影响的资产。

第三，平台将资产数据及相关风险数据输入至风险评估引擎，结合资产告警、资产重要性等辅助因素，风险评估模块根据当前资产风险项，输出资产风险值。

（四）威胁分析

平台通过采集容器安全告警日志、流量分析告警日志，通过实时关联分析引擎、内置关联分析规则，对原始告警进行聚合归并处理，输出告警事件，通过告警事件查询相关原始告警日志及上下文信息，并绘制攻击链。具体实现方式设计如下（见图12）。

第一，通过控制配置采集任务，可自定义采集五元组信息，完成后将采集任务下发至 Node 节点插件。第二，插件根据配置的采集任务，将 Node 节点流量通过 VxLAN 或 GRE 封装发送至流量分析探针，由流量探针完成流量威胁分析。

第三，流量经分析探针解析后，生成原始告警日志，通过 syslog 发送至平台。

第四，容器安全产生的入侵检测日志同步发送至平台。

第五，平台接收日志之后，通过多数据源关联分析规则，结合威胁情报、对原始告警进行归并聚合，并匹配到对应资产。

第六，分析引擎将归并后告警输出至告警事件管理模块，用户可在告警管理模块中完成对告警事件的分析、溯源、处置等工作。

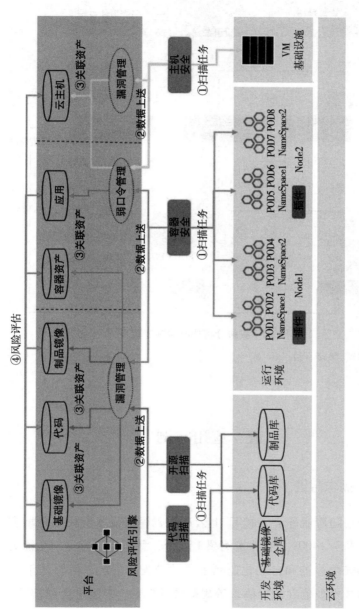

图 11　风险评估功能实现逻辑

图片来源：作者自制。

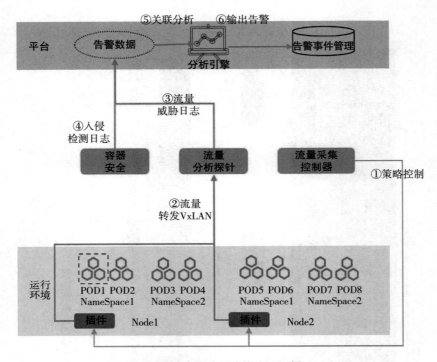

图 12 威胁分析功能实现逻辑

图片来源：作者自制。

五 应用案例

（一）需求背景

某省分公司随着业务上云和 IT 上云进程，容器技术应用场景增多，全省节点（宿主机）1400+、容器实例超 1 万个，急需建设容器安全能力，弥补全省的容器安全检测和自动化监测手段的缺失。因此，需要基于《中国电信容器安全技术规范（试行稿）等规范的通知》（中国电信网信〔2021〕30 号）要求，完善容器安全防护。

目前集团云道系统只具备镜像文件的静态扫描功能，不提供镜像文件的动态检测和运行环境的防护能力，其安全能力不能满足要求。

此外，市场上容器安全单品竞争激烈，差异性不大，需要研究除了容器安全能力外是否能够挖掘出更优质更全面的安全防护解决方案。

（二）解决方案

基于本方案架构，深入挖掘制品安全、运行时安全需求，通过 CNAPP 一体化平台理念，建设从开发到运营的云原生供应链应用全生命周期的安全能力。实现开源卫士与容器安全联动，共建云原生供应链资产台账，实现 CI 阶段镜像扫描，可阻断高危风险构建，实现 CD 阶段发现风险，阻断生成容器实例。

项目实现对 1400 节点安全防护建设，成功树立云原生供应链安全标杆。同时也为后续云原生基础设施安全、API 安全、安全运营平台等模块扩容建设奠定基础。

（三）系统交付

本项目主要关注云原生应用供应链安全，涉及产品为开源卫士和椒图容器，通过简版的 CNAPP 平台功能实现面向供应链全流程的资产识别与映射、风险评估与管理，以及管控阻断策略等。

六 结语

本文介绍了云原生架构的概况及发展现状，尤其是分析了存在的各种安全挑战，针对这些挑战，参考国内外主流的云原生安全框架，结合实际情况，提出了适合国内需求的云原生安全框架设计。在这个框架之内，详细介绍了覆盖云原生应用全生命周期的各项安全防护能力。最后，重点介绍了一体化安全运营平台，它是整个框架的总纲，用于管理和调度各项安全防护能力，成为整体安全运营的有力保障。特别是解决方案可以帮助使用者在云原生架构的业务环境中，获得全面的安全防护，主要包括：全生命周期资产梳理、全方位风险评估、全流程供应链安全保障、全视角安全态势可视等。

案 例 篇
Cases

B.6
工业互联网在玻璃制造行业的应用

余福荣*

摘 要： 针对玻璃制造行业痛点，研究了工业互联网和工业大数据技术
提供的解决方案，介绍了工业互联网平台架构、各层级分工和
关键技术。通过工业大数据在玻璃生产过程中监测、故障诊断
及预测和能源消耗管理等方面的应用，表明工业互联网和工业
大数据可以为制造生产企业实现生产过程的智能化、优化生产
效率和提高产品质量、降低成本和风险，达到实现智能制造的
目的。

关键词： 工业互联网 工业大数据 玻璃制造行业 生产过程监测 大数
据分析

——————————

* 余福荣，硕士，杭州玖欣物联科技有限公司董事长，研究方向为工业互联网技术及企业数字
化转型。

一 玻璃制造行业发展中的痛点

玻璃制造行业是指从原材料到成品的整个制造过程，包括玻璃熔化、热成型、冷加工、装饰加工、质量控制和销售等环节。随着建筑、汽车、装修、家具等行业的发展，国民对生活空间的环境要求逐渐提高，安全玻璃、钢化玻璃等功能性产品得到了广泛的应用，同时供求格局和消费结构也在悄然发生变化。国民消费水平提高、鼓励企业创新等保证了国内市场对玻璃产品需求趋势不变。数据显示，中国钢化玻璃产量呈现上升态势。2015年中国钢化玻璃产量为4.55亿平方米，2021年中国钢化玻璃产量上升为6.19亿平方米，同比增长16.14%，2022年1~7月产量为3.16亿平方米。[①] 我国钢化玻璃生产企业数量较多，其中中小型企业占据了主导地位。由于企业在创新、技术、生产设备方面较为落后，我国钢化玻璃次品较多，高端产品生产能力不足，产业结构需要进一步优化。市场对于钢化玻璃的质量要求也在不断地提升，未来钢化玻璃行业将不断向高端化和安全化发展。

与大部分传统流程制造业一样，玻璃制造企业也面临如下痛点。

（一）生产过程的数据及时采集和过程监控问题

玻璃生产过程涉及多个环节和参数，每个环节都可能有不同的数据需要采集和监控，同时不同类型的玻璃产品可能有不同的生产要求，需要采集和监控的数据也有所不同，这就增加了数据采集和监控的复杂性。玻璃生产过程需要实时监控，及时发现异常情况并采取相应的措施。因此，数据采集系统需要能够实时采集数据，并及时反馈给操作人员进行处理。然而实时数据采集和处理对数据传输和处理能力提出了更高的要求。

---

① 《2022年中国钢化玻璃行业发展现状》，华经情报网，2022年9月21日，https：//bai jia hao. baidu. com/s？id＝1744543671126675493&wfr＝spider&for＝pc。

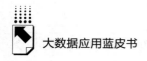

（二）生产过程设备故障自动诊断及预测问题

数据质量对于设备故障自动诊断及预测的有效性至关重要。在玻璃生产过程中，可能存在数据采集设备故障、数据传输中断或数据错误等问题，这些都会影响到数据的准确性和可靠性。因此，确保数据质量是一个重要的挑战。同时采集到的数据通常是大量的、多样的，并且需要进行处理和分析，如何从海量的数据中提取有用的信息和知识，并进行有效的数据分析和建模，是一个技术和算法上的挑战。

（三）优化能源管理和节能减排问题

玻璃生产过程中，高温熔化和冷却过程需要大量能源，如何提高能源利用效率是一个技术难题，玻璃生产企业需要寻找更加环保和可以提高能效的新型玻璃制造技术，以减少能源消耗。优化能源管理和节能减排需要进行设备更新和技术改进，这需要大量的资金投入，对于一些小型玻璃生产企业来说，资金投入可能成为一大难题。能源管理和节能减排需要专业的技术人才进行操作和管理，目前玻璃行业相对于其他行业来说，在能源管理和节能减排方面的专业人才相对匮乏，这给企业能源管理和节能减排工作带来一定困难。

二 工业互联网平台架构和技术

《工业互联网体系架构（版本 2.0）》① 指出，工业互联网重点构建三大优化闭环，即面向机器设备运行优化闭环，面向生产运营决策优化闭环，以及面向企业协同、用户交互与产品服务优化的全产业链、全价值链闭环。当前阶段，工业互联网实施以传统制造体系的层级划分为基础，适度考虑未来基于产业的协同组织，按"设备、边缘、企业、产业"四个层级开展系统建

---

① 工业互联网产业联盟：《工业互联网体系架构（版本 2.0）》，2020 年 4 月，https：//www.aii-alliance.org/upload/202004/0430_ 162140_ 875. pdf。

设，指导企业整体部署。设备层对应工业设备、产品的运行和维护功能，关注设备底层的监控优化、故障诊断等应用；边缘层对应车间或产线的运行维护功能，关注工艺配置、物料调度、能效管理、质量管控等应用；企业层对应企业平台、网络等关键能力，关注订单计划、绩效优化等应用；产业层对应跨企业平台、网络和安全系统，关注供应链协同、资源配置等应用。

以下从平台架构和关键技术两个角度介绍工业互联网平台的实践。

（一）平台架构

鉴于采集数据量大，并行数据处理量大，需要搭建支持大容量高并发的系统，为数据分析、挖掘和应用提供强有力支撑。参照工业互联网功能视图平台体系框架[①]，设计了工业互联网平台总体架构（见图1），包括边缘层、平台层和应用层。

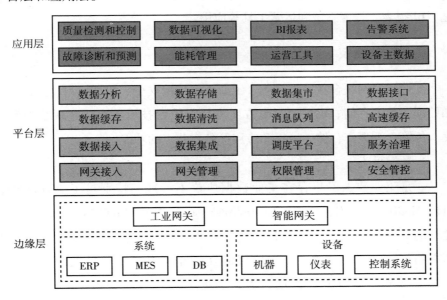

图1 工业互联网平台总体架构

图片来源：作者自制。

---

① 工业互联网产业联盟：《工业互联网体系架构（版本2.0）》，2020年4月，https://www.aii-alliance.org/upload/202004/0430_ 162140_ 875.pdf。

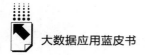

第一，边缘层是工业数据的获取与应用，是工业互联网落地的基础。边缘层的网关负责连接系统或设备进行数据采集，根据被采集对象的差异选择不同型号的网关设备进行数据采集，网关采集到的数据通过 5G（4G）/有线网络以 MQTT/S 或 HTTP/S 协议传输到平台层。

第二，平台层是企业数字化转型的核心，是数据收集、分析、建模的载体，承载了构建丰富多彩的工业互联网应用（工业 APP）生态的使命，是实现万物互联的核心。平台层负责数据汇聚（网关接入，网关管理、数据接入和数据集成）、数据清洗、分析和存储、数据开放（数据集市和数据接口）、权限管理、安全管控和服务治理等。

第三，应用层是工业应用场景智能化的深度和广度，将决定企业数字化转型成功与否，多种技术及数据的融合应用是解决实际工业场景问题的关键。应用层提供质量检测和控制、故障诊断和预测、能耗管理、数据可视化、BI 报表、告警系统和运营工具等应用。

（二）关键技术

工业互联网平台在数据采集、工业数据传输安全、数据标识、数据汇聚和处理、数据存储、远程控制等方面进行了关键技术研究，实现了数据采集、传输、汇聚、存储、分析和应用等各个节点的功能。

1. 数据采集

一是工业数据采集存在工业数据协议不标准，特别是工业领域常会出现 ModBus、OPC、CAN、ControlNet、DeviceNet、Profibus、Zigbee 等各类型的工业协议，而且各个自动化设备生产及集成商还会自己开发各种私有的工业协议，导致在工业协议的互联互通上出现了极大的难度。二是在工业企业实施大数据项目时，数据采集往往不仅针对传感器或者 PLC，也针对已经完成部属的自动化系统上位机数据，这些自动化系统在部署时，厂商水平参差不齐，大部分系统是没有数据接口的，文档也大量缺失，大量的现场系统没有点表等基础数据，对于这部分数据采集难度极大。

针对上述技术难点和不同采集对象，研发出多种型号规格网关进行采集。例如，电机设备使用 IIG500 网关采集数据，PLC 系统使用 IIG1000E 进行数据采集，DCS 和系统数据使用 IIG3000 网关进行数据采集。在采集协议方面，网关（见图 2）支持 Modbus-RTU、Modbus-TCP、CNC_ Func、PLC-S7、Modbus-PPI、OPCUA、OPCDA、IEC104、S7-MPI、AB-PLC、HOSTLINK、FINS、DLT/T645-2007 等多种工业协议，实现连接到霍尼韦尔、福克斯、西门子、ABB、Wonderware、浙大中控与和利时等多家厂商的一系列 PLC、CNC、DCS、传感器等各种工业设备，实现工业设备一站式快速接入。同时网关还支持定制对接私有协议。特别是针对哑设备的数据采集、特殊数据采集等采用了一种创新方法，采用设备工作时电参数（电流、电压、功率、三相不平衡、谐波、功率因子、有功功率、无功功率等 80 多个电参量）的微变化，结合机器学习与深度学习、计算设备 OEE、稼动率、产能、设备故障、设备运行状态、工艺参数（部分场景）、设备运行不同状态的故障分析等。同时结合数据库表结构直接对接上位机数据，确保数据采集的有效性和准确性，为数字化的真正落地奠定数据基础。

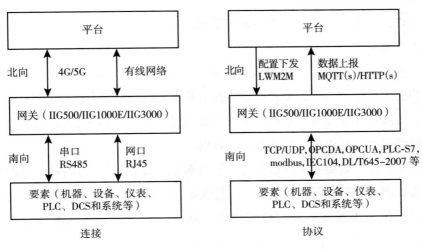

图 2　网关连接和采集

图片来源：作者自制。

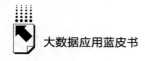

2. 工业数据传输安全

平台支持 HTTPS、SSL/TLS、数据加密等多种安全加密数据传输协议。在确保数据传输安全上主要有以下几种方式。

第一，HTTPS。它是目前比较流行的协议，需要加上身份，通过 Token 方式进行安全限制。

第二，MQTTS。MQTTS 是安全的基于 TLS 的加密协议，采用 MQTTS 协议接入平台的设备，在设备与物联网平台之间的通信过程中，数据都是加密的，具有一定的安全性。

第三，数据加密。目前支持对称加密和非对称加密形式。对称加密指对称秘钥在加密和解密过程中使用的秘钥是相同的，常见的对称加密算法有 DES、AES。优点是计算速度快，缺点是在数据传输前，发送方和接收方必须商定好秘钥，然后双方都能保存好秘钥，如果一方秘钥被泄露，那么加密信息也就不安全了。非对称加密指服务端会生成一对秘钥，私钥存放在服务器端，公钥可以发布给任何人使用。优点是比起对称加密更加安全，但是加解密的速度比对称加密慢很多，广泛使用的是 RSA 算法。

第四，数据加签。主要采用 md5 算法。

3. 数据标识

工业数据主要来源于机器设备数据、工业信息化数据和产业链相关数据。为便于跟踪和识别数据，需要对各来源数据进行标识，以确定数据唯一来源。实践中建立设备主数据系统（主要有设备表和点位表），以设备编码和点位编码组合标识唯一采集源点位数据。

其中，设备表关键字段信息有：设备名称、设备编码、设备所在园区、设备所在产线、设备所在工段等。点位表关键字段信息有：点位名称、点位编码、点位采集地址、点位数据类型、点位采集协议、点位所属设备编码等。

4. 数据汇聚和处理

工业数据量巨大，任何系统在不同的数据量面前，需要的技术难度都是完全不同的。因为大量的工业数据是"脏"数据，直接存储无法用于分析。在存储之前必须进行处理，对海量的数据进行处理，从技术上又提高了难度。

平台采用 EMQ 集群支持百万级设备并发接入，采用 Flink 流式引擎支持上亿级并发数据处理。EMQ 基于 MQTT 开放标准的统一物联网消息解决方案，每秒百万级高性能、低时延在物联网设备和云服务之间可靠地实时移动物联网数据。Flink 是一个分布式、高性能、高可用、实时性的流式框架，支持实时流处理和批处理，其具有高吞吐、高性能、低延时特点。数据汇聚和处理流程示意如图 3 所示。

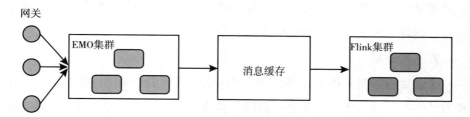

图 3　数据汇聚和处理流程

图片来源：作者自制。

5. 数据存储

工业大数据存储的容量增长是没有止境的，因此用户需要不断地扩张存储空间，但是存储容量的增长往往同存储性能并不成正比，这就造成了数据存储上的误区和障碍。

结合工业大数据特点，选用 Apache Druid 作为工业大数据历史存储引擎。Apache Druid 是一个开源的分布式数据存储引擎，是一个集时间序列数据库、数据仓库和全文检索系统特点于一体的分析性数据平台，支持数据持久化存储于多种介质上（本地磁盘、HDFS 和对象存储等）。基于 Apache Druid 时序数据处理引擎，既支持高速的数据实时摄入处理，也支持实时且灵活的多维数据分析查询，并且历史数据可被高比率压缩（压缩前后比为 25%）存储，极大节省存储费用。

6.大数据分析

数据分析①的精髓在于把统计学知识、行业经验、数据库技术、机器学习方法结合起来，以此从数据中提取出有意义且实用的信息。数据分析通过描述分析、行为分析及预测分析来分析过去发生了什么、正在发生什么以及将要发生什么。数据分析建模系统最终输出的模型结果将用来进行各个层面的优化，包括业务优化、设计优化、流程优化、运维优化等。

针对数据分析建模系统在工业领域的应用范围和应用价值，据统计，目前市场上应用的热点分布在生产设备管控、生产质量管理、产品运维等领域。而系统应用的核心价值主要体现在降低生产运营成本、资产管理成本，以及提升已有产品良率等方面。而较为常见的数据建模场景包括：设备故障分析、能耗分析、工艺参数优化等。

7.远程控制

工业远程控制是指通过有线或无线网络的调度中心来进行生产，对远程所有的生产设备和生产过程进行控制。实践中平台层建立控制通道打通应用层与边缘层，由网关通过控制器（PLC、DCS 和系统等）实现具体控制操作，如图 4 所示。

三 工业大数据平台的应用

某大型玻璃生产企业是全球 11 大生产基地，基于工业互联网和工业数据建设，工业互联网平台已经成功应用并取得了丰硕的成果。

（一）生产过程的数据采集及过程监控

该平台通过安装边缘网关连接各机器设备，进行窑炉参数、冷端切裁数据、冷端缺陷检测数据、拉边机工艺参数、冷端堆垛机的数量、预警数据、

---

① 《工业互联网平台的七种武器之数据分析建模》，寄云科技，2022 年 2 月 18 日，https：// baijiahao. baidu. com/s？id＝1725069780376124193&wfr＝spider&for＝pc。

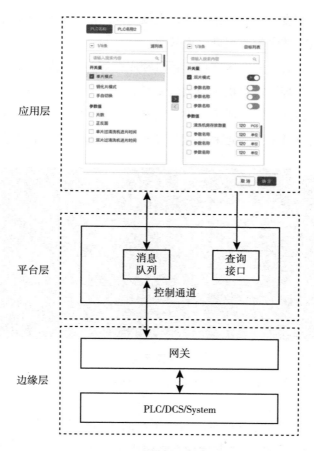

图4 远程控制通道

图片来源：作者自制。

氮和氢用量、电耗、油耗等参数的数据采集，并将数据传到平台侧。平台侧将采集到的数据进行处理和分析，包括数据清洗、预处理、建模等步骤，以提取有用信息实现数据预处理分析。将处理后的数据以可视化的方式展现出来，方便生产管理人员进行实时监控和分析。

该玻璃生产企业在各地分布有不同园区，每个园区下有多个产线，每个产线又可划分为多个工段。平台对现有工业园进行了三维建模，实现园区、产线、工段多级三维展示，结合 IoT、视频数据，对产线、生产设备进行实

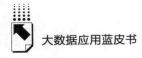

时监控、统一调度及远程专家会诊，突破空间的限制，帮助经营决策人员和生产管理人员快速决策，提升工作效率。

总体入口汇总了各园区产量、销量和库存等关键数据，实时展示各产线状态，为生产管理人员提供了极大的便利。

园区角度视图如图 5 所示。进入到某一园区视图后，生产管理人员可查看该园区历史（昨日、月度和年度）生产统计数据和产线位置分布。

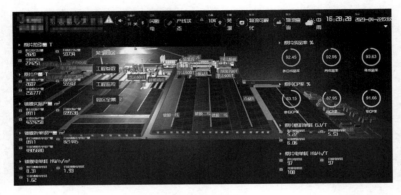

图 5 园区视角

图片来源：与某企业合作开发项目中的 web 截图。

产线角度视图如图 6 所示。基于生产的成品率、CP 率、产量和单耗等标准设定"专家模型"，使其固化在系统中，打造产线状态一览表，自动化监控各产线状态并实现统一调度，保障稳产增产。

工段角度视图如图 7 所示。通过对温度、湿度、压力、燃气流量等参数进行实时跟踪，运营人员可提前发现设备和工艺异常，及时干预，降低生产不良率。

（二）生产过程的故障诊断及预测

故障诊断和预测即通过分析玻璃生产设备运行数据，预测设备故障和维护需求，减少生产停机时间和维修成本。通过安装边缘网关连接各主传动电机设备，采集设备运行状态、温度、压力、振动和电流等数据，并将数据传

图 6　产线视角

图片来源：与某企业合作开发项目中的 web 截图。

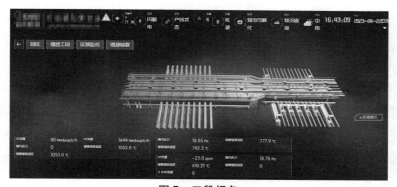

图 7　工段视角

图片来源：与某企业合作开发项目中的 web 截图。

到平台侧。平台侧对采集到的数据进行清洗和处理，去除异常值和噪声数据，将数据转换成可分析的格式，重点分析振动变化、电流波动。通过机器学习、深度学习等方法，建立设备故障预测模型，对设备运行状态进行分析和预测。建立了电机异常检测统计模型、电机局部异常因子检测模型、电机高斯分布异常监测、电机异常检测神经网络模型、电机异常检测阈值自调整模型、电机异常检测孤立森林模型、电机异常检测单类支持向量机模型、KMeans 聚类工况分割模型、DBSCAN 聚类工况分割模型、HMM 工况分割模型等多种模型。根据预测模型输出的结果，对设备进行故障诊断，找出故障原因并及时处理。

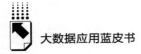

如图 8 所示，基于电机异常检测统计模型通过分析清洗机风机电流异常、电压异常、温度异常和振动异常做故障报警示例，实时预警各风机异常，第一时间通知生产管理人员处理。

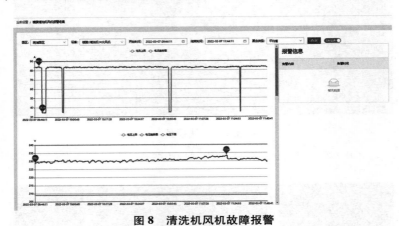

图 8　清洗机风机故障报警

图片来源：与某企业合作开发项目中的 web 截图。

基于电机局部异常因子检测模型，通过分析主传动电机的设定转速、实际转速、设定频率、实际频率、电流、电压、实际功率、温度、振动趋势图做主传动电机的报警信息示例（见图 9），及时通知设备维护人员对电机进行维护和检修。

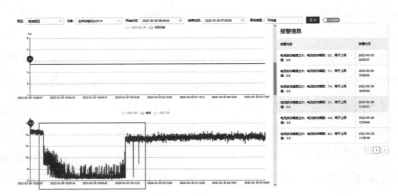

图 9　主传动电机故障报警

图片来源：与某企业合作开发项目中的 web 截图。

通过分析电流的波动幅度，做主传动电机故障预测示例，如图 10 和图 11 所示，第一时间预判主传动电机故障，通知现场生产人员避免生产事故。

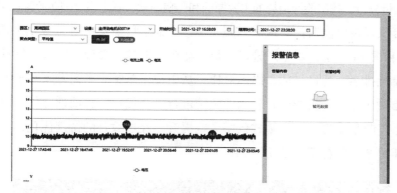

图 10　正常电流波动

图片来源：与某企业合作开发项目中的 web 截图。

图 11　异常电流波动

图片来源：与某企业合作开发项目中的 web 截图。

（三）能源消耗管理

能源消耗管理即通过分析能源消耗数据，优化能源管理和节能减排，降低生产成本。安装边缘网关连接各机器设备，采集玻璃生产过程中的电耗数据，并将数据传到平台侧。平台侧对采集到的数据进行清洗和处理，去除异常跳变值和噪声值，矫正换表后数值。通过大数据分析技术，对玻璃生产过程中的能耗数据进行分析，找出能源消耗的主要原因和影响因素，制定相应的能源管理策略。

　　提供设备电能监控、最大需量（MD）监控和桑基图等，分别如图12、图13和图14所示，供生产管理人员对能源消耗进行管理。实现了每日产线窑炉单耗排名，通过横向、纵向对比，从中找出差距。工艺专家基于产线工艺数据对比分析，指导能耗较高的窑炉进行工艺优化，较前期邮件、电话沟通，人工收集整理的工作模式效率大幅提升。经过数月的持续优化，国内产线每年可节省能耗费用数千万元。

图 12　电能监控

图片来源：与某企业合作开发项目中的 web 截图。

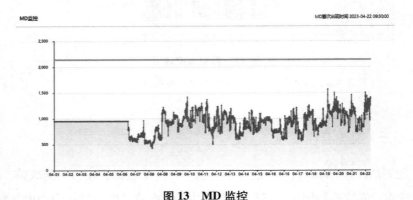

图 13　MD 监控

图片来源：与某企业合作开发项目中的 web 截图。

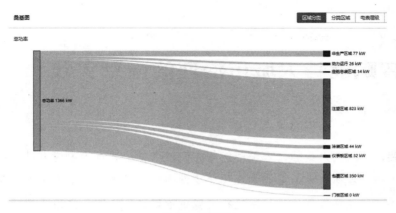

图 14　桑基图

图片来源：与某企业合作开发项目中的 web 截图。

四　总结

　　基于工业互联网和工业大数据搭建工业互联网平台，结合实际项目，截止到 2023 年 6 月，采用 2500+台边缘网关对某大型玻璃生产企业全球 10 个厂区、128 条产线、8000 多台设备、约 40 万点位数据进行采集，日均数据量 20 亿条，最低采集频率 1s，解决了企业内部数据孤岛问题，利用大数据分析为企业进行生产过程监测、故障诊断及预测、能源消耗管理等提供数据决策支持，为企业实现生产过程的智能化、优化生产效率、提高产品品质、降低生产成本和风险，年节约人力、材料、能源成本合计 5000 余万元，实现了智能制造。

B.7
数智赋能特大城市治理的南京实践

毛银玲　孙　文*

摘　要： 依托大数据、人工智能等先进技术推动城市治理能力提升，是治
理体系和治理能力现代化建设的重要抓手。南京12345政务热线
发挥数据优势，围绕特大城市治理进行了四大方面的尝试：一是
赋能政民互动，畅通和优化群众诉求表达渠道；二是赋能城市建
设，助力建设人民满意的典范城市；三是赋能规划编制，推动
"十四五"公共服务提质增效；四是赋能危机应对，提升突发事
件下的民生保障能力。以数字化和智能化为抓手，南京在赋能城
市治理、助力特大城市建设方面不断探索创新路径。

关键词： 数智化　12345热线　城市治理　南京

一　引言

随着大数据、人工智能技术的快速发展，数字技术在推动经济社会发
展、促进国家治理体系和治理能力现代化，以及满足人民日益增长的美好生
活需要方面发挥着越来越重要的作用。近年来，南京12345政务热线认真贯
彻落实中央和省市决策部署，坚持以人民为中心，准确识变，科学应变，主
动求变，当好政务服务总客服，在赋能城市治理、助力特大城市建设方面不
断探索创新路径。

---

* 毛银玲，南京市政务服务管理办公室党组书记、主任；孙文，南京市政务服务管理办公室党
组成员、副主任。

二 赋能政民互动，畅通和优化群众诉求表达渠道

党的二十大报告提出，"在社会基层坚持和发展新时代'枫桥经验'，完善正确处理新形势下人民内部矛盾机制，加强和改进人民信访工作，畅通和规范群众诉求表达、利益协调、权益保障通道，完善网格化管理、精细化服务、信息化支撑的基层治理平台，健全城乡社区治理体系，及时把矛盾纠纷化解在基层、化解在萌芽状态"。作为倾听民声的"总客服"，南京12345政务热线积极利用大数据、人工智能等新技术，不断畅通和优化群众诉求"主渠道"。

（一）借助移动互联网拓展诉求渠道，确保群众和企业表达更顺畅

随着移动互联网应用的不断普及，群众通过网络表达诉求的趋势更加明显。为方便群众更便捷地获得热线服务，近年来南京12345热线不断拓展受理渠道，先后开通App、微信、网站等多媒体受理渠道，有效缓解热线话务压力，网络渠道诉求占比由10%上升至25%。为持续优化提升互联网端受理和解答能力，南京12345热线建立了"智能+人工"咨询快速通道，在"文本机器人"基础上增加人工在线客服解答，提供更加人性化、精准化的服务，形成了查询信息、建立诉求和诉求直达部门的快速机制，进一步畅通市民与职能部门沟通的渠道。在服务企业方面，南京12345热线开通了"亲清·一企来"专线为企业提供专业化服务绿色通道，发挥热线助企纾困作用，加强政策推送，开展政策专员走进园区等惠企便民行动，助力优化营商环境。

（二）依托数字化技术提升服务效率，助力群众诉求办理更便捷

在大数据和人工智能时代，数字化和智能化成为政务热线能力提升的重要方向。南京12345热线不断适应"互联网+政务服务"的发展趋势，从贴近民生角度出发，搭建了集数据采集、数据查询、数据分析、数据整合、数据展现于一体的热线基础数据统计平台，努力实现民生数据统计实时化和可

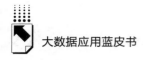

视化。近年来，南京 12345 热线在原有平台基础上，采用分级分层的思路进行规划，整体分为资源层、能力层和业务层，按照"自下而上"的设计思路打造了全新的智能系统 2.0（如图 1 所示），主要包括三个方面。

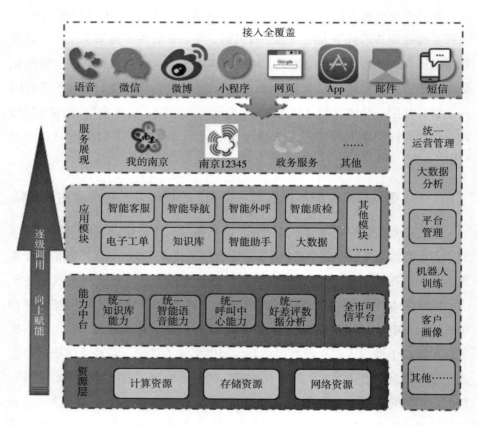

图 1 南京 12345 热线智能化建设总体架构

图片来源：作者自制。

第一，底层依托市信息中心强大的政务云资源，提供计算能力、存储能力和网络通信能力。

第二，提炼出 AI 公共基础能力，打造成面向全市的能力平台，做到能力共享，避免重复建设。

第三，业务层当前阶段以"南京 12345 热线"和"我的南京"为代表，依托能力中台，构建智能化应用，实现利用智能化手段提升办事效率和服务能力。

如表1所示，数智化建设新建了智能语音客服、智能文本客服、智能质检应用，智能派单应用、座席助手、多维决策分析系统，同时构建了学习训练平台和运营监管平台，形成全流程的智能化应用，智能派单准确率从90%提升至95%左右，智能外呼识别准确率从85%提升至90%左右，为更快响应群众诉求提供有力支撑。

表1　南京12345政务热线数智化建设重点领域一览

编号	内容	解决的问题
1	智能语音客服	为应对持续飙升的话务量，迫切需要通过技术手段来缓解话务压力、畅通热线受理渠道，提升市民体验。
2	智能文本客服	热点咨询问答，智能推荐相似解答和扩展解答，实现"未诉先答"。
3	座席助手应用	针对群众诉求持续增加，话务接听压力增大的问题，新开发座席助手应用，促进提高工作效率。
4	智能派单应用	节省派单人工成本，提升工单派发的精准性，维护管理的易用性和便捷性。
5	智能外呼应用	解决传统外呼应用覆盖面窄、识别准确率低和维护管理便捷性差等问题。
6	多维决策分析系统	改变数据分析主要基于主观经验和臆断的困境，提高决策分析的精确性。
7	智能质检应用	为解决人工质检覆盖率低、工单质量提升受限的问题。
8	热线平台功能拓展与提升	为满足热线平台越来越多的智能化应用、越来越广泛的数据共享要求、越来越精细化的应用管理要求等，进一步完善底层平台的可持续服务能力。

表格来源：作者自制。

（三）基于智能化技术升级分析能力，对城市问题的研判更精准

重点关注城市问题、为群众排忧解难是政务热线的初心和使命。南京

12345 热线在推动治理创新方面始终坚持"以人民为中心"，发挥密切联系群众的制度优势，借助人工智能、大数据、云计算等先进技术，研发上线多维决策分析系统，联合"民声数智博士工作站"深挖群众诉求，聚焦"物业管理""停车管理""互联网金融""消费维权"等涉及群众切身利益的重要问题，定期向市委、市政府及各板块、有关部门提供专题分析报告，将热线数据转化成具有资政意义的政策建议。多篇热线相关研究文章被《群众》、《南京日报》（思想理论）、《南京调研》、《信息快报》等刊发。部分成果获得市主要领导签批，在推动相关领域改革提升中发挥了积极作用。

三　赋能城市建设，助力建设人民满意的典范城市

"人民城市人民建，人民城市为人民。"城市公共服务和设施建设供给与需求不匹配是导致各种城市问题的重要症结。为进一步精准适应时代变化，彰显人民城市的人本价值，提升城市精细化建设水平，南京市建委与市政务办合作，运用 12345 民生数据为城市建设精准"把脉"，基于 12345 热线的精细化建设管理改革将"市民参与"嵌入城市建设管理全过程，着力补齐城市建设管理短板、提高城市治理水平、提升群众满意度，助力全面建设人民满意的社会主义现代化典范城市。

（一）构建"需求分析—调查论证—有序实施—成效验证"的流程闭环，全面提升城市建设管理的精细化水平

市建委等业务部门强化以精细化建设管理举措化解群众的"急难愁盼"，将"市民参与"嵌入城市建设管理全过程，初步构建了包括"需求分析—调查论证—有序实施—成效验证"四大关键环节的流程闭环。

1. 需求分析

倾听民声查找痛点堵点。为充分了解市民对城市建设管理的需求，市建委与市政务办合作，首次将"12345"热线诉求作为查找问题的信息来源，对城市建设管理领域每年近百万的诉求数据进行挖掘，分类分区梳理广大市

民在城市建设中遇到的难点、堵点和痛点问题。

2. 调查论证

实地勘查研究生成储备项目。在需求分析的基础上，对群众反映的问题进行深入分析研究，以中国市政工程华北设计院等专业机构为主体开展现场勘查，给问题定性，根据现场调查梳理出可能的项目解决方案，生成精细化建设管理项目建议清单，例如近两年来通过对市民断头路诉求集中的数十个节点进行调研，生成了泰学路穿越铁路、石婆路、石公路建设工程等规划研究和工程建设类项目，并移交各区、各部门进行深入研究，随后将合适的项目转为储备项目。

3. 有序实施

先急后缓推进滚动实施。利用全市精细化建设管理工作例会定期调度、发动各级各单位统筹协调、有序推进，统筹考虑项目重要性、紧迫性以及外部条件、年度财力，按照城市精细化建设管理工作"切口小、惠民生、见效快、有亮点"的原则，将论证充分、各方面条件成熟的储备项目纳入年度计划滚动实施推进，逐年化解矛盾问题。

4. 成效验证

数据反馈强化跟踪问效。项目的实施完成不意味着流程的结束，后续还需要回归诉求源头，通过"12345"热线数据监测项目实施后的民意反馈，以验证相关问题诉求是否减少、痛点难点问题是否真正得到解决。

（二）"行政决策"与"公众参与"相结合，提高城市建设管理的互动性和精准度

南京在推动城市精细化建设管理上始终坚持将解决城建城管项目供给与市民具体需求之间的供需矛盾，不断增强人民群众在城市生活中的宜居感和获得感作为工作的出发点和落脚点，探索尝试将"自上而下"的规划布局与"自下而上"的需求反馈结合起来，精准有效推动管理改革行稳致远。通过分析热线数据，城市精细化项目对城市建设管理中涉及的交通基础设施、生态保护、市政公用设施、城市更新、安居保障和城市管理 6 大领域重

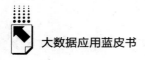
点问题进行全面分析，挖掘区位特征、群众需求特征及演变趋势，为储备项目生成和年度计划排定提供决策支撑。

（三）"长远战略"与"现实需要"相结合，提高精细化项目实施的科学性和可行性

城市精细化管理项目的设计和实施既需要聚焦长远，通盘考量城市交通、生态、公共设施等系统的整体性，又要立足当下、实事求是地解决问题，减少项目盲目推进导致的资源浪费。南京市建委引入中国市政工程华北设计院作为专业咨询机构，围绕群众诉求线索，组织人员通过无人机航拍、踏勘测量、规划比对、居民走访等方式进行现场调查，全要素记录问题现状。坚持近期与远期相结合，生成的精细化项目方案按照实施条件进行评估，区分近期、中期和远期，对具备近期实施条件的项目，强化工程措施和管理举措并重，科学制定具体实施方案，以建设管理的"短、平、快"逐步解决群众长期烦心的大问题。

（四）"城市建设"与"长效治理"结合，提高精细化项目实施的科学性和可行性

各自为政、条块分割是导致跨区性断头路、流域性水污染等城市病的直接原因，运动式建设、重建轻管是导致成效反复、问题回潮的症结所在。南京在解决群众关心的城市问题中，通过大数据、智能化手段，实时掌握民情热点、预估民情趋势，从长效治理的角度系统推进，努力推动城市病从"被动应对"到"主动解决"的根本性转变。聚焦群众诉求中城市病的"早期症候"，精细化项目正逐步尝试建立城市病的前瞻预判和预防机制，实现城市病症演变趋势早预判、早掌握、早治疗。

四 赋能规划编制，推动"十四五"公共服务提质增效

"十四五"时期是全面建成小康社会、实现第一个百年奋斗目标后，乘

势而上开启全面建设社会主义现代化国家新征程、向第二个百年奋斗目标进军的第一个五年。"十四五"规划编制涉及经济和社会发展方方面面，同人民群众生产生活息息相关。党的十九届四中全会明确提出要完善公共服务体系，推进基本公共服务均等化和可及性，注重加强普惠性、基础性、兜底性民生建设，保障群众基本生活。为科学制定"十四五"时期基本公共服务政策，南京12345政务热线充分发挥倾听民声、服务民生的特殊优势，与专业团队联合参与"十四五"公共服务规划编制和跟踪研究。

（一）发挥热线感知能力优势，将群众诉求作为"问计于民"的重要渠道

"问计于民"是"十四五"规划聚焦的重点内容，习近平总书记对"十四五"规划编制工作做出重要指示，强调要开门问策、集思广益，把加强顶层设计和坚持问计于民统一起来，鼓励广大人民群众和社会各界以各种方式为"十四五"规划建言献策。真正的智慧源于群众，只有善于倾听，与群众交心，多听取群众的意见或建议，才能在"不同意见"中开阔视野、明晰思路。南京12345热线将全市整个"十三五"时期近1000万条诉求数据用于基础分析，充分挖掘公共服务领域的主要诉求和市民建议，并作为发现问题、指导规划的重要支撑和依据。以市民热线数据为基础，南京12345热线课题组对全市涉及基本公共服务的133类重点民生问题进行分析。分类频次云图分析结果表明，市民对基本公共服务诉求重点聚焦在物业服务、教育培训、停车服务、医疗卫生、养老服务等与日常生活相关的领域，并逐渐从物质需求向精神需求方面升级，在满足托底性基本公共服务的基础上，追求更高质量的基本公共服务（见图2）。

（二）发挥热线数据连续性优势，基于大跨度、长周期数据分析助力解决社会问题

在"十四五"公共服务规划编制中，热线对全样本历史数据进行了长周期条件下的公共服务问题分析，在更大的周期视角下审视经济社会发展中

图 2 南京市民公共服务相关问题关注点分析

图片来源：作者自制。

存在的社会问题。例如在公共交通出行服务中分析了整个"十三五"时期南京市民对公共自行车、私家车和地铁出行等多种交通方式的关注度和演变趋势。针对公共自行车受关注度降低，地铁出行、网约车等新出行方式受关注度提升的新形势，规划研究提出了公共服务"弹性供给"的概念，即公共服务的提供要结合市民公共出行需求的变化而动态调整，并在最终印发的《南京市"十四五"保障和提升公共服务规划》中根据市民需求特别将"行有所畅"纳入公共服务体系，强调以轨道交通为骨架，推进常规公共交通与城市轨道交通全面融合发展，建立线上定制公交服务系统，提供多样化的"最后一公里"接驳方式，将南京打造成"国家公交都市建设示范城市"。

（三）倡导公共服务供给侧改革，以数据共享开放促进公众参与和市场主体培育

提高基本公共服务要素匹配和资源优化配置，解决好传统基本公共服务领域数据完整性不高、共享程度低等问题，需要全面提升政府的数据管理能力，借助大数据、人工智能等现代治理技术采集市民的实际需求，加强对细

节的感知，减少基本公共服务因信息不对称、研判不准确导致的决策不科学等问题。课题团队提出在"十四五"期间，由公共服务节点部门牵头，将与基本公共服务相关的政府部门、社会组织、相关企业以及广大市民的供需信息进行整合，借助人工智能数据分析，及时掌握基本公共服务供给的关键问题，提高基本公共服务供需要素和资源匹配的效率，更好地提升基本公共服务的供给效率和应变能力。同时，结合政府数据开放平台建设，强化基本公共服务数据的开放和管理，吸引市场主体、社会组织参与和应用基本公共服务数据，以数据为媒介促进基本公共服务跨界合作、共建共享，促进培育高质量的市场主体，有效缓解基本公共服务供给主体单一、供给能力短缺问题，不断拓展基本公共服务的层次和内涵。

五　赋能危机应对，提升突发事件下的民生保障能力

（一）突发事件是对特大城市治理能力的重要考验

近年来，国内不少城市在疫情防控中出现了物资供应短缺、物价上涨过快、群众就医困难等民生保障问题，部分特殊极端事件甚至引发了严重的社会舆情。政务热线在重大突发事件中发挥积极作用，承担着公共卫生应急反应机制中信息报告与咨询的重要渠道功能。为提高突发事件下的民生保障能力，南京群众诉求回应工作按照"属地处置、区域协作、高效联动、闭环管理"的原则，全面强化响应、分析、处置和回应等全流程能力建设，以更加务实有效的机制解决好群众诉求，让群众在每一件诉求中感受到党和政府的温暖。具体来说就是要建设三个方面的能力。

1. 平战结合、快速切换的响应能力

群众诉求回应工作应坚持"平战结合、快速切换"的原则，市、区群众诉求回应组建立常态化和应急状态工作机制，做好平战转换工作，根据市应急指挥体系转入应急状态工作指令，启动和退出应急状态，确保重大突发

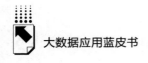

事件下群众诉求得到快速有效处置。

2. 保障接听、精准研判的分析能力

在重大突发事件中，一方面要千方百计保障群众诉求渠道畅通，稳定社会情绪，不断提高政府的公信力；另一方面要强化群众诉求分析研判能力，使政府部门第一时间掌握真实情况，为重大突发事件下的应急处置提供依据。

3. 统筹指挥、高效协同的处置能力

协同处置是群众诉求回应工作的核心环节，处置能力的建设又可进一步细化为三个方面：市区联动的指挥协同能力、分级分类的管理能力，以及深入基层社区的快速处置能力。

（二）群众诉求处置后还需要强化后续管理

首先是做好信息保密，防范过程中的信息泄露导致衍生问题；其次是做好跟踪回访，及时掌握重大民声诉求进展，形成全流程的闭环管理；最后是提高危机处置能力，针对重大突发事件中的民生热点，综合宣传、网信等部门做好危机公关，提高重大舆情的响应和应对能力。

政务热线数据赋能危机应对，就是要相信群众、依靠群众、服务群众，将群众诉求作为感知和监测危机变化的重要渠道，千方百计解决群众在危机中面临的具体问题，把重大突发"危机"转变为服务群众的"机遇"。具体而言，主要包括两大方面。

1. 嵌入指挥协调体系，把握危机演变

为快速响应群众诉求，南京市疫情防控应急指挥体系专门下设了群众诉求回应组，全天候、满负荷接处市民疫情相关诉求，紧盯疫情期间群众的民生需求和演变趋势，着力协调解决当前疫情防控和复工复产中群众反映集中的痛点、难点问题。为积极防范疫情衍生的民生问题，回应百姓关心关切，群众诉求回应组专门设置诉求梳理分析团队，每日关注诉求动态变化，对诉求中呈现出的趋势进行研判与预测，坚持每天以疫情诉求分析日报的形式报送给疫情指挥部。

2. 构建应急响应规则，提高受理能力

重大突发事件下群众诉求受理能力提升应按照"多措并举、分级响应"的原则，保障群众诉求渠道畅通。一是强化 12345 热线系统接听受理能力。市区两级 12345 热线采取增加接听座席数、增派话务接听力量等务实有效措施，确保社会救助热线畅通，尽最大能力接听受理群众迫切诉求。当发生重大突发事件时，事件所在地的区级热线确保座席配备不低于 10 个、接听人员不低于 20 人。二是引导部门和属地分担受理诉求。根据突发事件应对需要，市职能部门、各区应适时向社会发布救助专线，建立规范高效的工作流程，及时听取群众迫切诉求，接诉即办、急事急办。进入应急状态后，各区要持续强化 24 小时社会救助热线接听能力，社区对外公布的电话确保座席配备不低于 5 个，接听人员不低于 10 人。三是寻求省级热线及第三方力量参与应急接听。在话务量严重超负荷情况下，向省级 12345 热线平台申请远程协作支援，组织第三方力量参与群众诉求接听工作（见表2）。

表 2　重大突发事件下群众诉求能力提升响应规则

响应级别	响应条件	响应措施
Ⅲ级	单小时呼入量与常规同时段比值大于 1.5 或单小时接通率小于 80%	部分话务分流到区级 12345 热线分中心；语音提示分流到微信、我的南京 App 等网络渠道。
Ⅱ级	单小时呼入量与常规同时段比值大于 2 或单小时接通率小于 60%	延长话务人员工作时间及召回休班人员，动态排班；全市相关部门、各区及街道、社区向社会公布联系电话，开设本地求助专线，引导居民按事项分散诉求。
Ⅰ级	单小时呼入量与常规同时段比值大于 3 或单小时接通率小于 40%	对接省级 12345 热线平台、申请远程协作支援；组织社会志愿者或其他第三方力量参与应急接听。

表格来源：结合江苏省地方标准《12345 政务服务便民热线突发事件应对规范》制作。

（三）关注弱势群体需求，提高求助能力

对特殊群体的关爱是重大突发事件下城市治理能力的重要体现。12345 热

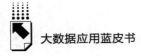
线能够及时感知特殊群体需求，提高重大突发事件中的紧急救助能力。在重大突发事件中，相对弱势的群体往往因为发声能力弱、抗风险能力不足，容易受到更严重的伤害，需要政府在危机应对中格外关注。尽管孕妇、老人、残疾人、病人等群体诉求量相对较小，但事关群众生命健康和基本生活保障，若处理不当，容易出现"小事件"演变为"大舆情"的潜在风险。在重大突发事件应对中，南京12345热线强化对弱势群体诉求的及时感知，利用数据分析系统专门追踪弱势群体诉求，第一时间为遇到困难的市民提供紧迫急需的帮助，提高突发事件应对的"精细化"，让群众在突发事件处置中感受到政府服务的"温度"，使"危机"转变为提升政府治理能力的"契机"。

（四）聚焦群众急难愁盼，防范衍生问题

在重大突发事件应对中，千方百计解决群众困难、防范突发事件衍生问题扩大、提升民生保障能力，成为提高城市治理水平和建设"韧性城市"的重要内容。数据分析工作既关注疫情防控中的物资供应、医疗救助、个人防护、物价稳定、封闭管控、复工复产等关键问题，又对疫情防控中容易忽略的登记信息保护、隔离场所环境、疫情期间宠物管理等细节问题进行全面梳理，在线索摸排、辅助政府决策等方面发挥了积极作用。12345热线团队获得"全市抗击新冠肺炎疫情先进集体"荣誉称号。重大突发危机中，民声数据的应用实践表明，只有做到民生痛点及时掌握、突发问题及时应对、演变趋势提前预判，才能真正保障民生和维护经济社会发展，推动治理能力的现代化。

B.8
大数据赋能城乡教育优质均衡发展

夏景奇　马友忠*

摘　要： 随着九年义务教育的不断普及，城乡教育已实现基本均衡，但是更高水平的优质均衡仍存在诸多问题，主要包括教育信息化基础设施不均衡、优秀师资配置不均衡、优质课程资源分布不均衡、数据思维认识不均衡和学生培养质量不均衡。基于大数据在促进优质教育资源共享、数据分析与挖掘等方面的优势，本文提出了构建城乡教育大数据平台、提高乡村教师教学能力、加强优质课程建设与共享、提高师生信息化素养、挖掘学生学习数据价值等大数据赋能城乡教育优质均衡发展的若干路径；介绍了平顶山叶县在利用大数据赋能城乡教育优质均衡发展方面的典型案例及其应用成果。

关键词： 大数据　教育优质均衡发展　数据思维　教育大数据平台

一　城乡教育均衡发展现状

截至2021年，我国九年义务教育巩固率达到95.4%，已实现城乡教育基本均衡。义务教育均衡保障了广大人民群众受教育的权利，但是人民群众对教育的需求在不断发展变化，从"有学上"变为"上好学"，出现了农村学生向城市转移的趋势，这表明以数量均衡为特征的义务教育基本均衡已经

---

* 夏景奇，天业仁和（北京）教育投资有限公司总经理，主要研究方向为优质教育均衡发展和城乡一体化；马友忠，博士，洛阳师范学院教授，主要研究方向为大数据管理与分析。

不能满足人民群众对教育的需要，正在向关注质量的优质均衡迈进。党的二十大报告明确指出："坚持以人民为中心发展教育，加快建设高质量教育体系，发展素质教育，促进教育公平。加快义务教育优质均衡发展和城乡一体化，优化区域教育资源配置。"2023 年 6 月，中共中央办公厅、国务院办公厅印发了《关于构建优质均衡的基本公共教育服务体系的意见》，构建优质均衡的基本公共教育服务体系对于扎实推进共同富裕，以教育强国助推中国式现代化具有重要意义。城乡教育基本均衡阶段解决了校舍、教师数量、信息化硬件等基本教育资源在数量上的均衡需求，然而在师资结构、教学质量、课程体系等方面依然存在很多问题，城镇强、农村弱、东部强、中西部弱的现象依然存在。城乡教育优质均衡的本质是更加合理有效地配置教育资源，实现更高层次的教育公平。在教育资源相对有限的情况下，尤其是优质教师、优质课程有限的情况下，充分发挥大数据在促进优质教育资源共享、数据分析与挖掘等方面的优势，对于利用大数据赋能城乡教育优质均衡发展具有重要的现实意义。

二　城乡教育优质均衡发展存在的问题

（一）教育信息化基础设施不均衡

教育信息化是加快优质教育资源共享、缩小城乡差距、实现城乡教育优质均衡发展的重要途径。近年来，随着国家及各级政府的大力支持和投入，城乡基础教育信息化水平有较大提高，但是城乡差距依然较大，城乡数字鸿沟依然存在。大多数农村和偏远贫穷地区的教育信息化基础设施依然比较落后，学生个人的信息化设备较为匮乏，农村学生的信息化学习能力较低，偏远地区的学生甚至不会上网搜集资料，屏蔽无效信息或者垃圾信息的能力较低，导致其无法充分利用信息化设备开展自主学习。绝大多数教师的信息素养不高，运用信息化设备开展教学的能力较低，导致现有信息化资源无法充分发挥作用。

（二）优秀师资配置不均衡

教师是教学活动的组织者、实施者，教师的教学水平在很大程度上决定了教学质量和学生的培养质量。在教育均衡发展的初级阶段，通过政策引导等方式，城乡教育师资在数量上基本均衡，实现了乡村学生有人教。但是，乡村与城市在经济、社会发展、生活条件以及教师待遇等方面存在的巨大差异，导致城乡优秀师资配备不均衡，主要表现在师资结构、教师质量的不均衡。乡村教师总体质量不高，师资结构不合理，高职称、高学历、高水平优秀教师更愿意留在待遇更好、生活更为便利、有较大发展前景的城镇，愿意留在乡村的优秀教师非常少，乡村优秀教师向城镇转移的现象时有发生。

（三）优质课程资源分布不均衡

由于优秀师资缺乏、教学条件限制等原因，乡村学校优质课程资源匮乏，课程资源形式单一，质量参差不齐，互动性差。音乐、美术等一些特色课程甚至无法足量开设，线上的特色课程数量也比较少。在课程的教学模式上，城镇教师大多能够充分利用信息化教学手段，加强学生互动、促进学生自主学习。但是，乡村教师仍以传统的单向讲授为主，教学方式单一，课程质量和教学效果堪忧。另外，优质课程的建设需要投入大量的时间和精力，由于教学任务比较繁重、激励措施不够、建设成本高等因素，乡村教师建设优质课程的动力明显不足。

（四）数据思维认识不均衡

随着大数据时代的到来，数据思维已经成为一种重要的分析问题、解决问题的方式，对数据思维的认识程度影响到教育管理人员、教师、学生利用教育信息化手段的积极性和主动性。在目前城乡基础教育管理中，以经验主义和主观决策为主导，多数基础教育管理人员对数据思维的认识仍存在一定的局限性，导致教育决策的客观性、科学性、合理性不足。在广大农村地

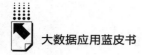

区，绝大多数教师的信息化素养不高，数据思维意识缺乏，他们将教育信息化仅仅作为提高自身工作效率、减轻教学负担的一种手段，没有充分认识到大数据对改善教学效果、提高学生培养质量的重要性，因而无法充分发挥现有信息化资源的优势和作用。

（五）学生培养质量不均衡

受优秀师资配置不均衡、优质课程资源分布不均衡、教育信息化基础设施不均衡等因素的影响，城乡学生培养质量呈现出不均衡特征。乡村学生在综合素质、全面发展方面与城镇学生有较大差距，乡村学生学习兴趣、积极性和主动性不足，学业质量较低，部分学生的学业成绩甚至达不到国家及格标准。① 同时，乡村学生利用教育信息化平台资源开展自主学习的深度、广度和频度不够，在教育信息化平台中留下的学习足迹不够丰富，无法开展个性化的教学指导，教育信息化提升乡村学生培养质量的作用有限。

三 大数据赋能城乡教育优质均衡发展的路径

（一）构建城乡教育大数据平台，提高教育信息化水平

基础教育信息化建设过程中，由于缺乏顶层设计和统一规划，信息化建设成效较差。软硬件建设不同步，重硬件、轻软件现象严重，由于缺乏软件的支持，大量硬件资源无法充分发挥作用，甚至长期处于搁置状态。因此，需要在县域层面加强顶层设计和统筹规划，以教育即服务（EaaS: Education-as-a-Service）的模式构建城乡教育大数据平台，软硬件建设同步进行，加强软硬件资源的互联互通，消除信息孤岛，实现优质教育资源充分共享。通过硬件资源和软件资源虚拟化方式提供软硬件服务，最大限度地减少乡村软硬件资源建设成本，降低软硬件资源使用难度；通过简单的系统培

---

① 王国霞：《大数据时代城乡教育优质均衡发展新思路》，《中国教育信息化》2021 年第 11 期。

训，绝大多数乡村教师和学生利用必要的信息化终端和网络服务就能够充分共享各类优质教育资源，使用各种教育软件；通过构建城乡教育大数据平台，将各种基础教育软、硬件资源等进行整合，实现校校有网络、班班多媒体、师生有终端、课课有资源，提供完整的教育资源服务，促进城乡教育一体化发展，有效解决城乡教育信息化基础设施不均衡问题。

（二）提高乡村教师教学能力，实现优秀师资均衡配置

乡村优秀师资的配置可以通过内培、外引、网络教研共同体三种方式实现。一是充分发挥大数据分析技术优势，挖掘城乡教育大数据平台的数据价值，制订个性化的师资培养计划，不断提高乡村教师自身的教学水平，打造乡村本土的优秀师资队伍。利用深度学习、视觉分析等人工智能技术从教师授课时行为、表情、语速以及学生的反应等诸多方面进行分析挖掘，了解教师授课规律，对教师授课效果进行自动化分析和综合诊断，并给出合理化的改进建议。教师可根据诊断结果和建议不断调整自己的教学方式，反思课程教学过程中存在的问题，优化教学方法，不断提高自身教学质量。二是通过城乡教育大数据平台可以采集县域乃至更大区域范围内的教师数据，与当地经济、人口、社会发展等诸多数据进行深度融合、分析，建立机制并制定切实有效的师资分配政策，调整城乡师资结构布局，优化城乡优秀师资均衡配置。[①] 三是基于城乡教育大数据平台，通过名师课堂等方式打造网络教研共同体，充分发挥城镇优秀骨干教师的示范带动作用，对乡村教师进行全方位有效指导，不断提高乡村教师教学质量和教学水平。

（三）注重课程质量评价，加强优质课程建设与共享

课程是教学的核心，是人才培养的重要载体，优质的课程对改善学生学习效果、提高学生培养质量具有重要意义。一方面，通过对教师授课情况、学生学习效果、课程资源等数据的综合分析和挖掘，对城镇教师开设的课程

---

① 刘雍潜：《大数据时代区域教育均衡发展新思路》，《电化教育研究》2014 年第 5 期。

进行综合评价，遴选出优质课程，借助于城乡教育大数据平台，将城镇优质课程共享给乡村学校，有效解决乡村学校特色课程开不齐、重要课程质量低的问题。另一方面，也要注重乡村学校自身优质课程的建设工作，打破优质课程的单向传递。通过对乡村教师课程的动态监测和综合分析，遴选出特色突出、有潜力的课程作为重点建设课程，借助于城镇名师指导和大数据分析等技术手段，加强乡村优质课程建设。通过城镇优质课程共享和乡村优质课程建设，实现城乡优质课程资源均衡分布。

（四）提高师生信息化素养，增强数据思维意识

乡村教师、学生的信息化素养与城镇教师、学生的信息化素养仍有较大差距，因此，已经建好的教育信息化软硬件资源并未被充分利用，其作用未能充分发挥。急需教育行政管理部门、学校对乡村教师、学生开展信息化培训，有效提升其信息化素养，调动乡村教师、学生使用教育信息化资源的积极性和主动性。在此基础上，加强数据思维意识的宣传和培养，深刻分析数据思维的内涵和基本规律，帮助教育行政管理人员、教师和学生树立数据思维意识并灵活运用总体思维、关联思维和趋势思维技术，提高城乡教育决策的科学性、客观性与合理性，要充分认识到大数据对改善教学效果、提高学生培养质量的重要性，为实现大数据赋能城乡教育优质均衡发展奠定重要基础。

（五）挖掘学生学习数据价值，提高学生培养质量

基于城乡教育大数据平台，学生的基本信息、课堂学习情况、考试成绩、作业完成情况、在线自主学习情况等都以数字化形式记录下来。学习大数据的持续生成与深度分析可追踪学生学习行为，分析其学习规律，了解学生学习状态，并在此基础上对学生学习情况进行综合诊断，为学生推荐更加适合、具有针对性的学习资源和学习路径，实现真正的个性化学习和个性化发展，真正做到因人而异、因材施教，增强学生学习兴趣，提高学生学习的积极性、主动性，从而提高学生学业质量。同时，在对学生学习大数据分析整理的基础上，通过绘制学生画像，可以更精细地刻画学生学习的特点，对

学习活跃度、作业完成度、成绩好评度等进行甄别和分析，教师和家长可通过学生个人画像对学生的学习情况、课程参与情况和情感变化情况等诸多方面进行全面深入的了解，在此基础上通过教师和家长的鼓励、关怀和指导，激发学生的学习兴趣，提高学习成效。

四　大数据赋能城乡教育优质均衡发展案例

平顶山市叶县位于河南省中部，总面积 1387 平方公里，总人口约 89 万人。全县有中小学 383 所，教职工近万人，在校生 17 万余人，是名副其实的教育大县。然而，优质教学资源多集中在城镇，偏远地区或农村优质教学资源极度缺乏，教学设备落后，无法满足信息化时代教学需求，课程资源形式单一，质量参差不齐，导致城乡教育发展不均衡。尤其是偏远农村教学点师资力量弱，办学水平不高，薄弱学校是叶县教育复兴路上的主要障碍。为充分实现城乡教育优质均衡发展，叶县投资 1.512 亿元，通过顶层设计、系统推进、科学施工、精心运营，构建了"云+网+端"的县域教育大数据平台，充分结合本土实际，不断创新应用模式、提升教师信息化素养，为全县教育优质均衡发展提供了源源不断的动力。

（一）叶县教育大数据平台概述

为全面落实教育部《教育信息化 2.0 行动计划》文件精神和相关要求，叶县构建了"云+网+端"县域教育大数据平台（见图 1）。实现信息技术与教学教研工作深度融合创新；推动从教育专用资源向教育大资源转变；从提升师生信息技术应用能力向全面提升其信息素养转变；从融合应用向创新发展转变；发展基于互联网的教育服务新模式，充分实现城乡教育优质均衡发展。"云+网+端"县域教育大数据平台可以连接 383 个校园网、2400 余间教室，覆盖数十万师生和家长，一次性完成全县教育信息化整体建设，有效解决长期以来形成的优质教育资源匮乏、师资短缺、课程难以开足开齐等重大问题，加快实现城乡教育一体化发展。

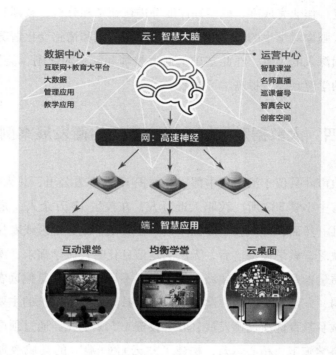

图1 "云+网+端"县域教育大数据平台

图片来源：平顶山市叶县教育大数据平台总体架构截图。

1. 县域基础教育云平台

为防范产生新的信息孤岛，叶县按照《教育信息化2.0行动计划》"一个大平台"思路，把教育机构、学校、师生、家长的人人通空间所有应用系统和资源，全部架设在县级教育数据中心，对外提供统一门户服务，确保应用在"一朵云"上。同时，在运营中心部署大数据指挥中心和智真会议、智慧课堂、名师直播、巡课督导、创客空间、管理平台、教学平台等应用系统，实现了对全县教育的全局性管理。

2. 县域基础教育网

依托裸光纤教育城域网方案，设计了全县"一张网"全网可视化管理。采取全光纤连接的方式，把全县383所中小学连接起来，建立了双路万兆到乡镇、千兆到校、千兆入班、无线全覆盖的高速教育网，保障了城乡互动教学、一校带多校、直播课堂等重要资源的应用效果。

3. 县域基础教育智慧终端

一次性规划了数千台多媒体设备和万台师生终端，提升了师生用机比，实现了班级多媒体全覆盖和城乡互动教学。所有乡镇优质校均配备录播教室，实现中心校带教学点、一校带多校教学。班班配备多媒体教学设备，并与县城的运营中心连接，实现专递课堂和全县城乡共上一堂课。师生配备云终端，全部与数据中心连接，实现"从云管到端，从端看到云"的全网一体化管理和应用体系。

（二）叶县教育大数据平台主要功能与创新应用

以"云+网+端"县域教育大数据平台为依托，遵循"互联网+"思维，采用"平台+应用+服务"的设计理念，实现数据资源共享、用户统一管理、应用服务一体化、网络空间管理等功能，支撑区域教育管理工作，叶县在教育管理工作的智能化、精细化、科学化基础上，推出了均衡学堂、三个课堂、课后服务、分析决策等创新应用。

1. 主要功能

（1）数据资源共享

建立了以"数据为核心"的数据体系，基于叶县教育数据资源中心，可与市级教育平台的数据对接，同时为辖区内各学校提供教育数据服务，实现了区域内信息资源的高度共享和充分利用，为进一步加强教育监管、支持教育宏观决策、提升教育公共服务能力提供了强有力的数据支撑。

（2）用户统一管理

基于基础支撑平台的用户服务中心，构建了叶县教育信息化统一的用户管理与认证体系，通过用户的统一管理，实现了一人一号、单点登录、一次认证、全网通行。在用户认证上，教育组织机构的账号由教育部统一下发，并兼容部省级的相关需求，教师、学生等用户的认证采用实名制的方式，利用身份证、学籍号等唯一认证的数据进行注册，实现统一的用户管理与授权，实现两级认证、四级使用。统一用户管理与认证体系的建立，为区域教

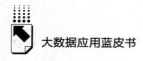

育信息化一体化建设奠定了基础。

（3）应用服务一体化

基于互联网架构的应用管理框架，建立应用中心，实现从应用接入、应用审核、应用上架、应用推荐，到应用使用、应用评价的全生命周期管理，采用开放式平台架构，可接入优质的第三方应用和服务，如国家、省、地市、区县级应用和其他第三方厂商开发的应用等，进而实现教育信息化建设的应用体系。

（4）网络空间管理

打造网络空间，将资源、应用、服务进行汇聚融合，建设了面向个人和机构的实名制网络空间。在集成本项目范围内的各个应用子系统的数据、功能和服务的基础上，为各类用户提供各自所需的教育信息化服务，进一步促进教与学、教与教、学与学的全面互动。通过学生空间可以看到课程表、作业、课前预习，可以根据学生日常浏览记录进行相关资源的智能推送；老师空间可以看到学生学习情况，实现在线备课、在线布置作业、试题批复，等等；家长可通过家长空间建立与教师沟通的桥梁，随时了解孩子的在校情况。

2. 创新应用

（1）均衡学堂

课堂是教学的主阵地，教师教和学生学主要在课堂里。过去，大多数课堂老师只能靠一张黑板、一支粉笔去传授知识，叶县共有 2000 多个课堂，几乎都在用这种传统方式授课，这和发达地区学生可以用平板电脑上课的教育无法相比，形成了新的数字鸿沟。为了解决这个问题，均衡学堂创新应用（见图 2）得以推出，它可以有效实现"精准授课、双师课堂、课后学习、班级管理"等功能。全县 2000 多个课堂全部接入城乡互通的"均衡学堂"教学平台，实现了城乡教育资源一体化。教师依托平台，可以开展形式多样的应用活动。

（2）三个课堂

为解决农村薄弱学校和教学点师资短缺、课程开不齐的问题，发挥名师、名校的引领、带动作用，2020 年 3 月，叶县正式启动了"三个课堂"

图 2 均衡学堂

图片来源：平顶山市叶县均衡学堂教学系统。

建设（见图 3），通过试点先行、应用培训、全面推广、优化提升，全县"三个课堂"实现了常态化应用。在 18 个乡镇、街道均开设了专递课堂，设有美术、音乐、科学、道德与法治等课程。2021 年全年，专递课堂共开展教学活动 576 次，解决了 25132 名教学点学生课程缺失的问题[①]，县域内所有中小学全部开齐了国家规定课程，112451 名学生直接受益。名师课堂建立了 31 个名师工作室，累计开展教研活动 132 次，并将各级教研平台活动与名师课堂融合，丰富了名师课堂内容。名校网络课堂确定了叶县实验学校、叶县第二实验学校等 8 所学校为名校，分享办学经验，开展公开课，实现了一校带多校共同发展。

（3）课后服务

为有效落实国家"双减"政策，研发了县域课后服务管理系统（见图 4），实现资源统一调配、线上安排服务、各方评价服务，从而将课后服务规范、稳健推进，有效解决了教育部门难以进行科学、透明、统一的监管，

---

① 汪滢：《"三个课堂"常态化按需应用的县域推进机制——以河南省叶县教育信息化 PPP 模式为例》，《电化教育研究》2022 年第 9 期。

图3 三个课堂

图片来源：平顶山市叶县教育公共服务平台截图。

以及对工作过程和效果进行有效评估的突出问题。针对非学科教师和素质类资源缺乏的突出问题，建立了"五育并举"数字教学资源库，通过专项培训，广大教师可实现非学科标准化授课，减轻了教学负担。同时把 VR、机器人、少儿编程等先进课程引入课后服务，开阔了学生眼界，让学生"观"有所感，"赏"有所获，让家、校、社会协同发力，努力形成减负共识，打造校园良好生态圈。

（4）县域教育大数据分析与决策

叶县建立了以"数据为核心"的数据体系，基于叶县教育数据资源中心，可与市级教育平台数据对接，同时为辖区内各学校提供教育数据服务，实现了区域内信息资源的高度共享和充分利用，为进一步加强教育监管、支持教育宏观决策、提升教育公共服务能力提供了强有力的数据支撑。

图4　课后服务

图片来源：平顶山市叶县教育公共服务平台截图。

①学校发展管理与决策

学校是教育者有计划、有组织地对受教育者进行系统的教育活动的组织机构，学校也是现代教育体制不可或缺的内容，是管理和教育教学活动的基础。从基层教育行政管理部门的视角来看，学校的管理包含了学校自身及其办学条件以及学校的教师、学生的关联管理，通过学校发展管理与决策系统的建设，建立起学校信息支撑体系，同时为基层教育行政管理机构创新性地

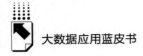

建设了学校内部教育教学活动，教师、学生的基层管理支持，为教育管理提供完整有效的决策分析数据。

②教师发展管理与决策

教师发展管理对教师参与教育行政管理的业务支持以及对教育教学活动数据的管理，形成教师职业生涯全息库。教师信息贯穿了教育各项活动的方方面面，教师的管理也是教育管理中重要的组成部分，通过对教师基础信息、人事信息、培训信息、考评考核信息及教育教学信息的汇总，形成教师档案库，建立教师发展模型，为区域内教师管理和教师交流提供依据，为教师职业发展提供咨询和建议。

③学生数字档案管理与分析

学生数字档案管理对学生从入学到完成基础教育的全过程进行教育数据的采集、管理、分析，形成学生档案的动态跟踪管理系统。通过对学生基础数据的采集，建立学生基本信息源头库；通过对学籍信息的管理，形成学生学籍专题库；通过对学生体质健康数据的维护，形成学生体质专题库；通过汇聚数字教务管理系统的学习数据，形成学生学习专题库；通过学生数据汇聚入口，实现学生其他数据专题库；通过大数据分析技术结合学生管理模型，形成学生个人画像，实现对学生教育全周期管理，为学生个性化培养提供支撑。

④设备资产管理与决策

设备资产管理与决策功能支持学校高效管理各类设备和资产。目前，教育主管单位已为学校统一配发了很多教学设备，包括PC、电子白板、投影仪等，但设备使用情况如何一直没有有效的技术手段来解决。智慧教育云平台设备中心专门针对此类问题，结合物联网、感知设备等先进技术，设计开发了用于对本区域内（县、校、班）设备监控与管理的解决方案，可实现数据统计、分析以及在线保修功能，并为大数据分析挖掘中心提供数据支撑。

3. 应用成果

叶县教育大数据平台的成功建设与广泛应用，得到了全县师生、教育管理部门的极大认可和热烈欢迎，有力促进了城乡教育优质均衡发展，取得了良好的社会效益。截至 2022 年 3 月份，该平台的均衡学堂累计使用时长超 78 万个小时，专递课堂共开展教学活动 890 次，教育资源引用量超 51 万次，全县信息化授课率达 90% 以上。基于该平台，叶县已建立 31 个名师工作室，累计开展教研活动 133 次，并将各级教研平台活动与名师课堂融合，丰富了名师课堂内容。此外，叶县还建立了 8 个名校网络课堂，分享办学经验，开展公开课，使名师、名校优质教育资源覆盖到全县，加快实现了叶县教育信息化"三全两高一大"的发展目标。

叶县教育大数据平台的建设为"三个课堂"的常态化开展打下了坚实基础，解决了乡镇学校"国家要求课程开不齐"的问题。叶县县域共解决了 25132 名教学点学生课程缺失的问题，全域 112451 名学生全部开齐了国家要求课程。

为响应教育部关于 2020 年初全国新冠疫情下"停课不停学"的号召，"云+网+端"县域教育大数据平台积极助力全县师生线上教学，短短一周，教师使用平台备课超过 1.4 万人次，在线授课超过 2.7 万人次，学生在线学习超过 210 万次，师生互动超过 130 万次，全网资源数量超过 45.7 万条，为叶县教育信息化 2.0 的推进奠定了坚实的基础。

叶县教育大数据平台有力促进了城乡教育一体化发展，受到了人民群众和社会各界的广泛认可，以及教育部、国家开发银行、河南省教育厅的高度关注。2022 年，叶县"三个课堂"应用已在全省率先实现常态化，成功入选国家教育资源公共服务体系联盟"三个课堂"建设与应用创新案例（全国区域创新案例仅 38 个）。在"云+网+端"县域教育大数据平台实践应用的基础上，叶县《聚焦融合 深化应用 教育信息化促均衡发展》网络教研项目成功入选教育部 2022 年度教育信息化教学应用实践共同体项目。该项目的顺利获批，是对叶县近年来利用大数据赋能城乡教育优质均衡发展的充分肯定。

五 结语

城乡教育优质均衡发展是义务教育高质量发展的必然要求，是实现教育

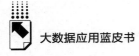

公平的必然选择，是实现教育共同富裕的必经之路，从基本均衡到优质均衡是我国义务教育发展的重大提升和重要进步。受经济、政策、社会环境、技术等诸多因素的制约，城乡教育由基本均衡向优质均衡转变的过程中仍存在很多问题和挑战。大数据技术可以实现教育资源共建共享和针对教育大数据的分析、挖掘与预测，从而有效解决城乡教育优质均衡发展中面临的优秀师资失衡、优质教育资源失衡、学生培养质量失衡、信息化基础设施失衡等问题。未来，需要围绕如何扩展城乡教育数据采集的深度与广度、如何进一步解决城乡教育数据孤岛问题、如何实现城乡教育多模态数据的融合与分析、如何加强海量城乡教育数据的隐私保护等关键问题，进一步探索大数据赋能城乡教育优质均衡发展的理论依据、实现机制和具体路径，从而有效提高城乡教育优质均衡发展水平。

B.9
面向大数据应用的供水企业
数字化转型实践：以合肥供水集团为例

朱波 穆利 吴铭*

摘　要： 随着大数据技术的不断发展和普及，智慧水务建设已经成为未来
水务领域发展的必然趋势。本文通过对大数据在智慧水务中的建
设实践与应用进行综述分析，深入介绍了智慧水务发展趋势和面
临的挑战，提出了一种契合供水企业业务实际的智慧水务总体架
构①，研究了大数据技术在供水"水联网"、生产运营体系、服
务营销体系与综合管理体系建设等方面的应用。本文以合肥供水
集团有限公司数字化转型实践为例，提出了一套完备的供水企业
数字化转型解决方案，并对建设效果进行了评价。②

关键词： 大数据　智慧水务　供水企业　智慧水厂　供水物联网

一　项目背景

合肥供水集团始建于1954年，为合肥市属国有独资大型企业，主要承

* 朱波，正高级工程师，现任合肥供水集团总经济师，主要研究方向为智慧水务、供水系统
优化、给排水技术方面的研究与应用；穆利，高级工程师，现任合肥供水集团副总工程师、
信息规划部部长，主要研究方向为水务信息化建设研究与应用；吴铭，信息系统项目管理
师，现任合肥供水集团信息规划部副部长，主要研究方向为水务信息化建设与研究。
① 朱波、郑飞飞、刘业政等：《面向智慧城市的合肥智慧供水规划与建设》，《中国给水排水》
2021年第6期。
② 朱波、刘业政：《基于FAHP的供水信息化建设效果评价》，《电子技术与软件工程》2022
年第3期。

担合肥市区和巢湖、肥西、北城等区域的供水保障与服务工作。2023 年，其资产总额为 132 亿元，下辖制水厂 10 个，日供水能力达 268.5 万立方米，直径 75 毫米以上供水管网为 10784 公里，用户为 292 万户，服务面积达 883 平方公里。

合肥供水集团始终以"产供销"流程为主线，全力推进工程建设、水质管控、漏损控制、效能服务，智慧水务建设内容全面覆盖制水生产、管网管理、客户服务、科学调度、二次供水管控、漏损管理、内部管控等各个方面，实现了供水业务全面信息化，使企业管理水平、供水服务质量和效率极大提升，有效保障了合肥地区城乡居民安全用水。在创新服务举措、提升服务效能上坚持以用户需求和满意为出发点和落脚点，通过智慧水务建设实现在服务渠道上做加法，在服务流程上做减法，在服务效率上做乘法，在服务节点上做除法，使服务效能再升级。在优化科学调度，有效节能降耗上创新运用先进的人工智能算法，在供水量预测、能耗优化、水厂加药等方面开展研究，在保障供水的同时，有效节能降耗。在全面智慧管控，实现减员增效上通过协同办公、财务供应链、仓储、工程等一系列管控平台的上线与集成联通，形成一套完整的智慧化管理体系，提升集团公司对财务、物资、工程建设等业务的管控能力，实现全流程信息化追溯，有效降低管理成本，节约人力物力。

二 建设目标和总体方案

（一）建设目标

1. 优化科学调度，保障城市供水安全

供水安全涉及全体合肥市民的饮用水安全，是最基础的民生保障之一。智慧水务项目的首要目标就是从水压足、水质优等方面保障全体市民喝上放心水、优质水。

2. 实时感知管网状态，有效消除潜在风险

全方位感知原水、制水、管网输水、二次供水等供水全流程状态，实时

监测压力、流量、水质等各项供水指标，通过智慧水务及时预警可能存在的漏水、局部压力异常、水质不达标等不利情况，及时预警相关单位和部门立即处置，强力消除各类风险因素。

3. 创新服务举措，提升用户满意度

用户满意是永恒追求，为用户服务永无止境。通过智慧水务建设打破服务瓶颈，畅通服务渠道，优化服务手段，为用户提供24小时不间断的优质供水服务。让数据多跑路，用户少跑腿，通过智慧水务进一步营造利企、便民、高效的营商环境。

4. 融汇供水海量数据，挖掘数据价值

通过智慧水务将多年沉淀下来的海量供水数据融会贯通，打破数据孤岛，赋能各项传统业务，深层次挖掘数据价值。

（二）总体设计方案

合肥供水集团以用户需求为导向，按照用户对水压、水量、水质的需求，创新运用大数据、云计算、物联网、"互联网+"等先进技术手段，充分考虑天气、温度、季节、区域、节假日、用户历史用水信息等相关约束条件，对一定时间内符合用户需求的各项生产指标进行预测。并依此指导水厂加药、加氯等生产过程和机泵组合启闭、阀门开度调整等，实现机泵组合最优，电能成本最小，阀门最优开度及操作计划，总体业务框架见图1。

利用物联网技术，通过在线管网仿真指导阀门最优操作计划，通过管网静态模型优化管网规划和建设方案。把大数据、云计算、物联网、工业4.0、5G、人工智能等新一代信息技术有机地结合起来，建立创新的供水信息化框架和模型。在城市供水管网设施数据的基础上，集成供水生产运营业务和数据，建立供水业务信息管理应用群。[①] 通过智慧生产、智慧服务、智慧管网、智慧管理、科学调度5个方面的一系列信息和自控系统的建设，实现智慧化供水管理，使供水企业能实时感知掌握城市供水关键过程运行状

---

① 谢善斌、袁杰、侯金霞：《智慧水务信息化系统建设与实践》，《给水排水》2018年第4期。

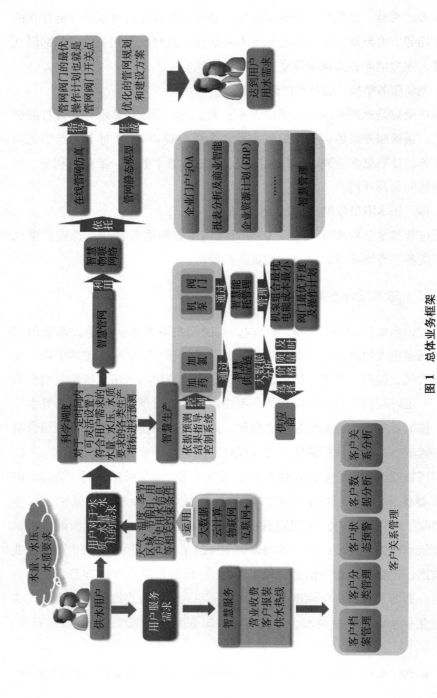

图 1　总体业务框架

图片来源:作者自制。

态，及时科学调度处置。智慧水务为各级管理人员提供有力的信息支持，大幅提高城市供水管理人员的工作效率和决策的准确性与科学性，提升供水企业管理精细化、服务标准化、生产智能化水平。

具体业务模型见图2，总体可以归纳为"6个1+N"。即1套制度标准、1个基础设施平台、1个云平台、1个数据仓库、1个数据中心、1个决策中心和N个业务应用，实现业务全面信息化。

制度标准：依托国内外供水行业各类法律、标准、制度、文件构建涵盖合肥供水信息、自动化全领域的技术标准、建设办法、运行规定、安全规范文件体系，促进合肥供水信息化建设科学、标准、有序、安全开展。

基础设施：构建起互联互通、高效稳定的信息网络架构，稳健高效的服务器、存储的信息化硬件平台，安全可控的网络安全管控群，全面感知的供水物联网络，充分保障信息系统安全稳定运行，同时建立完备可靠的数据备份系统，全面保障数据安全。

云平台：私有云的安全性是超越公有云的，而公有云的计算资源又是私有云无法企及的。构建合肥供水混合云，通过私有云将重要数据存于本地数据中心保障安全的同时，又整合公有云的计算资源，更高效快捷地完成工作。

数据仓库：通过数据挖掘技术（ETL）在供水应用系统数据库进行数据映射、抽取、清洗、转换，建立生产数据、管网数据、营收数据、综合管理四大主题数据仓库，为应用、管理和决策提供有效信息。

数据中心：坚持以"统一规划，统一标准，分步建设，信息共享，面向服务"为指导，通过建立供水信息化标准，采用大数据、云计算、人工智能、工业4.0技术等将各类数据进行有机整合，推进规范化、标准化建设，建立互联互通、功能强大的企业数据中心，向各类应用系统提供有价值的基础数据。

业务应用：以精细化管理为核心，以智慧生产、智慧管网、智慧服务、智慧管理、科学调度五方面为依托建立完整的一体化业务运行管控平台，实现制水生产、营销客服、供水服务、工程建设、综合管理等业务协调有序运

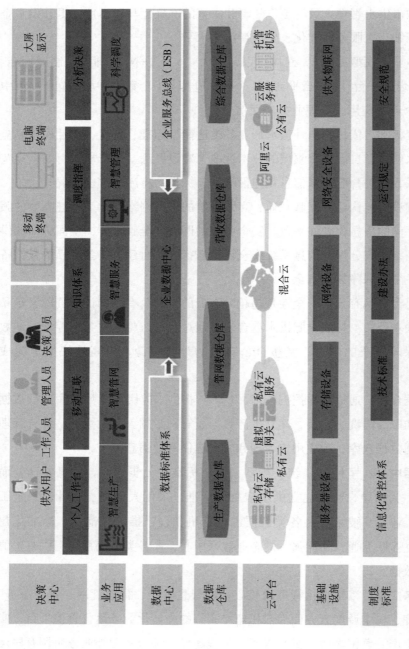

图 2　业务模型图 6 个 1+N

图片来源：作者自制。

行，大幅提升运营效率和水平。

决策中心：整合各类信息系统关键数据，形成公司级的经营管理管控体系，实现公司内部信息充分共享、高效利用，提高办公效率，提升经营管理水平和应急响应能力，降低生产和采购成本，增强资源优化配置和集中管控能力。

围绕业务模型图，建设内容可分为生产运营体系建设、服务营销体系建设、综合管理体系建设。

三　建设内容

（一）生产运营体系建设

1. 供水"水联网"建设

采用"感、传、知、用"四层架构（见图3），运用以太网、无线网络、移动网络及窄带物联网等先进通信技术，全面覆盖原水、制水过程、出厂水、管网水、用户终端用水状态，打造了全面感知、实时监控、及时响应的"水联网"体系。应用大数据技术，采用先进的传感技术，对供水管网进行实时、无缝式的数据采集和存储，构建全面、可靠的管网数据集。采集的数据主要包括管网水压、流量、水质等数据。

2. 水厂自控安防系统建设

近年来，先后完成新三水厂、七水厂二期、八水厂、磨墩加压站、四水厂迁建，六水厂提升改造，正在谋划众兴水厂、五水厂三期、七水厂三期水厂自控安防建设。水厂建设过程中，不断改进技术手段，实现关键工艺流程自动化处置、运行工况实时监控、重要设备全生命周期管理，不断提升水厂自动控制水平，提高生产效率。部署水厂信息管理系统，对水厂的生产、水质、能耗、药耗、数据分析等进行信息化管理，提高水厂的可视化程度和信息管理水平。结合手机 App，提升水厂巡检、报警处置、水质监测、设备管理等工作效率，降低人力资源消耗，保障水厂生产安全、水质稳定，建立水

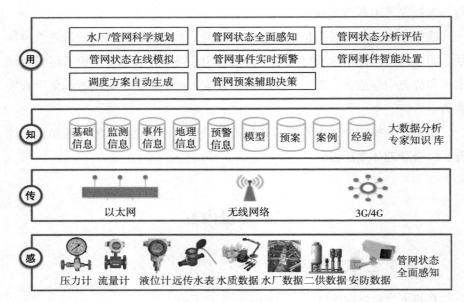

图3　供水物联网架构

图片来源：作者自制。

厂信息化统一平台，实现数据集成、统一管理、标准统一。

在合肥市第八水厂建设过程中，利用自动控制、物联网、机器人、BIM建模等新一代信息技术，实现运行工况、设备巡检、水质管控、能耗管理、原料管理、安全防范和应急处置方面的智能化建设[①]，在大幅提升生产质量的同时，节约了大量人力物力。

3. 二次供水泵房远程监控改造

随着合肥市近几年的高速发展，二次供水泵房数量极速增长。为了对全市二次供水泵房进行信息化管理，自2016年起，合肥市部署了二次供水远程监控系统，系统建设涉及二次供水泵房现场标准化改造、远程监控接入、统一信息平台部署。

---

① 彭尧、柳彬彬、朱波等：《BIM技术用于合肥市第六水厂提升改造工程》，《中国给水排水》2022年第6期。

按二次供水泵房现场标准化进行新建或改造的泵房，具备无人值守，统一远程监控能力。现场可按照设定压力实现恒压供水、机组轮换、异常故障保护等功能，并且对一些故障信号，如地面积水、出口超压等进行监控报警。[①] 现场安装视频监控及门禁系统，覆盖出入口和设备，具备报警联动功能，可提高安防反恐等级，保障供水安全。建设部署了二次供水远程监控统一管理平台，实现对接入泵房进行数字化远程监控、报警管理以及泵房资料信息化管理，并具备对压力、流量、耗能的分析功能。截至 2022 年 12 月，二次供水远程监控系统共接入泵房 1700 个。该项目将持续进行，未来具备接入 1500~2000 个泵房的能力。平台覆盖的二次供水泵房数量和信息化管理水平在国内同行业居领先位置，为保障全市供水安全稳定提供了重要支撑。

4. 调度指挥平台

调度指挥平台全面集成了水源厂、制水厂、加压站、管网压力监测点、管网水质监测点等实时监测数据，"一张图"展示供水全貌。其中，在管网上布设了 88 个测压点，远高于住房和城乡建设部 10 平方公里 1 个测压点的标准，全面监测了管网压力分布情况，及时反馈数据服务调度决策，切实保障管网压力状态平稳。建立了原水、出厂水、管网、终端的全面水质管控体系，确保出厂水质指标常年 100% 达标。并在管网上布设了 60 个在线水质监测点，对余氯、浊度、pH 值进行实时监控、预警，有效保障居民用水安全。

5. 管网水力建模

基于大数据技术应用，针对管网数据进行分析和挖掘，充分应用地理信息系统、分区计量管理平台，建立管网水力静态模型，经过拓扑、参数、工况的模拟仿真来实现管网状态模拟，进而实现水厂/管网建设规划、管网状态预警、辅助科学优化调度等功能。

6. 分区计量管理平台

按照"三级分区六级计量"的逻辑，接入了原水、出厂水、供水所、

---

① 刘新月、邓帮武、陈晔斌等：《基于 EPANET 的市政管网二次供水设备数值模拟研究》，《水电能源科学》2021 年第 7 期。

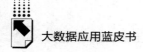

供水所子区域、小区进水水表、用户水表的六级流量计数据，建立三级漏损管理体系，通过夜间最小流量分析等功能，及时排查、维修、止漏。分公司运维人员直接通过系统分析对比五级表流量变化趋势，参考夜间最小流量信息，足不出户即可快速判断是否存在漏点。结合实地探漏、寻漏，快速定位漏点，及时修复。此举极大降低了检漏难度，提升了检漏准确度，避免了大量水资源浪费，有效降低了漏损率。

7. 水质监测预警体系

水质是关系供水安全的头等大事，建立了原水、出厂水、管网、二次供水泵房的全面水质管控体系。省内首次实行班组、水厂、水质检测中心分级检测管理模式，出厂水浊度指标已全面提升至 0.1NTU 以下；615 台水质在线仪表 24 小时在线，实现水质安全双保险；在管网上布设了 60 个在线水质监测点，实现了对余氯、浊度、pH 值的实时监控、预警。一旦发生水质预警立即分级发送短信到责任人手机上，实现对水质事件的提前干预，全方位有效保障了居民用水安全。

8. 管网设施运维平台

巡检人员每人都配备手机终端设备，并定制开发巡检 App，按照编制好的巡检任务前往各巡检点即可完成管网养护任务。建立"网页端巡检计划编制，手持端巡检任务执行，GPS 轨迹回放"的管网巡检新模式，极大提高了巡检养护工作效率和工作质量。

（二）服务营销体系建设

1. 线上服务渠道

用户可以通过客服电话、微信公众号、网上营业厅、支付宝生活号、皖事通等多种渠道反馈使用诉求，供水业务全都搬到线上，微服务渠道全覆盖，真正实现"网上零跑办"。

2. 热线工单系统

热线呼叫系统基于电信云呼叫平台，将话务、工单、报表等功能模块集成到一起，为用户提供来电、咨询、报修、回访全套便捷服务。通过用户基本信息、用水量信息、水费信息、报建信息、过往来电等多维度数据记录，提前判断来电诉求目的，变被动服务为主动服务。打造半小时服务圈，所有工单直接派发到处置人员手机 App 上，便于及时联系用户。

3. 一站式报装系统

运用一站式报装系统，全力打造"1100"模式，让数据多跑路，用户少跑腿。通过数据共享全面实现工改平台项目"1100"模式，即 1 个环节（接入挂表环节）、1 个工作日内完成接入挂表、0 资料、0 费用，进一步营造利企、便民、高效的营商环境。

4. 线下服务渠道

为给用户带来更便捷、优质的服务，以及针对老年及特殊用户群体，线下部署多个智能营业大厅，让用户在家门口就能实现供水业务的快速办理，使公众充分享受到信息化带来的便利，提高办事效率。

5. 新一代营业收费系统

完成新一代营收系统建设工作。在架构设计方面，基于微服务架构，将业务功能划分为模块化组件，实现高兼容性、高可扩展性。在数据体量方面，满足千万级人口需求，符合长三角副中心城市发展需要。在业务模式方面，灵活支持集团模式、分公司模式、子公司模式，满足不同业务模式需求。在系统功能方面，支持多种计价体系、多途径抄表方式、多渠道收费管理，提供一体化综合服务管理。

（三）综合管理体系建设

1. EAS 财务供应链系统

有效地将企业经营中的三大主要流程，即业务流程、财务会计流程、管理流程有机融合，建立基于业务事件驱动的财务一体化信息处理流程，使财务数据和业务数据融为一体，形成以财务数据为龙头，以业务数据为前提，以项目数据为核心的信息化管理平台，实现对合肥供水财、业、物的统一管控。

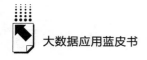

2. WMS 仓储信息化系统

通过规范集团公司物资使用流程，优化仓库库位、入库、出库管理，实现了物资收、发、存全流程自动化管理，工作效率极大提升。配备查打一体机，逐步取消打单室，可以现场便捷领料，有效节约了人力物力。打通物资公司总仓与各供水分公司、水厂以及子公司仓库信息数据，强化规范二级库管理，形成了物资公司—二级库—工程现场的物资规范化管理体系。

3. 工程项目管控平台

围绕"四控、两管、一协调"的建设思路，实现对用户投资、集团投资、财政投资三大类工程项目的全程管控。工程立项时即明确工期进度，制定里程碑管控节点，确定甲供材清单。在工程实施过程中，通过手机端App，以相关方每天填报的施工日志和监理日志为数据基础，及时掌握项目进度并实施管控，排查各类隐患。在资金支付方面，实现按进度结算，并把农民工工资支付情况纳入硬性考核。在甲供材管理方面，实现跟物资公司仓储系统的联动，及时发起物料申请，并按照甲供材清单严格约束领料行为。

4. 表务全生命周期管理系统

实现水表到货签收、检定校验、入库出库、安装验收、立户抄表、维修换表、周期换表的全生命周期信息化管理，及时掌握领用未安装、安装未验收、验收未移交、移交未立户、立户未抄表等情况，实现到期更换周转等及时预警，实现对水表从"生"到"死"的全过程管控，进一步提升水表管理的精细化水平。

5. OA 协同办公系统

日常公司新闻、通知公告、各类业务流程，都可以在网页端或者手机端OA 上操作，打破了时间、空间的限制，真正实现了无纸化办公、随时随地掌上办公。

6. 安全管理平台

按照安标管控体系建设思路，实现隐患治理、风险管理、危险作业管理、应急预案与演练、安全培训、生产月报等安全生产管理工作全面信息化。

7. 企业级数据中心构建企业大脑

通过全面统筹梳理、调研集团公司各类数据资源，结合相关国家、行业标准，打造一套符合合肥供水特色的数据标准规范，建设数据资源库及数据共享交换平台，进一步加强集团公司数据共享交换能力，为提升服务质量、提高管理水平提供支撑。

四 建设成效

通过对集团公司 25 个主要业务系统以及全部 16 个业务部门的详细调研，在借鉴相关行业标准的基础上，形成了合肥供水 8 大标准数据规范，即数据分类、数据编码、主数据、元数据、数据采集、数据存储、数据交换、数据管理标准规范。[①] 归纳总结信息数据一级分类 13 个，二级分类 48 个，元数据实体 90 个（元素 417 个），主数据实体 15 个，数据编码标准 18 个。

（一）"采治存享用"夯实数据基座

实现业务系统数据采集→治理→存储→共享→应用全生命周期管理，实现数据资产化，夯实数据基座，助力打破信息孤岛、加快系统间数据流通、体现数据价值。

（二）"政事企校民"高效数据共享

数据资源局、市场监管局、文明办、反恐办等政府部门、事业单位，合肥燃气、宜家家居、长安汽车、舜禹水务等工商及个人企业，合肥工业大学、安徽大学、安徽建筑大学等高校及科研单位，都通过数据中心统一获取供水数据，一次对接、一次授权、一个出口、一键获取。

（三）"查统析报研"体现数据价值

实现供水数据应用，水表扫码查询，工程日志填报情况统计，工程环节

---

① 朱炯名：《基于智慧水务的供水大数据采集架构分析研究》，《软件工程》2018 年第 9 期。

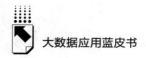

即将超时分析提醒，二次供水能耗报表，水气联动偷盗水预警算法研究，实现供水数据查询、统计、分析、报表、科研全方位应用。

数据中心已采集数据超过 40 亿条，已治理并存储数据 35.7 亿条，已具备 8.2 亿条数据共享能力。同时，与高校深度合作，开展客户服务大数据分析关键技术研究，在用水负荷、用户画像、漏损分析、能耗分析、制水原材料投加等方面开展数据挖掘、大数据分析、机器学习等探索，助力进一步提升服务质量。

（四）建设亮点

合肥供水智慧水务项目取得了丰硕成果，主要亮点如下。

1.建成了全面供水"水联网"

全方位监测原水、制水、管网输水、二次供水等供水状态，为智慧水务建设打下坚实基础。同时，主动运用新技术，利用电信云平台实现了多并发、低时延、强穿透的 NBIoT 设备接入，在远传水表、流量计、压力计传输方面具有示范性意义。与清华大学合肥公共安全研究院合作，试点布设了在线漏失监测仪，实现漏点位置快速定位，及时排查、维修、止漏，有效降低漏损率、产销差。

2.完成了企业级混合云建设

在企业内部运用虚拟化技术，建设了企业私有云，同时将一部分服务公众的或不涉及敏感信息的系统部署在租用的公有云上，既保持了内部系统的安全性、稳定性，又能合理利用外部资源减少不必要的投入。

3.高度重视网络安全，构建深度的供水企业网络安全体系

先后部署 AI 态势感知平台、蜜罐诱捕系统、SOAR 自动检测防御系统、企业级防火墙、堡垒机、VPN、网闸、安全网关、网络防病毒软件、手机安全应用等网络安全设备，完成重要系统等保测评，建立健全网络安全相关规章制度，扎实做好供水企业网络安全保障工作。在安徽省、合肥市组织的历次网络安全相关演练、比赛中均取得优异成绩。连续三年在攻防演习中获得优秀单位称号，2022 年荣获合肥市第一名。

4. 建设了企业级数据中心，编制了企业数据标准

统一数据编码规则，编制了主数据、元数据、数据交换等 9 大数据标准，建立生产运营、管网运维、客户服务、综合管理 4 大主题数据仓库，并在此基础上开展多项数据挖掘算法研究，利用大数据和数据挖掘技术对主题仓库中的数据开展定量分析、模拟建模、预测建模。

5. 创新运用先进的人工智能算法，推动算法研究落地使用并产生较大经济效益

例如，在水厂加药过程中，创新性使用神经网络算法，学习熟练工人的操作经验，自动控制加药加氯过程，有效节省料耗、人力；在供水调度中，创新采用支持向量机（SVM）、人工神经网络（ANN）、随机森林（RF）等机器学习算法，以及卷积神经网络（CNN）、循环神经网络（RNN）等深度学习算法，对全市供水量进行预测，科学指导供水调度。在制水生产中，研发能耗优化算法，给出最优化的机泵开停、调频控制方案，在保障供水的同时，有效节能降耗。

6. 智慧水务建设内容全面覆盖

在制水生产、管网管理、客户服务、科学调度、内部管控等方面，实现供水业务全面信息化，极大提高了企业管理水平。以信息化建设总体架构"6 个 1+N"为基础，申报的《合肥供水集团智慧水务建设实践与应用》入选住房和城乡建设部智慧水务典型案例，《以智慧水务为引领的供水企业管理创新实践》荣获安徽省第十五届企业管理现代化创新成果一等奖。

7. 创新运用 BI（商业智能）为企业决策提供支持

通过大数据引擎实时抽取各系统关键数据，整合多种数据源，使用 ETL 工具对原始数据进行二次加工处理，进行 OLAP 数据分析，并生成可视化大屏展示界面，直观展示供水企业各类核心数据，洞察数据背后有助于领导掌握生产、经营、管理等方面的决策信息，为企业经营管理能力提升做出重要贡献。

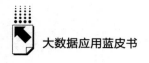

（五）经济管理效益

1. 节能降耗

通过对水厂、二次供水泵房的改造升级，尤其是科学优化调度算法、能耗分析算法的研究，有效降低了制水、输水能耗。据统计，近年来合肥供水单位制水电耗始终保持在较低水平。

2. 减员增效

对比国内先进水司，合肥供水日供水能力为 268.5 万立方米，直径 75 毫米以上供水管网为 10784 公里，用户为 292 万户，服务面积为 883 平方公里，在职员工仅为 2016 人。这与公司建立高度自动化控制系统、高度信息化管理体系是分不开的。各类自动化、信息化系统的投入使用，代替了很多重复的手动劳动，减轻了劳动强度，降低了出错率，有效减少了人工成本。信息化管理在减员增效方面作用明显。

3. 爆管抢修及时、科学性明显提高

爆管会造成管网压力降低甚至停水，对居民正常生活带来极大影响。为此，在全市管网上安装了 88 个压力监测点、60 个水质监测点，实时感知管网状态，优化调节管网压力分布，定期巡检管网设施，有效降低爆管风险。同时，科学辅助爆管抢修，分析给出最优关阀方案，实时回传现场画面，确保抢修响应最快，维修过程最短，停水、降压影响范围最小。正是在这样的基础上，合肥市近年来大型爆管停水事件明显减少，老百姓用水安全得到有效保障。

4. "最多跑一次"助力优化营商环境

"网上申报、零跑办，窗口申报、最多跑一次"，集团公司运用信息化手段，实现了各个业务环节的信息化流转，把困难留给自己，把方便留给用户。目前，所有水表立户、报建等业务，都可以通过网上申办，后续流程全部实现内部流转。同时通过企业数据中心，共享合肥大数据平台数据应用助力营商环境，此举成为优化合肥市营商环境的重要举措之一，得到众多工厂、企业、开发商、物业公司等的一致好评，企业形象得到进一步提升。

5. 客户满意度逐年提高

运用先进的呼叫中心系统，及时响应用户诉求，为用户提供优质服务，连续五年获得合肥市数字化城市管理工作企事业单位考核第一名。

6. 仓储物流管理水平再上新台阶

通过仓储信息化改造，在减员增效方面作用明显。物资收、发、存全流程自动化，各仓库间信息高效共享，节约了大量人力并极大提升了工作效率。基于此，合肥供水集团成功摘得中国仓储与配送协会首个供水行业"五星级"仓库称号。

B.10
基于智慧灯杆推动数字经济与实体经济深度融合发展的路径研究

周蜀秦　臧　锋*

摘　要： 本文从宏观政策和市场环境的角度出发，系统梳理当前智慧灯杆行业的上下游产业链和技术发展趋势，并以南京照明行业数字化转型助力城市数实融合发展的成功实践为样本，提供了基于智慧灯杆进行数实融合发展的策略，旨在为政府决策提供建议，并促进生态企业、人才、技术和资本等要素的集聚，为基于智慧灯杆的数字经济和智慧物联的产业发展提供有益参考。

关键词： 智慧城市　智慧灯杆　数字经济　智慧物联

一　引言

为加快构建以数据为关键要素的数字中国，全面推进中国现代化进程，国家已从顶层规划和政策细则层面加速发展数字经济，重塑传统基建新格局，数字基建将成为我国基建的重头戏，为企业数字化转型提供良好的生态环境。"数字经济的兴起是一次重大的历史机遇，提供了实现超越的突破

---

* 周蜀秦，博士、教授，南京市社会科学院副院长，研究方向为人工智能与数据治理；臧锋，南京照明集团党委书记、董事长，南京社会科学院交叉科学融合创新中心主任，江苏省扬子江创新型城市研究院特聘研究员。

口，是当前不可错过的趋势。"①

智慧灯杆作为新一代城市信息基础设施，在传统照明功能灯杆的基础上集成了多种功能，包括智慧照明、视频监控、气象站、LED信息发布、信息交互、空气质量检测、城市WIFI覆盖、充电桩、一键报警以及4G/5G基站等。智慧灯杆凭借其天然的布局规律、分布广泛、深度覆盖等特点，已成为智慧城市信息感知设备的优良载体和物联感知体系的"末梢神经"，是智慧城市的关键基础设施，也是数字经济与实体经济深度融合发展的重要推动力（见图1）。

二 智慧灯杆产业发展现状

（一）宏观政策

近年来，国家及各省市密集出台多项政策文件，从数字经济、新基建、智慧城市、5G、物联网等多个维度，引导、推动和支撑智慧灯杆的建设与发展。

在国家层面，2019年4月工信部、国务院国资委联合发布《关于2019年推进电信基础设施共建共享的实施意见》，明确提出积极推动"多杆合一"，利用社会杆资源开展微小基站建设；2020年，工信部提出大力推动5G和智慧灯杆建设；2021年，国务院提出"十四五"时期加快新型基础设施高质量建设，并不断融合5G基建共同发展；2022年，首个国家级智慧灯杆标准正式发布实施；2023年2月，中共中央、国务院印发了《数字中国建设整体布局规划》，按照"2522"的整体框架进行布局，显现出了国家未来发展战略谋划对发展以数据为核心的数字经济的高度重视。

在地方层面，广东、湖北、湖南、重庆、江苏、上海、北京、广东、四

---

① 上海市人民政府办公厅：《上海市推进新一代信息基础设施建设助力提升城市能级和核心竞争力三年行动计划（2018-2020年）》，2018年10月30日，https://www.shanghai.gov.cn/nw42839/20200823/0001-42839_57317.html。

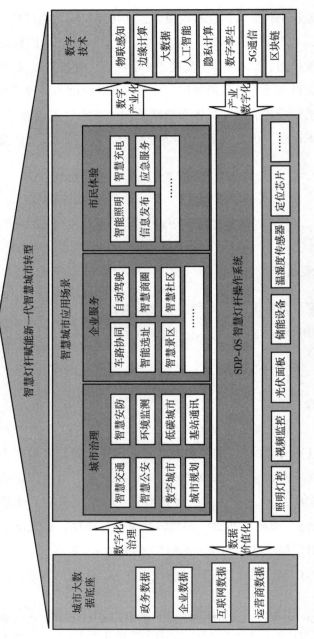

图 1　智慧灯杆与智慧城市的关系

图片来源：作者自制。

川等地相继颁布了相关政策，旨在推进本地智慧灯杆的发展和建设，进一步推动城市各类杆塔"多杆合一"，建设"一杆多用"的智慧灯杆，推动集约利用杆塔资源来储备5G站址资源并布置5G网络。[①]

（二）市场环境

根据集邦咨询TrendForce数据，预计到2024年，全球LED智慧灯杆市场规模将增长至约10.94亿美元，相比2019年的7.38亿美元，进一步扩大。同样，随着5G、数字经济及智慧城市等相关政策的支持，国内智慧灯杆规模也存在较大上升空间，根据CTIA的相关数据，2021年我国以智慧灯杆为入口的各类硬件和服务的市场规模为3.7万亿元，相当于智慧城市总规模的20%。综览国内智慧灯杆市场，目前主要呈现以下两个特征。

1. 智慧灯杆目前渗透率低、需求大，未来发展空间可观

根据杆塔在线实时数据，智慧灯杆渗透率由2016年的0.012%提高到2020年的0.065%。据国家统计局数据初步测算，2021年我国城市道路照明灯数量达到3210万盏，同期智慧灯杆总量为94311根，渗透率为0.103%。同期，中国智慧城市市场规模年复合增长率达到33%。智慧灯杆行业作为智慧城市关联度最大的行业之一，也将迎来巨大的发展需求，我国智慧灯杆建设完成数量及渗透率将不断攀升。

2. 我国智慧灯杆项目整体呈现量价齐升的趋势

根据采招网、灯杆在线等招标中标信息不完全统计，从2019年开始，我国智慧灯杆项目总规模开始放量增长，从2018年的3.53亿元总规模突增到41亿元。2020年至今智慧灯杆保持持续高速增长，2021年中标项目为299个，项目规模达155亿元。随着智慧灯杆承载的通信技术、5G建设技术及智能信息共享技术的不断升级，智慧城市对智慧灯杆的建设要求不断提

---

① 《2022年中国智慧灯杆行业全景图谱》，中国照明网，2022年6月11日，https：//www.lightingchina.com.cn/news/90990.html。

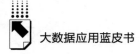

高，包括后期技术升级以及系统维护等，预计后续上亿级别造价成本的项目占比会不断增加。

（三）产业发展分析

目前，进入智慧灯杆领域的企业较多，除传统灯杆企业以外，还涉及不少智慧城市、新基建、数字经济等相关创新企业，同时企业类型呈现多样化，发展模式也各有选择。目前行业内参与企业主要如下。

1. 传统灯杆衍生智慧灯杆制造商企业

许多供应智慧灯杆成品的厂商已经成功落地了多个项目，其中传统的照明和杆塔企业凭借其丰富的道路照明经验赢得了众多项目。在这些厂商中，洲明科技、华体科技、上海三思等公司表现突出。此外，许多跨界厂商也设计研发了多款智慧灯杆成品，并成功实施了多个项目，其中包括海纳天成、大云物联、日海智能等。[①]

2. 运营商通信类企业

由于需要铺设 5G 网络，国内三大运营商通过与厂商合作或独立研发，已经在智慧灯杆行业占据了重要的位置。智慧灯杆打开了通信基站部署的新窗口，运营商可享受"多杆合一"等市政工程带来的政策红利，凭借较低的成本，大规模地迅速收获市政综合杆站址资源，同时与道路周边的通信基站进行配合，改善当前网络架构。这样不仅能够为当前的通信需求提供更好的支持，还为将来的密集部署 5G 基站打下坚实的基础，并储备了高质量的通信站址资源。

3. 互联网平台型集成类企业

华为、阿里等科技巨头凭借其平台资源和技术优势，在智慧灯杆领域赢得了多个项目。除了与其他硬件厂商合作外，它们还成功实施了总包项目。2018 年 3 月，华为开始涉足智慧照明领域，并公布了行业中首个多级智能

---

① 《2020 智慧灯杆行业企业竞争格局分析》，锐观网，2020 年 7 月 20 日，https：//www. reportrc. com/article/20200720/11116. html。

控制照明物联网解决方案，成功将道路照明路灯统一接入物联网。[①]

4. 传统城投、路灯管理部门

传统城投等城市投融资和城市建设平台公司利用其在传统基建领域的优势，积极向新基建方向转型升级。成都由市委市政府牵头引领，授予智慧蓉城市域物联感知中心挂牌成立城投数智集团。立足"一中心、两基础、N场景"主营业务布局，借助并充分发挥集团在城市基础设施领域的资源优势，坚持"投、建、管、营"一体化发展路径，并依托智慧多功能杆"数据感知神经"筑牢智慧城市数字底座，建成市级物联感知平台，打造实现城市数字化转型模范城市新名片。南京市城市照明建设运营集团有限公司（以下简称"南京照明集团"）在改革转型方面也走在了全国的前列，通过改制成立江苏未来城市公共空间开发运营有限公司专业从事智慧灯杆的建设和运营，已成功实施了夫子庙、地铁小镇、南部新城、龙袍新城等一批智慧灯杆标杆项目。

如图 2 所示，从智慧灯杆整个系统的组成来看，产业链生态主要包含：物联网平台、操作系统、传感器、通信网络、芯片、通信模组、集成应用等。其中，芯片是智慧灯杆系统的"大脑"，负责处理信息；通信模组是"联网器件"，作为达成通信的底层硬件，将存储器、芯片和功放器件集成在一起；传感器作为智慧灯杆的"五官"，用于收集感知信息；通信网络则是智慧灯杆与互联网平台相连的"通道"；而平台层是整个智慧城市的"中枢"，用于连接、管理、应用和开发路灯系统。智慧灯杆的杆体位于物联网的集成应用层，在产业链中处于中下游。根据"全球物联网观察"分析的数据进行评估，集成应用层在产业链中的价值占比为 30% ~ 40%，有着较大的利润空间。[②]

---

① 《行业深度报告：揭秘爆发中的智慧灯杆行业》，半导体照明网，2020 年 7 月 14 日，http://www.china-led.net/news/202007/14/45541.html。

② 中商产业研究院：《2020 年智慧杆产业链全景图及投资机会深度解读》，2020 年 7 月 8 日，https://www.163.com/dy/article/FH1JM9BK05198SOQ.html。

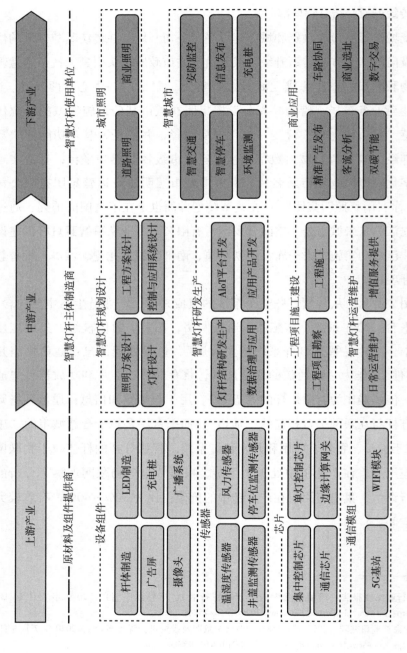

图 2　智慧灯杆产业链

图片来源：作者自制。

（四）技术发展趋势

智慧灯杆具备"综合集成、共享共用、智慧赋能、和谐发展"等特征，在新时代新技术的赋能下，智慧灯杆作为智慧城市的重要基础设施，日益成为智慧城市建设的重要组成部分及重要数据入口，同时也逐渐呈现出一些新的技术发展趋势。

1. 数据融合

随着人工智能技术不断对算法算力限制完成突破，数据安全有序流动将成为限制智慧城市应用发展的重要因素。智慧灯杆作为智慧城市物联网架构下的新型基础设施，随着智慧灯杆搭载功能的丰富和扩增将面对海量异构数据，亟须通过多元物联异构数据统一规范标准，统一接口使用，打破"数据孤岛"，最大化实现数据获取、数据治理以及数据要素流通。

2. 数据安全

在《网络安全法》《个人信息保护法》《数据安全法》的推进下，国内数据市场迈入了安全合规发展阶段。未来智慧灯杆采集获得的相关重要数据也均需受到最严格的安全监管。在确保数据安全和隐私保护的前提下，中国的数据市场正经历区块链、隐私计算等数据安全技术的迅速发展和广泛应用。这些技术可以有效处理数据孤岛困境，实现数据的自流通和共享。通过这些技术，使数据可用不可见，实现数据可追溯、可确权，充分挖掘数据的价值并提高生产效率。在数据可确权的前提下，达成可信数据的应用和交换，保障城市的稳定运转。

3. 软件定义

即通过软件编程的形式定义和控制网络，极大地推动了下一代互联网的发展。软件定义扩展了产品的功能，并改变了产品的价值创造模式。它催生了平台化设计、个性化定制、服务化延伸和数字化管理等新型制造模式。智慧灯杆产业也亟须通过软件定义来实现自身的变革，突破单一设备感知的局限性，在打通融合数据的基础之上通过软件构建智慧化应用场景对智慧城市的建设。

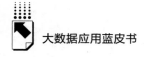

4. 智能决策

城市物联基础设施，尤其是智慧灯杆，已经进入了一个"能听见、能看见、能感知"的智能感知阶段。随着技术的不断发展和需求的更新，新一代软件定义的智慧灯杆应助力城市大脑自学习、自优化、自演进能力，推进智慧城市的发展，完善城市现代化治理，保障数字经济规划落实，实现决策智能的进化。

5. 生态共生

智慧灯杆行业也即将面临全新的产业结构升级，行业发展将以平台建设为重要支点，发挥"点"的辐射带动作用，通过引导全产业链上下游集中投入，可以帮助建设本地化智慧灯杆的数字经济产业集群。加快双碳产业相关新技术、新工艺、新材料的研发与推广应用，搭建数字化评价分析系统，推动双碳目标下城市照明行业服务智慧城市建设发展。同时，智慧灯杆作为基础设施，可以通过开放其平台的算力、数据和服务的方式，吸引更多的生态企业参与智慧场景建设，达成多方合作共赢，实现资源最优配置，可以为数字经济的高质量发展营造有利的环境。

如图 3 所示，根据不同功能，可以将智慧灯杆系统划分为物联感知层、接入汇聚层、网络传输层、平台应用层四个层级。通过软件定义发挥智慧灯杆功能的核心能力，高度集成多种物联感知设备形成多维度的数据采集，统一数据标准将灯杆采集的数据从原材料变成可以产生价值的生产要素，支撑多种场景应用。

三 南京市智慧灯杆实践案例

南京市新型基础设施建设率先进入绿色高质量发展通道，成功获评国家首批千兆城市，信息基础设施支撑能力快速提升。全市累计建成 5G 基站 3.02 万个（居全省第一、全国前列），千兆光纤网络实现城乡全覆盖，电子政务外网核心网络带宽已达十万兆，市政务数据中心（麒麟）已初步建成，为全市 109 个单位、1100 多个信息系统提供存储、计算等基础软硬件支持，

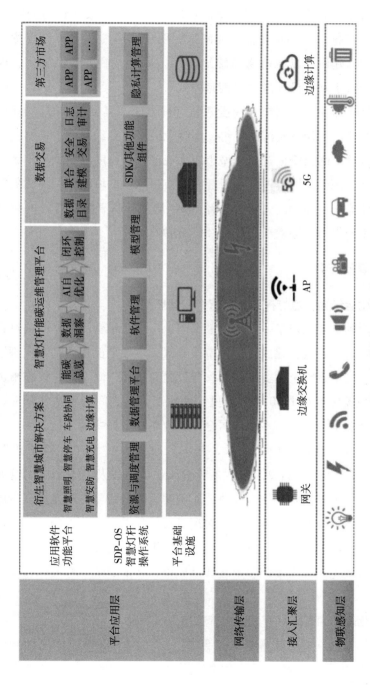

图 3　智慧灯杆系统架构

图片来源：作者自制。

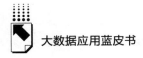

政务系统上云率达到94.5%。同时也涌现出了一批实现数字化转型的"智慧城市综合运营商"的国资企业，如南京照明集团适度超前布局智慧灯杆等数字基础设施建设，以城市物联感知体系为抓手，输出了轻量化、规模化、高效化的数字基础设施建设"南京模式"。

与其他城市相比，南京市在建设智慧灯杆方面，具备基础好、进阶快、积累厚、路径优、应用穿透深的优势，集绿色纯净、集约高效、韧性提升于一体的基础设施网络已全面建成，城市级大规模、高密度的智慧城市感知底座体系已铺开，源于照明本业、基于智慧城市概念下的城域级一体化数字管理平台已搭建完毕，能够充分整合并释放5G潜能，基于智慧灯杆的智慧物联基础能力不断提升，高效助力数字经济蓬勃发展。

（一）基础条件

1.规模化运维为智慧灯杆建设运营夯实管理基础

南京在全国率先完成了一张网、一个闸、一套运维管理体系的路灯设施管养大一统格局，在设施建成区、城市核心区，主要功能板块基本实现了地上载体、地下能源管网全覆盖，市属管养设施总量达160万盏，设施市占率高达80%，覆盖区域约1350平方公里，消除了区域之间的壁垒和掣肘，覆盖地域、设施总量及设施市占率位居全国业内单一市场主体之首。

同时，通过信息化手段的普及，基本实现了从传统"巡修模式"向"定修模式"的转变，依托200余人的专业维护队伍以及遍布全市的管养基地、照明监控设施控制中心技术优势，对照明设施、智慧灯杆及挂载设施采取统一调度、集中控制的管理方式，实现后端软件平台统一控制，前端设施统一养护，管理经验和模式一直走在前列，运维效率与设施品质持续提升并在同行业保持领先，为全市同步落地智慧城市，并形成统一标准和稳定运维夯实了基础。

2.信息化改革为智慧灯杆建设运营奠定应用基础

信息化体系是在有限资源投入条件下，为了应对运维难度增加和城市照明设施数量增多的挑战，采取内外兼修的有效手段，以达到"指令贯通、资源平衡、格局稳定、效能提升"的体系状态。在智慧城市试点之初，南京率先启动照明行业信息化建设，确定了"信息路灯、智慧灯杆、价值路灯"三步走发展战略，全体系地从规划设计、工程建设、验收移交、常态运维方面实现设施的全寿命周期数字化管理，建设完成了两个现代化信息系统。一方面，通过设施普查、制度重塑和单灯监控等方式，以全过程设施管理和全流程业务体系的线下至线上切换为核心目标，定制开发以数据为主线的城市照明信息化综合运营系统。另一方面，通过南京路灯单灯监控体系实现了多个定制化功能，全面提升识别准确性、判断准确性、派单准确性。

目前，南京已实现城市照明运营"数字化构建"，构建起了数据互享传输的通道，形成了基于5G技术基础的智慧城市感知网络的雏形；充分满足智慧灯杆基础设施建设对数据入口的要求，为智慧灯杆产业的发展奠定了应用基础，以信息化管理平台和设施监控系统构建了路灯的数字化基础网络，信息化水平位于全国前列。

3. 市域级设施为智慧灯杆建设运营强化感知基础

作为智慧灯杆的基础版本，合并杆是实现路灯智能化的前提条件。自2016年起，南京市启动了共杆建设项目，新建规模在全国处于领先地位，已经实现城市基础设施的共杆与共管，统筹集成照明、交安、公安、环保、通信等多个专业，构建了市政设施跨专业融合的统一格局。同时，随着城市建设和城建改造，用极低的成本部署了城市体量的通信路由及管道资源。前期建设工作符合智慧灯杆基础设施系统对安装介质、传输通道和能源网络的要求，为智慧灯杆产业的发展提供了实现的基础。

在此基础上，南京市依托多年高质量发展积累的优质资源进行了"五网合一"的整体布局，为城市数据的融合贯通打通了数据通道，推进城市公共空间全域感知的基础支撑。"五网"即以智慧灯杆为载荷，形成城市精细化感知网络的"杆件网"；以搭载5G基站为组件，形成泛在的通讯路由的"无线网"；以地下预留管道敷设光纤为骨架，充分应对未来新基建各个系统大数据的同时并发、相互联动、多元管理的"有线网"；以常火线路为

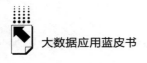

前提，实践轻量化、绿色化升级，搭建社会用电的"能源网"；谋划并试点布设云边协同的、符合智慧城市现代化治理需求的"边缘算力分布网"。

（二）实施路径

1.成功快速落地多专业应用

遵循合并杆建设体系，南京市积极推进信息化基础设施和市政基础设施的同步建设，以5G应用带动智慧安防、智慧交通、智慧环保、智慧停车等应用功能落地运行。近年来，先后实施建设了夫子庙、青龙地铁小镇、浦口公园、羊山湖公园、光华路、汉口路、下关宜居街区、南部新城等一批具有代表性、挑战性的智慧灯杆建设项目，实现智能安防、人脸识别、智能消防、智能垃圾桶、智能井盖等智慧功能一体化部署，并可实现无人机巡查、无人清扫车、智慧停车系统等基于智慧灯杆平台管理系统的智能应用。其中，夫子庙项目被省文化和旅游厅评为"文化和旅游装备技术提升优秀案例"，青奥示范区及夫子庙项目被国家节能中心评为"智慧城市智能多功能灯杆系统创新应用优秀案例"。

同时，南京市采用"基础能力搭建"到"创新应用落地"分步走战略，满足片区"开发建设"、"建成使用"、"管理运营"不同时期的需求。在桥林新城地铁小镇、龙袍新城通过"一次规划、分步实施"的顶层设计思维，设计了渣土车辆管理、智慧工地、河道监测、市政设施管理等功能，提升了地块开发建设运营全生命周期的品质。在南部新城推进全域智慧体系建设过程中，形成绿色环保、安全校园、智慧交通三大类路灯机器人场景，搭载包括安防越界、交通疏导及界面治理等十数项细分应用。

2.轻量化应用场景解决方案

现有灯杆的"存量改造"相较于新灯杆的"增量新建"更被社会所关注，因为存量设施所属场景下的功能需求更多、人员也更活跃。但存量设施因现有的路灯体系难以直接提供稳定的供电保障和可靠的通信路由，需要改造赋能才能满足应用加载需求。

南京市的照明设施相对可靠、线路相对纯净，能够在原有路灯管网上成功实施线路常火改造和电力网、有线网、无线网的贯通，进一步采用单灯控制器升级控制技术，使用储能设备、直流供电设施、一体化机柜等加强供电保障，实现单功能应用设施的挂载。南京以微土建、低投入、高响应、短时间、零协调的"封闭"运作，完成了智慧城市相关应用的加载落地，满足了城市立体感知体系的智慧定位要求。成功印证了存量照明设施通过技术手段升级、运维模式优化升级、功能合理规划布局，能够高效构建五网贯通平台，响应场景需求，从能源保障、节能减排、设施挂载、市政设施管理、运维降本增效等各方面，形成了在国内具有引领性的"南京模式"。

3. 助力城市治理一网统管

"十四五"期间，城市运行"一网统管"是南京市数字化转型的重要推手，能够打通南京市不同治理系统的业务平台、整合治理力量来增强城市韧性，提高南京市城市现代化治理水平。南京立足智慧灯杆"数字底座""物联感知"建设，研发哨卡式智慧灯杆机器人并作为首批"四新"应用场景发布。

以城市公共空间的智慧灯杆为载体，以边缘计算为支点，以行业知识图谱为核心，可在城市公共空间管理现场提供实时采集、实时判断、实时报警、实时处置、实时复核等能力，为一网统管的城管、应急、街道等城市管理管控赋能。智慧灯杆机器人作为一网统管城市大脑的能力底座，通过采用"云—管—端"感知体系，围绕"智慧灯杆能力开放平台"，形成交通"鹰眼"、万象"城管"两大行业闭环应用产品，不断为城市现代化管理和公共安全服务提供发展动力，助力城市治理一网统管。

交通"鹰眼"路灯机器人通过前端识别、智能研判、数据应用，能够将经过车辆的车牌号码、车型、前排乘客人脸、出现频率等信息，传输至系统进行研判，精准识别区域内非法营运车辆，帮助解决"黑车"取证难、执法难、处罚难等问题，实现全程"黑车"车辆智能布控，真正做到"一次研发，全城应用"。目前，南京正在加速推进其在已建成的交通枢纽南京站、南京南站，在建的交通枢纽南京北站，南京市重要的旅游区中山陵、夫子庙、总统府等，以及南京市重要的高校圈仙林大学城、江宁大学城等区域

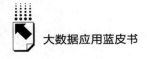

的快速部署。

城管"万象"路灯机器人以人工智能、物联网、5G、大数据技术应用为核心，面向南京市区街道三级城市管理架构，通过智慧城管平台的视频智能识别分析能力，全面支撑店铺门前的卫生、绿化、秩序管理和应用，促进精细化管理落地，完善大城管模式建设，该应用已在南京下关街道实现落地。

4. 推动设施资产专业化运营

智慧灯杆已成为南京城市公共空间中加载各类智慧设备的首选最优载体，随着基础设施布局及云管边端建设，相关资源点位呈数量级扩大趋势，其运营价值也不断显现。

基于存量改造的创新做法，南京以技术创新推出了 5G 智慧灯杆模式（替代宏站）和 5G 路灯基站模式（微站补盲）两种建设模式，研发了"大、中、小"三种适配路灯基站场景、具有独家专利的一体化机柜产品，形成了智慧灯杆建设依托路灯线路直供电的创新模式，高效能、低投入提供多种 5G 基站的建设方案，大幅提升了 5G 小基站电力接入时间和建站效率。作为基站建设的典型，该基站得到江苏省通信行业的推广应用。目前，南京已建成基于灯杆的各类基站共 1500 余座，建设规模作为单体路灯管理承载已居于全国之首。

此外，南京市采用基于智慧灯杆的智能巡检，对电力线路进行保障，解决了传统电力维护时效性低、事故追溯难度大、作业考核无法评定等主要问题，对保障社会正常运行起到关键作用。同时引入人工智能算法，可将事故的判断提前，在故障发生前做到防患于未然，杜绝盗挖、破损、人财损失的情况发生。

（三）实践成果

1. 智慧城市数字底座搭建成型

南京通过资产的数字化提升、业务的数字化转型，形成了良好的"一张底图""标准接口""数据格式"等基础条件。在此基础上，通过统一的时空数据底座，利用统一的公共数据汇聚标准、接口规范、调用规则、开放要求，研发了基于照明网络的智慧灯杆开发运营系统，满足多专业对于智慧灯杆的基础定位、应用加载、数据服务的需求，构建了不断进化提升的智慧灯杆"数字底座"。

"数字底座"具备统一图层结构、统一数据格式、统一协议接口，部分视频融合算法，部分大数据归集治理能力，智能报表等数据应用工具，可以为城建、城管、交通、市政等多部门提供全局统揽、分析预警、态势研判、专题分览的大数据应用服务，已初步融入城市一网统管体系，为社会治理、城市精细化治理、联动指挥、安全监管、疫情防控等维度提供核心能力和数据服务，推动各项业务的高效智能运作。

2. 智慧物联感知体系构建升级

南京充分应用"五网融合"的良好基础，立足不断进化的数字底座，提升基于智慧灯杆的智慧物联基础能力，构建"智慧物联体系"。

前端感知：具备物联设备的加载能力，目前服务地下管网、路灯灯杆等设施的智能化监控等应用，已加载基站、视频监控、各类传感器超 2000 个。

通信传输：拓展"有线网"和"无线网"的覆盖面，提升网络支撑服务能力，根据数据的并发、延时等传输要求提供可靠保障。

物联协议：不断扩充物联协议，形成大物联的接入，以青奥项目为例，打通了 26 类 60 多种传感设施的物联协议，提升了"数字底座"的兼容能力。

技术平台：完善平台构建，支持城市多源异构智能终端的接入和数据融合，利用数字处理工具和数据治理能力，形成数据的接入、解析、展示、治理、输出。

通过稳固可靠和高效运行的核心资产，构建了"五网贯通"的融合基础设施层；以开放共享的数字底座，支撑城域级的智慧物联体系，形成大数据采集多数据融合的平台层；共同组成了城域级、细密的、可随时投运的智慧城市硬件基础和底层平台，可全面支撑结合业务实际、实现管理闭环的智慧城市应用在城域范围的快速落地。

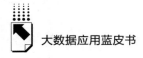

3. 智慧灯杆产业发展未来可期

南京通过智慧灯杆形成的开放应用场景，已经吸引一批具有创新先进性和应用前瞻性的创新主体及产业伙伴，形成集聚效应。以南京喵喵街为例，迄今已形成大华、南方电网等 40 余家企业的带动，涵盖监控、传感器、天线、广播、网关、灯控等多个行业应用。通过智慧灯杆基础设施布局、场景资源开放等形式，优化智慧灯杆应用生态，促进智慧灯杆产业链上下游企业及相关产业集聚，提升产业能级，打造智慧灯杆生态圈，加快创新成果的产业化落地，进一步转化为生产效能，助推南京经济高质量发展。

同时，立足物联感知交互技术、系统互联技术、边缘计算技术、数据融合技术、智能决策技术、业务协同技术、数字孪生技术、物联安全技术 8 大类智慧灯杆关键技术，吸引高科技人才、高精尖技术，链接人才、技术、资金、市场等资源要素，聚焦智慧灯杆智慧城市系统的重大科技问题开展创新性研究，实现科研成果在具体项目应用中的转换和落地，共同打造全国智慧灯杆及其应用生态的创新策源地，形成具有竞争力的战略新兴产业和高新技术产业，为南京率先落地智慧城市应用助力。

四　基于智慧灯杆的数实融合发展策略

（一）构建"坚实的数字基础设施"底座，实现自我造血能力

数字基础设施的主要驱动力为数据创新，建设基础为通信网络，运转核心为数据算力设施。数字基础设施是发展数字经济的主要底座，其重要性已经被数字化供应链成员所认可。而传统基础设施体量大、资产价值高，缺少自我造血、自我生长的能力。拥有城域级优质路灯资源的企业，应通过发挥路灯资源的能力结构和条件禀赋来助力传统基础设施的迭代升级、高质量发展。同时依托智慧杆构建的物联感知体系运行平台，从规划设计、标准制定、数据接入及治理、场景建设、终端建设等方面，为各级政府部门提供专

业的物联感知"投建管营"一体化服务，提供稳定、可靠、安全的城市感知支撑服务，构建智慧城市全链闭环的"新生态"。

（二）以"畅通的数据资源体系"为引擎赋能多维度的场景规模化应用

数据是数字经济时代新的生产要素，只有深化数据资源的开发利用，才能形成以技术发展促进全要素生产率提升、以领域应用带动技术进步的发展格局。各地的数字国企需要积极发挥在城市基础设施和设施建设运营方面的数据资源优势，主动融入城市数据治理环节，将"数据优势"转变为"市场优势"，促进数据互联互通，数据按需共享，推动形成"以应用汇数据，以数据建应用"的良性循环，释放数据资源新价值，激发数字经济新动能。推进数据资源化，建立健全数据资源管理制度规范，进行数据清点，明确数据资产清单，形成相应的数据资产目录，进一步促进数据在不同部门间的流通以及进行跨企业间数据的交易和共享，充分实现数据资源化利用。推动数据资产化，结合业务需求明确分类方法，对数据进行排序和编码，将数据融于资产管理，做好数据资产清单的审核、归类、汇总及标准化工作。探索数据资本化与市场化建设，全力促进市域级数据交易与流通市场的搭建和规则制定，积极培育数据交易市场中的运营主体和消费主体，推动数据资本运营、管理及安全发展。

（三）以"基于智慧杆集群的虚拟电厂"为目标扩宽绿色能源算力融合新赛道

随着云计算、大数据、物联网、智慧城市、移动互联网等技术的快速发展，智慧路灯已成为城市公共照明网络体系的重要组成部分。通过顶层设计和建设统一协调，依托泛在的智慧路灯资源分布，快速构建基于智慧杆集群的虚拟电厂基础框架，形成城域级分布式能源网络。其可满足智慧城市千万数量级感知终端设备对载体、通信、能源的巨大需求，并面向公安、应急、城管、交通、文旅、人居等领域，为相关数字化创新场景提供能源供给服务，促进城市数字化产业蜕变，激发智慧城市发展活力。此外，依托物联网信息化、多设备联动协同、智能边缘计算、AI 和大数据等新技术，构建智慧路灯集群虚拟电厂的"能源大脑"，形成一体化新市政综合能源管理平台。通过柔性互联形态和数字孪生技术，将电网变得更加灵活可控，实现源网荷储智能调度和高效运行，从而为城域级虚拟电厂持续提供优化的绿色低碳能源解决方案，促进算力网与电力网的"双网协同"，打通扩宽绿色能源算力融合新赛道。

（四）以"城市生命体征系统"为切入点探索公共数据资源价值挖掘

依托智慧杆网的建设，通过感知设备的运用与物联网大数据的分析，实现全生命完整映射现实城市运行状况，构建城市物联感知中心，实时监测收集城市公共数据。通过智慧杆前端小脑感知汇聚和 AI 协同分析处理不同感知单元的数据，实现对智慧杆所处环境的精准和系统认识；通过物联平台实现同域或跨域感知信息汇聚融合，进而自发地形成在时间、空间和功能上的有序结构，提升整体感知性能。以智慧杆体系为基底，打造泛在、智能的城市脉搏感知底座，形成"穿透式"的通信通道和电源供给。激活地上设施及地下管网运行感知神经，为城市运行监测提供新型数据支撑。实现对城市生态环境、车流、人流、物流、信息流、能源流等态势的不间断全面感知、风险监测预警、趋势智能研判、资源统筹调度，助力城市运行"一网统管"，支撑城市运行效率，提升对突发安防事件的智能响应速度。同时基于智慧路灯集群的城市生命体征系统每天产生和收集数千万条实时数据，其作为社会数据资源的重要组成部分，具有高价值、多样化、高可信度等特征，需要积极挖掘和准确识别数据中的隐藏价值，将数据背后的价值应用在智慧城市建设、医疗健康服务以及金融服务等多个场景中。在以此为依托构建起城市数据的生态系统中，选取与民生紧密相关、社会需求迫切、产业价值高的场景，推进数据运营试点，推动公共数据有序流通。

五 结语

以智慧灯杆为代表的新一代信息基础设施已成为提升城市能级和建设智慧大脑的重要载体，同时也作为积极推动数字经济和实体经济深度融合发展的关键使能器。当前，城市的数字化建设需要直面发展动能转化、发展重心优化、运营模式调整所带来的诸多调整：城市数字化建设发展动能由传统的网络技术向 AI、区块链、大数据、云计算、IoT 等新型信息技术转化；发展的重心也将从带宽、速率等传统网络指标向与城市管理水平、民生服务等与智能化、信息化和人民群众幸福感相关的指标转变；运营主体将从传统的电信运营商向相关行业龙头企业、国资平台公司、互联网企业等信息化产业的参与主体延伸，由此将进一步形成多元的发展动力、多维的评价标准和多样的服务业态。为顺应和促进数字化基础建设的进一步发展，我们理应主动引领行业发展，对标国内最高标准、最好水平，以软件化、知识化、智慧化、模块化重构产业生态和信息基础设施，形成城市级战略性基础资源，全面支撑城市治理体系和治理能力现代化建设。

探 究 篇
Analysis

B.11
大数据应用发展与数字政府建设：
挑战与出路

王小芳　唐亚林*

摘　要： 大数据应用发展是数字政府建设的重要技术支撑，也是数字经济、数字社会、数字政府协同发展的重要驱动力量。本报告首先对新时期数字政府的定位及其本质特征进行剖析，发现中国数字政府建设的阶段性特征是由国家新使命、经济新常态、社会新变革和全球新趋势共同锚定，其本质特征体现了我国经济社会发展过程中治理需求、发展困境和人民期待等要素交织的过程性变化。其次，报告梳理和阐述了我国数字政府建设的现状、机遇与挑战。在数字经济和数字社会发展的新时期，大数据发展的技术基础、自上而下的政策驱动、政务服务一体化建设的现实需求以

---

* 王小芳，管理学博士，苏州大学马克思主义学院师资博士后，研究方向为技术治理与政府治理现代化、党建创新与基层治理；唐亚林，复旦大学国际关系与公共事务学院教授、博导，复旦大学大都市治理研究中心主任，研究方向为中国政府与政治、比较政府与政治、城市治理与区域一体化。

及"以人民为中心"的价值归旨等命题，为深入推进数字政府建设提供了关键性历史机遇。如何迎来、把握和用好数字政府建设的机遇窗口期，规避风险与挑战，推动数字政府体系建设的转型升级，仍需从夯实大数据体系"基座"的视角进行积极谋划，其主要途径在于突破数据壁垒，推进全国一体化政务大数据的共建共用；创新技术平台，搭建一站式政务大数据共享平台；梯次布局新基建，打通数字基础设施建设的"大动脉"；加强数据权利保护，构建数字信息安全共同体等。

关键词： 数字政府　大数据应用　数字化转型　治理现代化

党的十八大以来，党中央和国务院立足于全球数字化、网络化、智能化发展趋势，围绕数字中国、数字政府建设做出了一系列重大决策部署。《国务院关于加强数字政府建设的指导意见》（以下简称《指导意见》）强调指出，加强数字政府建设是建设数字中国的基础性和先导性工程。[①] 因此，数字政府建设不仅是数字中国建设的重要组成部分，而且成为数字中国建设与国家治理现代化的重要驱动力量。在数字政府、数字经济、数字社会"三驾马车"的关系之中，数字政府起到核心与牵引的作用。[②] 用数字政府建设全面引领经济与社会的数字化发展，助推数字中国建设，势在必行。

数字政府建设的关键在于政务大数据的应用与管理。大数据是数字政府建设的基石，而数字政府建设的要义在于建立在政务大数据应用、整合与共享基础上的政府数字化转型与发展。由于我国的政务大数据应用与管理不仅

---

① 中华人民共和国中央人民政府：《国务院关于加强数字政府建设的指导意见》，2022 年 6 月 23 日，https：//www. gov. cn/zhengce/content/2022−06/23/content_ 5697299. htm。

② 张占斌：《用数字化重塑政府是大势所趋》，《2023 中国数字政府建设与发展白皮书——建设高安全的政府数字化基础体系》，2023 年 5 月 12 日，https：//cecloud. com/news/7064 136687772766208. html。

与发达国家存在差距，而且国内东、中、西部等不同地区之间的发展态势与水平也参差不齐，这个问题得不到有效解决，必将制约我国数字政府建设的水平与实际成效。

对于中国的数字政府建设而言，大数据的应用与发展为其带来哪些机遇？又对其构成何种挑战？数字政府建设的未来出路何在？这些均是关乎数字政府建设的关键性问题。

一 政府数字化发展的新阶段

数字政府不仅将助力政府改革，更是实现中国共产党的"第二个百年"奋斗目标的重要支撑。数字政府亦即政府的数字化发展，标志着我国的政府信息化建设与发展步入政府数字化发展的新阶段。

（一）数字政府：政府信息化建设进入新阶段

中国数字政府建设迈入新阶段是由国家新使命、经济新常态、社会新变革、全球新趋势而共同刻画的。从国家战略规划来看，党的十九届四中全会、五中全会，二十大报告和《中华人民共和国国民经济和社会发展第十四个五年规划和 2035 年远景目标纲要》等重要会议和政策文件相继对数字政府建设做出重大战略部署。我国政府信息化发展大致走过"政府信息化起步期"、"电子政府时期"以及"数字政府"[1] 三大不同发展阶段。其中，数字政府建设作为数字中国的重要核心部分之一，已经成为推动数字中国、数字社会建设的重要引擎。可见，数字政府建设是"十四五"时期和 2035 年国家治理现代化建设的重要内容。

区别于前两个信息化阶段，数字政府建设阶段更易受到国内经济社会发展形式和国际环境变化的影响。与国家战略布局和国家使命相伴的，是经济

---

[1] 中国信息通信研究院产业与规划研究所、中国信息通信研究院政务服务中心：《数字政府发展趋势与建设路径研究报告（2022 年）》，2022 年 11 月 25 日，https：//dsj. guizhou. gov. cn/xwzx/gnyw/202211/t20221124_ 77211401. html。

新常态和社会新变革面临的一系列风险。尤其是受到新冠疫情的影响，中国经济进入"三期叠加"的矛盾和困境中，如何增强和激发市场活力、补齐经济发展短板和强化实体经济发展成为政府职能转变的重要着力点。

信息技术驱动下的数字社会中，人的数字化生存、虚拟化生活成为国家治理的"社会底色"。在此背景下，政府如何提高社会治理水平确保人民生活幸福成为其治理范式转型的核心内容。此外，数据作为一种关键性生产要素和战略性资源正在引领全球发展新形态。在当前全球数字化、网络化与智能化时代，数据构成驱动政府、经济与社会发展的新型关键性生产要素。数据的突出特征同时也意味着国家与地方均须重视挖掘数据生产要素的价值，以便在数据化时代实现国家与地方经济社会的高质量发展，进而增强国际竞争力。这种全球性要素的流动开始倒逼各国快速开启政府数字化转型。可见，数字政府建设既需要与国内外数字经济、数字社会发展多向循环和同频共振，更要加速数字政府建设的牵引力建设，以数字政府建设突围经济社会全面数字化转型的共性梗阻。因此，认清和把握历史发展阶段及其本质特征，是当下推进数字政府建设最基本和最重要的问题。

（二）数字政府定位升级，助力政府变革与"第二个百年"奋斗目标

党的二十大报告将未来三十年党和国家的中心任务确立为"团结带领全国各族人民全面建成社会主义现代化强国、实现第二个百年奋斗目标，以中国式现代化全面推进中华民族伟大复兴"[①]。要实现中国共产党的"第二个百年"奋斗目标——到本世纪中叶把我国建成富强民主文明和谐美丽的社会主义现代化强国，就必须通过数字政府建设全面引领数字经济、数字民主、数字生态、数字社会以及数字中国建设。数字政府的建设必将助力"第二个百年"奋斗目标的实现。

[①] 习近平：《高举中国特色社会主义伟大旗帜　为全面建设社会主义现代化国家而团结奋斗——在中国共产党第二十次全国代表大会上的报告》，2022 年 10 月 16 日，https：//www. 12371. cn/2022/10/25/ARTI1666705047474465. shtml。

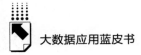
中国数字政府建设助力实现"第二个百年"奋斗目标是由治理新需求、发展新困境和人民新期待而共同造就的。习近平总书记在中央全面深化改革委员会第二十五次会议上强调，要全面贯彻网络强国战略，把数字技术广泛应用于政府管理服务，推动政府数字化、智能化运行。国务院《指导意见》指出，"加强数字政府建设对加快政府职能转变，对建设法治政府、廉洁政府和服务型政府意义重大"①。由此可见，新阶段的数字政府建设不再仅满足于政府事务公开化建设和提高行政效率的基本目标，而是开始着眼于和服务于国家宏观发展的战略布局和根本架构。因此，政府数字化转型将成为"十四五"乃至未来很长一段时间政府治理变革和组织形态重塑的主基调之一，也将成为国家行政管理体制改革、行政职责体系优化和国家治理现代化建设的"牛鼻子"。

数字政府建设必将助力政府变革。第一，数字政府建设紧扣全面建设社会主义现代化国家的全局性战略部署，通过深入改革国家行政管理体制，充分激发和调动大数据技术的赋能和赋权作用，最终实现和满足人民美好生活的终极目标。为适应数字经济时代特征，政府决策、政府管理与治理、政府履职、政府组织结构及其运作形态、政府业务流程等方面均须调整与变革。数字政府建设是新时代政府变革的重要驱动力，各地方政府在过去十年间推进实施的"一网通办""一网统管""一网协同""最多跑一次""接诉即办"等数字化改革实践，是数字政府助力政府变革的例证。与此同时，和之前的政府信息化发展阶段的政府形态类似，数字政府以满足人民对美好生活的需要和向往为出发点和落脚点，这亦是数字政府建设的根本价值依归。

第二，数字政府坚持"党的领导"政治性原则、"融合·协同·共享"整体性原则和开放性原则，全方面整合异质性主体优势、多样性治理资源的集成优势和现代性技术和数字优势，通过持续构建数字政府的制度效能转化机制，助力"第二个百年"奋斗目标。数字政府建设的顶层推动，强调将

---

① 中华人民共和国中央人民政府：《国务院关于加强数字政府建设的指导意见》，2022 年 6 月 23 日，https：//www.gov.cn/zhengce/content/2022−06/23/content_ 5697299.htm。

"党委领导、政府主导、社会协同、公众参与、法治保障"的多元主体优势融入数字政府建设全过程。大数据技术赋能"第二个百年"奋斗目标实现，在于其能够促进政府、社会、市场的界别融合。同时，大数据技术应用还能推动政府部门横向联通，激发和提升数据要素等治理资源跨层级跨系统跨地域流动、整合与共享。

第三，数字政府建设包含基础设施架构、技术架构和业务架构等任务框架，打造有序、融合、衔接的任务框架建设，能够挖掘和压实数字政府助力"第二个百年"奋斗目标实现的具体路径和基本方式。数字政府的业务架构是实现"第二个百年"奋斗目标的关键。强化和促进政府在宏观调控、市场监管、公共服务、社会治理和生态保护方面的履职能力是政府数字化转型的目标。所以，以大数据、人工智能、区块链等现代技术为基础的技术架构是实现"第二个百年"奋斗目标的支撑。数字政府还应当全力建设实现技术势能向制度效能、治理效能转化的体制机制，以此夯实技术嵌入和优化国家治理进程的合法性基础。

二　数字政府建设的现状、机遇与挑战

党的十九届四中全会首次明确提出推进数字政府建设的概念和目标，这意味着数字政府建设首次在国家层面成为促进国家治理体系与治理能力现代化的重要举措。但在此之前，地方层面的数字政府建设已经开启了先试先行的宝贵探索之路，作为桥接政府管理体制刚性结构与治理场景中柔性需求的调适性工具，大数据等数字技术在日益繁杂的社会问题和公共事务中发挥着重要作用。

（一）我国数字政府建设的现状

能否实现数字技术适应、数字领导力跃升和数字治理创新，是进入大数据时代后中国政府面临的重大现实问题，决定了其能否有效推动数字经济、数字社会和数字政府一体化推进和整体性建设。"大数据+政府"不仅要求

实现对大数据技术的"良术善用",还要求政府实现思维方式、履职效能和治理体系现代化的深度变革,完成数字政府治理能力建设,进而适应、推动和管理全社会的数字化发展。

1. 大数据技术体系的跨越式发展,为数字政府建设提供新动能

大数据为驱动政府治理创新提供技术支撑。以生成式人工智能(ChatGPT)和5G网络技术为核心的新一代大数据技术化的发展,深刻改变了政府运行环境、人文环境乃至生存环境,一个高度依赖数据采集和现代技术应用的"高度仿真的虚拟世界"得以建立起来,成为数字社会的基本特征。政府为适应技术带给人类生产、生活、生态、生存、生命"五生"方式的突破性变革,必须重启和反思其未来政务服务模式的适应性创新举措,以及政府治理形态、治理架构转型的具体方向与路径。

大数据技术为数字政府高效行政提供技术保障。大数据技术应用有力支撑了政府职能结构,及其在政务服务领域实现高效行政目标。大数据技术通过深度配置"算法"与"算力",充分释放数据要素的资源潜力,以提高政府的公共生产力。大数据技术搭载的数据治理(梳理、清晰、存储、交换等)能够激活政务数据的开发利用价值,使得其所携带的信息能够支撑公共决策和公共服务过程,实现政务数据"提现"。大数据技术能够压缩管理层级,简化行政过程。区块链、通用人工智能技术的使用,必然会替代传统官僚制政府中那些高度标准化和程序化的操作,实现政府治理"提速"。此外,大数据技术的引入,预示着数字政府通常会设定一位战略合作伙伴——具备综合技术能力的企业,并由其参与设计数字政府建设的框架计划和平台建设。

大数据技术影响政府治理的价值选择。现代技术的回应性特征强化了政府的服务性内涵和价值。面对政府数字化转型中的复杂性治理需求,数字公共行政、数字化参与和数字红利共享变得愈加重要,并逐渐成为数字政府高质量建设的价值内涵和必然趋势。以信息化、数字化等大数据应用体系为依托,推动政府内外部运行环境重塑、治理结构优化、服务流程再造和治理主体完善,积极体现政府智慧管理、精细服务和高效治理的价值选择,已成为数字政府建设的重要方式。

2. 显著提升一体化政务服务能力，成为现阶段数字政府建设的要旨

目前，我国各地数字政府建设正依托于大数据等技术，在提升政府进行经济调节、市场监管、社会管理、公共服务以及生态环境保护等方面取得重大成就。在未来很长一段时间，数字政府的履职效能依旧体现为以"用数据说、用数据决策"的科学治理取代传统经验式治理，仍将重点体现在赋能政府治理上面。

首先，在数字政府治理体系建设方面，政府数字化转型要求治理主体在社会形态从"物理空间"向"数字空间"转换中，激发政府提升其自身存在方式的弥散化以及提供公共治理与服务的泛在化水平。大数据技术赋能优化了数字政府运作的智能集约基础支撑体系、开放共享的数据资源体系、城市治理和便民惠企服务体系、协同高效的体制机制等支撑性制度架构，进而提升数字政府和智慧治理建设水平。大数据技术一方面将"离场""线上"的虚拟政务服务应用场景成功接入传统政府治理"在场""线下"的物理场景，使得一个松散耦合、虚实相生与扁平化的治理结构成为促进更广泛的业务交互和更敏捷的政务供给之"组织底座"。另一方面，大数据技术成功塑造了政务服务的智能场景，它搭载的情境化和沉浸式的虚拟全息界面，显著提升了政务服务的人民体验感、满意感和幸福感。

其次，在数字政府治理应用场景方面，充分发挥人工智能、大数据、物联网、5G 等前沿技术的赋能作用，推动"技术+管理+服务"模式，打通公共服务供给的"最后一百米"，将民生服务和政务服务"送到家门口"。数字政府坚持以"人民为中心"的导向，全面贯彻流程精细化、管理过程全生命周期化理念，实现数字政府治理"空间载体+数字赋能"联动，加快建设大数据应用基础支撑、数据资源、城市治理、利企便民、政务运行等 5 大应用模块，进而实现治理状态一网感知、治理数据一网通享、城市运行一网统管、政务服务一网通办、产业发展一网协同、社会诉求一键回应等"多元一体"目标。大数据技术驱动的政务服务通过创建物理政务对象、政务系统虚拟模型和数字副本的深度嵌套融合，依靠深度学习和数据挖掘获取政务大数据的潜在应用价值和预判分析价值，再凭借算法和算力将大数据整合到虚拟模型中，形成政务对象和政务系统的虚拟全生命周期过程，从而建构政务服务的界面治理方式，塑造基于虚实智能融合的政务服务场景，最终提升"一网通办""一网统管""多网协同融合"等新型政务服务方式的对话性、预见性、情境性和敏捷性。因此，数字政府成为一体化政务服务建设的重要助推器，制度与技术双轮驱动成为优化政务服务履职能力建设的新手段。

3. 加速推进"以人民为中心"的数字政府建设，全方位助力国家治理体系和治理能力现代化

数字政府建设是数字经济、数字社会发展的必然，是实现国家治理体系和治理能力现代化的重要举措和核心内容。党的二十大报告提出的"推动中国式现代化"的宏伟蓝图是数字政府建设的基本纲领和最终归宿，即数字政府建设的目标设定、任务部署都要围绕和服务于"以中国式现代化全面推进中华民族伟大复兴"的中心任务，为全面支撑中国式现代化建设提供技术路线。

数字政府的技术路线代表了一种工具的观点，即在政府治理价值和制度的既定框架下，充分利用现代技术以期最大程度地实现政府治理目标并飞速迈向治理现代化进程。自第四次技术革命以来，政府治理技术升级和再造关乎整个公共部门在社会生态系统中的竞争力与合法性，为此，全球各国都开始利用先进技术来提高政府自身效能。在此背景下，政府采纳技术的价值定位和具体路径尤为关键，"以人民为中心"的现代化国家治理体系建设，要求在现代技术应用方面体现"人本主义"的基本价值取向。所以，中国数字政府建设应当体现出技术易进性、操作便利性、建设过程参与性、互动性等特征。这一方面与数字政府建设的服务性和公共性旨归高度契合；另一方面也体现了技术工具变革已经成为撬动政府治理能力颠覆性发展的技术动因，成为推进国家治理体系深刻转型的关键动力。

（二）我国数字政府建设的机遇

总体而言，经历了政府信息化建设前两个阶段，我国数字政府建设稳步前进，近年来呈现较快发展趋势。尤其在线政务服务、电信基础设施和数字

化参与程度是提升我国政府数字化转型水平的主要原因。在新一代技术发展、技术应用市场和国家政策规划发展多轮驱动下，我国数字政府建设正迎来历史发展的机遇期。

1. 技术机遇

数字政府的成功实践，其技术能力和技术机遇是关键。大数据在数字政府中的适用场景主要包括城市运行管理指挥中心、城市治理一网统管、政务服务一网通办、智慧城市（智慧交通、智慧应急，等等）等。根据 IDC 的数据，2021 年数字政府大数据平台的市场规模已经突破了 45 亿元人民币，市场增长率达到了 25.3%。[①] 所以，政务服务的下一个阶段目标是充分运用数据和新技术，实现业务泛在智能的新方向。譬如像 ChatGPT、数字孪生等新技术的出现，以及数据要素化价值的释放，会更深程度地助力业务、技术、数据的深度融合及业务流程再造，加速形成数字化发展新格局，带来数字政府建设新机遇。

2. 市场机遇

随着新兴技术在政府领域的进一步应用，以及"东数西算"、基础信息资源库、电子政务信息系统等重大工程项目建设的深入推进，中国数字政府市场将保持高速发展态势。根据 2021 年 6 月 IDC 发布的《2020 年中国大数据平台市场份额报告》，2020 年全球大数据软件市场规模达 4813.6 亿元人民币，其中包括硬软服在内的中国大数据市场规模达 677.3 亿元人民币。[②] 2021 年，中国大数据整体规模达到了 1235 亿元人民币。根据《2021 年 V1 全球大数据支出指南》，在"十四五"规划和数字政府相关政策驱动下，到 2024 年，中国大数据市场支出规模预计将超过 2983 亿元美元，2020~2024 年中国的复合增长率将超过 10.4%。[③] 可见，在大数据市场规模持续扩大的市场机遇加持下，中国数字政府迎来建设高潮。

---

① IDC：《中国数字政府大数据管理平台市场份额》，2022 年 8 月 16 日，https：//baijiahao. baidu. com/s? id=1741309108710542194&wfr=spider&for=pc。

② IDC：《中国数字政府大数据管理平台市场份额》，2022 年 8 月 16 日，https：//baijiahao. baidu. com/s? id=1741309108710542194&wfr=spider&for=pc。

③ IDC：《2021 年 V1 全球大数据支出指南》，2021 年 3 月 8 日，https：//www. 51cto. com/article/649248. html。

3. 政策机遇

数字化已经成为全球重要共识，各国均通过颁布国家数字战略，积极抢占技术权力的制高点，加快推进数字化转型。我国高度重视数字技术在政府治理变革领域中的应用，积极推动政府数字化转型建设。仅在 2020~2022 年，中央层面就出台了国家级"数字政府"专项政策 10 余项，详见表 1。随后，在上海、广东、浙江等头雁效应的引领下，我国 31 个省区市政府出台有关数字政府建设的各类指导性政策文件共 100 余项。① 党中央和各级政府积极谋划数字政府建设的顶层设计，通过数字经济、数字政府和数字社会的统筹发展，构建系统完善的数字发展体系、数字治理体系和数字服务体系，以全面建设数字中国推进中国式现代化进程，进而提升政府数字化治理水平、为人民创造美好生活，已成为未来中国政府治理与社会发展的主要命题。

表 1 中央有关数字政府建设的部分规划和政策文件清单

名称	时间	发布主体
《关于加强数字政府建设的指导意见》	2022 年 6 月 23 日	国务院办公厅
《关于推动 12345 政务服务便民热线与 110 报警服务台高效对接联动的意见》	2022 年 4 月 23 日	国务院
《关于加快推进电子证照扩大应用领域和全国互通互认的意见》	2022 年 1 月 20 日	国务院办公厅
《"十四五"推进国家政务信息化规划》	2021 年 12 月 24 日	国家发展改革委
《"十四五"国家信息化规划》	2021 年 12 月	中央网络安全和信息化委员会
《关于印发 2021 年全国一体化政务服务平台移动端建设指南》	2021 年 9 月 29 日	国务院办公厅
《关于加强基层治理体系和治理能力现代化建设的意见》	2021 年 4 月 28 日	中共中央、国务院
《关于深化"证照分离"改革进一步激发市场主体发展活力的通知》	2021 年 5 月 19 日	国务院

---

① 深圳中智商库规划设计院：《中央及 31 个省市数字政府规划和政策汇总》，2022 年 10 月 25 日，https：//mp. weixin. qq. com/s/3nfcN7R6FjeNlLGNQJqNlg。

名称	时间	发布主体
《中华人民共和国国民经济和社会发展第十四个五年规划和 2035 年远景目标纲要》	2021 年 3 月	十三届全国人大四次会议表决通过
《关于加快推进政务服务"跨省通办"的指导意见》	2020 年 9 月 24 日	国务院办公厅

资料来源：作者整理。

（三）大数据应用的"双刃剑"效应：数字政府建设的挑战

大数据技术的政务场景开发，为政府数字化转型打开了"潘多拉魔盒"，在带来巨大的技术收益和治理效益的同时，也将技术的次生灾害以及如何治理和规训大数据技术等问题带回公众眼前。为此，如何构建一种集技术的自我约束、道德伦理规范和刚性制度规制于一体的控制体系，以助推和实现技术应用和数字政府建设的公共性旨归，仍然是一把高悬于数字政府建设过程之上的"达摩克利斯之剑"。总体而言，大数据应用为数字政府建设带来的问题与挑战主要表现在以下几个方面。

1. 技术挑战

大数据技术发展段位的低阶性，以及由此产生的技术应用能力局限性，加之政府竖井式建设布局大数据应用体系，使得各个技术公司和应用开发商进行全堆栈开发，数字应用 App 开发周期及业务灵活性不足，应用融合度不高，难以适应复杂性治理需求下政府治理的敏捷性和专业性。在技术应用能力方面，目前大数据技术应用与政务应用业务的耦合度较低，使用场景单一。特别是设计跨领域、跨地域、跨层级的服务支持能力供给不足，部分政务应用开发存在明显的技术漏洞及次生风险，没有形成业务闭环，无法满足政府数字化履职能力要求。因此，如何规避技术风险，填补数字政府建设的技术漏洞，成为着力推进政府数字化转型的"阿喀琉斯之踵"。

2. 协同挑战

在数字政府建设实践中，大数据驱动下的数字化协同并非一帆风顺，

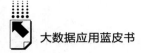

各种阻力和掣肘因素稀释了技术的整合能力。第一，以数据部落主义、数据烟囱等为表征的横向协同的体制性障碍难以突破。协同实践和治理实践中对专业性权威或组织权威的依赖，进一步导致了难以跨越的部门利益冲突、责任纠纷、信任壁垒等问题，并阻碍了横向政府间的平等交流与协作互动。第二，等级制纵向协同双向互动难以畅通。政府数字化转型的核心要义之一，就是要建立扁平化的治理体系和组织架构。然而，在实际运行中，层级化政府存在着上下级单向沟通——"上通下不通""下通上不通"——的困境，进而导致协同效率低下的问题。第三，政府体系内外协同优势互补不明显也阻碍了数字政府治理效能的发挥。如何激发和整合市场、社会等非政府组织的主体性优势，是提升数字政府治理效能的核心环节。第四，数字政府的协同困境还表现为"虚实协同"业务覆盖不均衡。当前，政务平台应用终端林立，仍未覆盖全业务场景和全业务流程，仍未实现管理和服务事项的"应上尽上、全程在线"，相关主体无法打破时空隔阂而就特定任务或事项展开合作。因此，数字政府建设要解决的问题是基于大数据技术而实现政府组织体系内部及其与外部之间的广泛"连接"。

3. 安全挑战

大数据技术的"双刃剑"特征，始终会产生技术空间过载和信息外溢等潜在风险。数据和信息安全问题是数字政府面临的最大风险之一。人类社会进入信息化时代以后，信息安全对国家和社会稳定至关重要，如何保障个人信息安全、商业性数据安全和公共数据安全是数字社会时代推进数字经济和数字政府建设不可忽视的重要内容。随着网络安全、数据和信息安全环境的深刻变化，数字政府建设必然对安全提出了更高要求。然而，目前在公共数据、政务数据、私人数据使用过程中存在着数据安全防护能力不足、数据安全法律制度体系不完善、数据安全管理机制不健全等问题。首先，从数据安全防护能力来看，由于技术发展的阶段性特征，信息数据作为数字社会的关键性要素容易受到黑客技术的攻击。如何提升信息安全的技术密钥还有待大数据技术的进一步完善与发展成熟。其次，从数据安全法律防护体系建设来看，虽然我国已经出台了《个人信息保护法》，但是相关配套性法律解释和执行性政策尚未落实，特别是针对革新信息安全的争讼、救济和补偿的制度体系设计仍旧处于探索阶段。而就数据安全管理机制而言，全国性管理主体、管理规范、管理平台还处于不断建设和更新阶段，数据安全管理依然存在"意识防线"松弛、"制度防线"不牢、"能力防线"不强等问题。

三 夯实大数据体系"基座"，推动数字政府建设转型升级的路径选择

数字政府建设是一项系统性、整体性的政府改革实践，基于当前数字政府建设的现状及其挑战，布局数字政府建设，推动国家治理体系与治理能力的关键路径应当依照如下层层递进的逻辑关系展开，即从数据新型生产要素本身的流动与共享、平台化管理与建设，到数据新型生产要素的价值发挥（新基建+应用场景开发）和机制创新，再到防范大数据应用的信息安全隐患四个方面协同推进。尤其是必须从统筹数字经济、数字社会和数字政府协调发展，做好政务大数据共建共用、政务大数据治理、梯次布局新基建、丰富政务大数据应用场景以及重视数据权利保护等方面入手，全方位地为大数据赋能数字政府建设保驾护航。

（一）数据壁垒突破：推进全国一体化政务大数据的共建共用

我国目前的政务大数据仍然存在"数据孤岛"与"数据壁垒"现象，政府内部不同部门之间、不同政府层级之间以及不同地区的政府之间尚未有效实现数据资源的共建共用与互联互通，这在很大程度上影响了我国数字政府建设战略的实现，亦限制了数据资源与数据生产要素的价值发挥。因此，必须采取措施促进大数据等数字技术的应用与大数据管理高度融合，如此才能充分借助大数据赋能数字政府建设。

国务院《全国一体化政务大数据体系建设指南》（以下简称《建设指

南》）强调我国的政务大数据一体化的主要任务包括促进统筹管理一体化、数据目录一体化、数据资源一体化、共享服务一体化、数据服务一体化、算力设施一体化、标准规范一体化以及安全保障一体化等。我国的数字政府建议应该以此为指南，完成好上述八方面的一体化任务，努力打破政务大数据壁垒，实现跨地区跨层级跨部门的政务大数据共建共用，促进政务大数据管理适应乃至超前于大数据等数字技术的应用，消解目前仍然存在的政务大数据管理滞后于大数据等数字技术应用的突出问题。

（二）平台驱动创新：搭建一站式政务大数据共享平台

为了有力支撑实现全国一体化政务大数据共建共用，必须搭建一站式政务大数据共享平台。基于目前的政务大数据尚未实现跨地区跨层级跨部门共建共用共享，我国的一站式政务大数据共享平台体系应包括国家级政务大数据共享平台以及地方和部门政务大数据共享平台。

政务大数据共享平台建设的基本思路是在现有政务共享平台与开放平台的基础上进行整合完善，新建数据管理、数据服务、数据分析以及数据监测等系统组件。在国家级政务大数据共享平台与地方和部门政务大数据共享平台间的关系上，国家级政府大数据共享平台是全国一体化政务大数据共享的核心节点，地方和部门政务数据平台的全量政务数据应按照标准规范进行数据治理，在国家政务大数据平台政务数据服务门户注册数据目录，申请、获取数据服务，并按需审批、提供数据资源和服务。[1]

（三）新基建梯次布局：打通数字基础设施建设的"大动脉"

2021年10月，习近平总书记在"推动我国数字经济健康发展"的集体学习会议上强调，要加快新型基础设施建设，加强战略布局，加快建设高速泛在、天地一体、云网融合、智能敏捷、绿色低碳、安全可控的智能化综合

---

[1] 国务院办公厅：《国务院办公厅关于印发全国一体化政务大数据体系建设指南的通知》，2022年10月28日，https://www.gov.cn/zhengce/content/2022-10/28/content_5722322.htm。

性数字信息基础设施，打通经济社会发展的信息"大动脉"。这为我国的数字基础设施建设指明了方向。《数字中国建设总体布局规划》（以下简称《规划》）要求数字中国建设须按照"2522"的整体进行布局，其中，第一个"2"即数字基础设施与数据资源体系两大基础①，《规划》为系统推进我国的数字基础设施建设描绘了任务书与路线图。

在数字基础设施的内容体系上，《规划》指出，要对网络基础设施、算力基础设施、应用基础设施进行布局，为系统推进数字基础设施建设提供遵循。而在布局方式上，我国的数字基础设施布局未来应该遵循"由东向西、梯次布局"的原则。这是由于目前的网络基础设施、算力基础设施以及应用基础设施的布局与建设更多地呈现出"竖井式"布局的样态，政府信息化主要依赖于实现不同功能的系统组件，这些系统组件往往来自于不同的供应商，系统之间难以实现有效共享和互联互通，容易造成"信息孤岛"与"数据壁垒"，因此既有的基建布局方式无法适应数字政府建设所要求的数据跨地区跨层级跨部门共享与流通之需。

（四）应用场景拓展：打造"场景式"公共治理与公共服务

大数据赋能数字政府建设，离不开丰富和拓展数字应用场景。国务院办公厅《建设指南》强调指出，目前我国的数字政府建设仍然存在包括"政务数据支撑应用水平亟待提升"等的现实问题。而为了提升政务数据支撑应用的水平与成效，应在搭建一站式政务大数据共享平台的基础上，大力丰富和拓展数字应用场景，实现政府"数字应用"全场景，打造"场景式"公共治理与公共服务。

丰富与拓展的总体思路，应该是以政务服务"一网通办"、城市运行"一网统管"以及行政办公"一网协同"建设与深化为依托，将数字应用场景拓展至政府运行、管理、服务的方方面面，实现"数字应用"全场景。

---

① 中共中央、国务院：《数字中国建设总体布局规划》，2023 年 2 月 27 日，https：//www.gov. cn/xinwen/2023-02/27/content_ 5743484. htm。

"场景式"公共治理能够促进跨层级、跨部门执法资源与力量实现有效整合，进而大力提升政府管理水平；而"场景式"公共服务以用户为中心，有效打通层级与部门之间的信息壁垒，将原本离散式地分布于不同业务平台的事项形成联办机制，为用户全流程网上办事提供指导，帮助用户高效获得所需的信息与服务。

（五）数据权利保护：构建数字信息安全共同体

数字政府推进过程中，保障信息和数据安全是维系其自身有效运转的基础性工程。一方面，安全的数字信息为循证决策的科学性、有效性提供了合法性基础。例如，在政务服务和社会治理方面，公民个人数据轨迹是公共服务精准化、精细化、精益化供给的重要依据。另一方面，数字人权作为人权的核心要旨，包含具有数字化形态的传统人权与新兴数字权利，二者均以人的"数字属性"为本原，且均具有宪法基础，应成为基本权利。因此，多形式多维度多举措地推动数字政府信息安全共同体，是数字政府安全保障进一步趋向提质可控的必由之路。

第一，建立和完善数据信息安全政策法规体系，筑牢数字信息安全的法律底线。应当以《网络安全法》为基础，逐步健全数字政府运行生态的网络安全法规体系，加快落地实施如《数据安全法》《个人信息保护法》《关键设施安全保护条例》等法律，营造兼顾安全与发展的数字政府运行的外部环境。

第二，攻克国产化关键技术的梗阻，加速强化自主安全可控的数字政府底座的技术生命线。安全可靠、自主可控的大数据技术是构建数字政府的安全之基，能否实现底层架构的本质安全涉及政府数字化转型成功与否的关键。因此，加快国产化技术的自主创新、提升"卡脖子"技术的自主研发能力，进而冲破西方技术封锁和技术群殴的围堵困境是筑牢政府信息化安全的基石。

第三，快速落地落实数据安全保护制度、争讼救济制度和数字红利分享制度，压实政务系统和数据安全管理边界、职责边界和责任边界的制度红线。各级政府和企事业单位应当抓紧制定落实数据分类分级制度、信息安全保护管理制度，落实主体责任和监督责任，着力推进"全方位、多层级、一体化"的数字安全防护体系。此外，数字政府建设还应坚持"人本主义"价值取向，通过技术红利共享、技术权益保障以及争讼社会救济等制度体系建设，完善数字政府的制度环境和人文环境。

B.12
探究大数据在商业银行存量信贷资产管理中的信息应用

汪健豪　赵飞飞*

摘　要： 随着我国经济从高速增长进入高质量发展的新常态，我国商业银行传统信贷业务过度依赖不动产抵押创造信用的模式难以为继，亟须用新的科学方法帮助银行建立以第一还款来源为重点的信贷信用评估能力与定价能力。得益于国家金税工程的全面推广，以企业真实交易数据为代表的企业涉税数据的合规取得越来越便利，从而使得利用因果关系数据取代相关关系数据来表征企业经营状况及信用风险成为可能。利用企业真实交易数据进行建模，可以解决银行与企业、税务部门、监管机构等外部相关主体之间以及银行内部各业务环节之间的信息不对称问题，防范潜在的道德风险，并有效帮助银行洞察"虚增收入""账外经营""借名贷款""偿债能力不足"等各类涉贷信用风险，帮助银行及早识别和判断风险，制定全面、动态、智能的风控措施，从而帮助商业银行实现信贷业务的稳健经营，守住不发生系统性风险的底线。因此，商业银行亟须建立起各方认可的、可验证可追溯的、真实客观完整的企业交易数据底座，以赋能信贷资产管理。

---

* 汪健豪，宁博数字技术有限公司总裁，宾夕法尼亚大学沃顿商学院金融 MBA，硕士生导师，国家注册高级风险管理师，财政部企业内部控制标准委员会咨询专家、财政部会计信息化标准委员会咨询专家；赵飞飞，国家管理咨询师，联合国训练研究所 GPST 咨询师，宁博数字技术有限公司董事。

关键词： 商业银行 信贷资产管理 信息不对称 交易数据 大数据风控

商业银行作为以经营风险为特征的行业，信贷业务是传统的核心业务，而信贷业务管理的核心是解决信息不对称问题。信息不对称问题不仅存在于银行与借款人之间，更存在于银行内部前中后台、前后任、管理各层级、流程各环节之间，乃至银行与监管之间，这就需要有一套能够受到各方认可的、独立真实客观的、可追溯可验证的数据底座来解决信息不对称问题。传统范式下银行使用企业填报的财务报表结合工商登记行政处罚等公开监管数据和税额、水电气新三表数据来支持信贷业务，但这些数据要么不够独立客观，要么是相关关系数据而不是因果关系数据。金税三期全面上线后各省形成了能够完整反映企业真实交易的数据基础，通过企业授权利用数据采集技术即可便利采集，利用企业真实交易数据建立起一套及时准确、动态高效、客观完整的因果关系数据底座，是帮助商业银行解决内外各层次信息不对称问题并赋能信贷管理的最佳选择。

一 商业银行存量信贷资产现状

根据国家金融监督管理总局 2023 年 5 月 19 日在其官网上发布的统计数据，截至 2023 年 3 月 31 日，我国一季度银行业金融机构本外币资产总额达到 397.3 万亿元，同比增长 10.9%。其中：大型商业银行本外币资产总额 166.4 万亿元，占比 41.9%，同比增长 14.0%；股份制商业银行本外币资产总额 68.9 万亿元，占比 17.3%，同比增长 7.5%；城市商业银行本外币资产总额 52.0 万亿元，占比 13.1%，同比增长 11.5%；农村金融机构（包括农村商业银行、农村合作银行、农村信用社、新型农村金融机构）本外币资产总额 52.9 万亿元，占比 13.3%，同比增长 9.8%；其他类金融机构（包括政策性银行及国家开发银行、民营银行、外资银行、非银行金融机构和金融资产投资公司）本外币资产总额 56.9 万亿元，占比 14.3%，同比增长 7.4%[①]。

表1　2023 年商业银行主要指标分机构类情况（一季度）

单位：亿元

指标	机构					
	大型商业银行	股份制商业银行	城市商业银行	民营银行	农村商业银行	外资银行
不良贷款余额	12461	5234	5149	186	8018	122
次级类贷款余额	6033	2307	3017	90	3394	55
可疑类贷款余额	4502	1910	1227	62	4129	44
损失类贷款余额	1926	1017	905	33	496	23
不良贷款率(%)	1.27	1.31	1.90	1.61	3.24	0.82
资产利润率(%)	0.84	0.89	0.70	1.08	0.72	0.72
拨备覆盖率(%)	250.63	215.06	186.05	256.69	138.39	273.36
资本充足率*(%)	17.35	13.36	12.39	12.24	11.94	20.05
流动性比率(%)	60.25	55.68	77.03	50.86	75.25	73.03
净利润	3395	1505	891	48	774	67
净息差(%)	1.69	1.83	1.63	4.11	1.85	1.66

资料来源：国家金融监督管理总局。

其中，正常类贷款 185.3 万亿元，占比 96.22%，关注类贷款 4.2 万亿元，占比 2.16%，不良贷款余额 3.1 万亿元，占比 1.62%。分银行类别来看，外资银行不良贷款率 0.82%，大型商业银行不良贷款率 1.27%，股份制商业银行不良贷款率 1.31%，民营银行不良贷款率 1.61%，城市商业银行不良贷款率 1.90%，而农村商业银行不良贷款率最高，达到 3.24%（见表1）[②]。

就不良贷款率的横向对比来看，我国城市商业银行的不良贷款率 1.90% 高于银行业金融机构总体不良率约 0.28 个百分点，而我国农村商业银行不良

[①]　国家金融监督管理总局：《2023 年银行业总资产、总负债（季度）》，http：//www.cbirc.gov.cn/cn/view/pages/ItemDetail.html？docId=1109300&itemId=954&generaltype=0。

[②]　国家金融监督管理总局：《2023 年商业银行主要指标分机构类情况表（季度）》，http：//www.cbirc.gov.cn/cn/view/pages/ItemDetail.html？docId=1109306&itemId=954&generaltype=0。

贷款率 3.24%高于银行业金融机构总体不良率 1.62 个百分点，是银行业金融机构总体不良率的整整 2 倍。结合当前经济发展速度进入新常态，党的二十大报告指出"将各类金融活动全部纳入监管，守住不发生系统性风险底线"，同时金融风险防范化解事关国家安全[①]，突显出我国城市商业银行和农村商业银行信贷资产风险控制能力亟须提升的重要性和紧迫性。

二　商业银行存量信贷资产管理面临的挑战

虽然我国商业银行传统信贷业务模式存在过度依赖抵押品控制风险的短板，但不可否认的是，在我国现代银行业发展之初，由于缺乏对借款人资信状况的判断方法和能力，正是通过资产抵押，尤其是土地等不动产抵押等信用创造方式，实现了信贷资金的稳健投放和银行业的快速发展。随着我国提出全面发展数字经济，加快建设现代化产业体系，商业银行需要及时转变经营理念，不断提高自身数字化服务能力，以数据为关键要素支撑业务开展，尤其是对风险的经营与管理。

此外，巴塞尔协议作为银行业资本与风险监管标准，经过全球主流商业银行的长期实践考验，依然有重要的参考价值。巴塞尔协议微观上强调银行的资本充足率、流动性、杠杆率等达标，宏观上要求依据系统重要性、金融顺周期性、金融混业经营进行外部监管和市场约束，通过构建微观资本充足和宏观审慎监管的框架，加强了对银行风险的监管，从而防范银行业"大而不倒"导致的道德风险和系统性金融风险。

（一）银行信贷风险的分类

巴塞尔协议将银行信贷风险分为三大类，分别是市场风险、信用风险、操作风险。

---

① 《坚决守住不发生系统性金融风险底线》，中国政府网，https：//www.gov.cn/xinwen/2018-07/04/content_ 5303309. htm.

市场风险是市场参与者进入市场自身所必须面对的价格波动风险。包括商品价格、利率（资金时间价格）、汇率（货币兑换价格）、股票价格等不利变动造成损失的风险。信用风险也叫违约风险，是巴塞尔协议定义的银行业所面临的最大风险，是指因借款人、交易对手或合作方未按照约定履行义务，从而使业务发生损失的风险。操作风险是指由不完善或有问题的内部程序、员工和信息科技系统，以及外部事件所造成损失的风险。包括法律风险、业务外包风险、员工道德风险等引发的操作风险。

对于商业银行来说，最重要的业务就是吸收存款（负债业务）和发放贷款（资产业务），从而赚取利差，而贷款能不能按期收回、能不能按期完整收回，就成了银行经营中最大的风险。

银行信贷风险主要取决于借款人的履约能力和履约意愿。所谓履约能力是指借款人是否有能力归还借款，一旦借款人经营不善、资金出现问题从而导致还款能力不足，银行的信贷风险就有可能暴露。所谓履约意愿是指借款人归还贷款的意愿，即便借款人有能力归还贷款，但是假如还款意愿不足，仍可能想方设法通过其他手段逃避还款义务，从而对银行信贷资产造成损失。

（二）银行信贷风险监管的逻辑与挑战

对银行业的信贷风险进行外部有效监管有其必然逻辑，以下列举部分主要因素。

1. 杠杆经营，不能只赚不赔

银行业是高杠杆经营的行业，我们用一组数据进行说明。从国家金融监督管理总局发布的最新银行业总资产、总负债（月度）表来看，截至2023年5月31日，我国银行业金融机构总资产为391.5万亿元，总负债为358.7万亿元[①]，我们据此可以算出我国银行业的金融机构的所有者权益：所有者权益＝总资产－总负债＝391.5万亿元－358.7万亿元＝32.8万亿元。

---

① 国家金融监督管理总局：《2023年银行业总资产、总负债（月度）》，https：//www.cbirc. gov.cn/cn/view/pages/ItemDetail.html？docId＝1100772&itemId＝954。

再据此算出我国银行业金融机构的权益乘数为：权益乘数＝总资产÷所有者权益＝391.5万亿元÷32.8万亿元≈11.94。权益乘数是反映企业财务杠杆大小的指标，权益乘数越大，说明股东投入的资本在资产中所占的比重越小，财务杠杆越大。

我国银行业金融机构截至2023年5月31日的权益乘数为11.94，即可以通俗理解为我国银行业平均使用1元钱的本钱做11.94元钱的贷款生意，杠杆率非常高，一旦11.94元贷款里有1元钱无法收回，银行自有的1元钱本钱即损失殆尽。

由于经济周期的存在和银行业顺周期的特性，在经济扩张周期，银行信贷业务扩张叠加企业经营利润增加，使得银行利润通常能够快速增长，并给股东带来回报。然而当经济增速减缓甚至出现衰退，企业利润下滑，进而出现贷款坏账率提升，银行利润就会出现下滑甚至亏损，由于银行高杠杆经营的特性，坏账比率超过一定比例就会侵蚀银行资本金，甚至发生银行破产的风险，从而为银行储户的储蓄带来风险，以及可能由此引发系统性金融风险，乃至可能造成社会性风险，从而使得监管当局"不得不救助"，形成银行业"大而不倒"的状况。即银行业经营利润归股东享有，但一旦经营不善所造成的后果需要全社会分担，这种利益与风险的不对称性，就要求国家有关部门必须对银行业的经营风险进行有效且有力的监管，也正是巴塞尔资本协议从资本充足率方面要求银行业必须用资本来覆盖风险的要义所在。

2. 银行及信贷人员利益与风险的期限错配

"重贷前轻贷后"是银行普遍存在的问题。银行通常对信贷人员设置了即期的绩效考核标准，但由于银行业绩与放贷规模存在短期上的正相关，信贷人员的放贷规模通常与其业绩考核挂钩，这就导致了银行信贷人员利益与风险的期限错配。尽管随着商业银行激励机制的不断完善，信贷业务奖金的延期支付、分期支付较之过去更为普遍，但是内部控制的漏洞依然是存在的，商业银行公司治理优化是长期系统性工作。此外，信贷风险的暴露存在一定的滞后性和延迟性，尤其是中长期信贷还面临着比较大的宏观周期波动风险，考验银行风控体系的动态监测与处置能力。稍有不慎，很可能酿成重大金融事故。因此，有必要以科学审慎的原则对银行信贷资产的风险控制进行全生命周期的实时监测与动态管理，充分利用人工智能、大数据等数字化技术提高风险控制的质量与效率。

3. 外部信用风险往往与内部操作风险相关联，诱发信贷风险

巴塞尔协议虽然将银行信贷风险区分为市场风险、信用风险、操作风险三大类，但三大风险并不是完全独立的。对于银行来说，在贷款审批通过之前，借款人的信用风险是客观存在的外部风险，而贷款一旦放出去，则借款人的信用风险就已存在于银行的信贷资产之中，成为内部的信贷风险，即无论银行以何种严格的内控合规流程审核贷款，如果对借款人信用风险本身的识别存在盲点和误区，外部信用风险总是要通过内部操作风险进入到银行内部，成为银行的信贷风险，从而导致对于信用优良的借款人，银行的风控措施是冗余的，影响银行市场拓展的竞争力，而对于资信不佳的借款人，银行的风控措施又是不足的，从而导致外部信用风险进入银行，形成信贷风险。

4. 现有监管政策的激励不相容

一方面，授信相关人员对于风险揭示的偏好充满了博弈，包括业务拓展、风险控制和管理，金融机构的不同层级之间，业务接替的前后任之间，形成了复杂的职务利益的博弈，以及充满了信息不对称，形成一座座信息孤岛。例如，对于客户经理来说，由于职务利益在于帮助客户满足信贷需求，对于所掌握的客户一手信息，未必全然反映在其对银行所提交的信贷客户尽职调查报告上，而对于中后台审贷人员来说，由于缺乏一致认同的能够揭示企业经营信用的客观信息，凭借借款人与客户经理提交的资料进行审贷，将使得审贷决策缺乏客观性支持，因此，银行内部监管能力的不足，将使得操作风险更易被信用风险侵入。

另一方面，监管机构对于商业银行的监管评级、监管处罚、准入设限以及授信问责、绩效考核的存在，使得商业银行及相关人员对于充分识别和揭示风险，充满了利益博弈的考量，及从自身利益角度考虑的趋利避害的选择。借款人的信用风险是客观存在的风险，无论银行是否进行披露。然而银行一旦严格披露所有风险，将可能受到监管评级下调等相关处罚，进行要求

银行控制信贷规模、影响银行自身的业务扩张需求。这就使得银行对于风险的披露和缓释成为一种游走于监管和发展之间的博弈，使得监管方对银行信贷风险的监管云山雾罩难以透视，呈现出激励不相容的特征。

5. 经济新常态下，银行基于抵押品创造信用的传统贷款业务瓶颈亟须突破

在过去二十年我国经济高速发展时期，以土地为核心的不动产是我国社会信用的典型抵押物，房地产相关贷款一度占我国主要商业银行贷款的近半，直至 2020 年 12 月 28 日中国人民银行联合中国银保监会发布《关于建立银行业金融机构房地产贷款集中度管理制度的通知》并要求"工商银行、建设银行、农业银行、中国银行、国家开发银行、交通银行、中国邮储银行的房地产贷款占比上限为 40%"[①] 之前，商业银行通过土地或房产抵押的方式放出贷款，将押品作为第二还款来源，在房地产价格不断上涨的时期，押品的不断增值使得商业银行的信贷资产的风险控制得到保障。然而随着我国经济从高速增长步入高质量发展新阶段，房地产价格不再必然上涨甚至在不少城市出现了不小幅度的下跌，另外房地产市场的流动性大不如前，有效购房人数的减少和房产交易量的萎缩使得房地产的变现不得不考虑流动性折价。在此大背景下，商业银行以传统风控模式经营抵押贷款已经难免出现业务发展瓶颈，而信用贷款则越来越成为银行同业竞争的增长点和边际能力，如何把握企业数字化转型浪潮带来的信息供给突破，提高对借款人真实经营状况和资信水平的洞察力，是商业银行不得不面对的挑战。

三 商业银行存量信贷资产管理的重点与突破口

（一）商业银行信贷管理的核心问题，是解决信息不对称问题

传统银行人对于信贷风控管理的理解，主要将信息不对称问题定义为银

---

① 中国人民银行、中国银行保险监督管理委员会：《关于建立银行业金融机构房地产贷款集中度管理制度的通知》，中国政府网，https://www.gov.cn/zhengce/zhengceku/2021 - 01/ 01/content_ 5576085. htm。

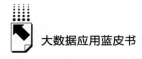

行与借款客户之间的信息不对称，在此定义下将银行的信贷风险狭义局限在客户的信用风险上，然而通过前述论述并结合实践了解，可认为客户的信用风险很大程度上是通过操作风险进入银行内部并诱发信贷风险的，由此需要将银行要解决的信息不对称问题，拓展为以下几个层次（见图1）。

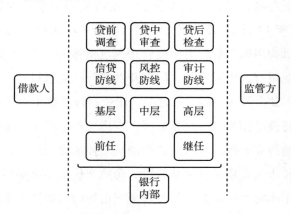

图1 银行信贷管理的信息不对称模型

图片来源：作者自制。

1. 银行与借款客户之间的信息不对称

即借款人掌握银行不掌握的自身资信状况的信息，并且出于借款目的的实现，选择性披露甚至粉饰自身信息。

2. 银行内部前中后台的信息不对称

即银行内部授信各环节，包括客户经理、贷前调查、贷中审查、贷后检查各环节由于职务目标和关注点的不同，对借款人的认识形成的信息不对称。

3. 银行内部各管理层次之间的信息不对称

即银行内部信贷责任人员从基层到高管，从信贷第一道防线到风控第二道防线到审计第三道防线，对信贷业务关注要点、数据需求、关注精力、责任范围、了解深度的不同，而带来的信息不对称。

4. 银行内部各岗位前后任之间的信息不对称

即银行信贷各环节前后任由于离职、调职、晋升等带来前后任对于借款人认识的信息不对称。

5. 银行与监管方之间的信息不对称

即银行自身与监管方共享的信贷信息的不同，导致银行与监管方之间的信息不对称。

这些内外部、各环节、多层次的信息不对称，使得银行对借款人的认识，在各条线都存在信息不对称问题，亟须一套各方认可的又足够客观的、能够真实反映借款人资信状况的信息规则，从而降低银行信贷业务的信用风险和操作风险，提高银行信贷业务的风险识别与管理能力。

（二）解决信息不对称问题的关键，是掌握客观的因果关系数据

1. 解决信息不对称，需要掌握一手的客观数据

要解决银行与客户之间、银行内部之间、银行与监管方之间的信息不对称，需要有各方共同认可的客观真实数据。

现有的银行对借款企业的尽职调查，则主要通过企业自行上报的财务报表，结合客户经理和贷前调查人员线下与客户交流完成的贷前尽职调查而形成。

第一，企业向银行上报的财务报表的客观性未必可靠。在过往实际操作经验中，有的企业往往可能存在三套财务报表。如图 2 所示，一套是用于向银行申请贷款的，这套财务报表可能存在粉饰业绩以利于贷款的倾向；另一套是向税务局申报纳税的，这套财务报表可能存在隐藏收入或利润以便少缴税款的倾向；还有一套供企业老板自己查账的，当然也未必是规范财务报表。由于账务处理的口径与灵活性的存在，就使得银行对于借款企业提交的财务报表难以验真，客观性难以得到一致认可，这时候就需要有在客观性上有一定保障的数据来得到多方认可，从而解决信息不对称问题。

第二，客户经理与贷前调查人员通过实地观察和与客户沟通交流所获得的信息，囿于企业利益角色和主观动机、客户经理放贷的业绩考核压力、贷

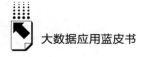

企业财务报表编制的行为模型

财务报表 类型序号	提交对象	目标	常见特点
A	银行	获得贷款	虚增业绩
B	税局	少缴税款	隐藏业绩
C	股东	掌握情况	不够规范

图 2　企业财务报表编制的行为模型

图片来源：作者自制。

前调查人员能力和专业度的局限性，所形成的贷前尽职调查报告难以做到客观全面反映企业的真实经营状况，客观性依然不足。

第三，在银行对借款企业放贷之后，银行仍无其他高效而有效的措施对贷后资产进行动态监测，而此时企业外部信用风险已经转化为银行内部的信贷资产风险，可能存在个别银行人员出于职务利益并不情愿进行披露，但无论是否披露，风险已是客观存在，唯有充分识别风险并积极应对和缓释风险才是出路。

2. 解决信息不对称，需要掌握因果关系数据

解决银行、监管方与借款企业之间的信息不对称，还需要掌握能够充分识别企业真实经营行为的因果关系数据。可以将银行试图掌握的、以便于银行用来评价企业经营状况的数据分为相关关系数据和因果关系数据。

相关关系是指，如果一个事件变化后，另一个事件也随之变化，则称它们之间存在相关关系。相关关系是一种统计关系，是观察或归纳的结果。因果关系是指，如果两个事件中，前一个事件是后一个事件的原因，后一个事件是前一个事件的结果，则两个事件之间存在因果关系。因果关系是一种逻辑关系，是推理或演绎的结果。

当下的数字科技公司对银行提供的数据供给中，主要以公开数据为主，包括工商信息、行政处罚信息、涉诉信息、知识产权信息、舆情信息等。当

下银税互动中，税务局向银行提供的数据，主要是税务局具有数据所有权的纳税金额和纳税信用等级等信息。另外部分银行通过政务合作可以取得借款企业的用水、用电、燃气等公用事业缴费数据。

以上数据供给，对于银行对借款企业经营与信用状况的考察来说，都属于相关关系数据而非因果关系数据，尽管银行仍然能通过这些数据结合传统的尽调模式把贷款放出去，但是对于贷后风险的监控，这些相关关系数据是不足以反映企业的真实资信情况的。银行还需要使用因果关系数据，以便对企业的真实资信情况进行一个客观、完整的还原和把握。

四　用真实交易数据解决银行存量信贷资产管理难题

企业真实的交易数据，可以表征企业的客观经营状况和资信水平。国家金税三期的成功推动，完善了企业交易数据在税务局的供给，包括企业交易所产生的进项发票数据和销项发票数据，以及企业在税务局填报的财务报表（资产负债表和利润表）。后续随着金税四期正式全面上线，银税直连能够很大程度上解决企业提供不同财务报表的问题，其他非税数据的接入，共同构成了一个客观存在的、真实反映企业交易画像的因果关系数据。采集这些数据进行统计、分析、建模，可以客观、高效、完整地还原企业的交易状况，更加有效地解决企业与银行之间、银行内部之间、银行与监管之间的信息不对称问题，以便银行对借款企业进行评估和监测、对存量信贷资产进行动态监管。

以宁博数字技术有限公司为例，通过整合企业公开数据与企业交易数据，对企业信贷信用进行表征，受到了银行客户的认可与好评。其使用企业交易数据进行汇总，从每一张发票的底层的、原始的交易凭证开始，不但可以汇总至会计科目对财务报表进行校验，还可以完整透视企业的原材料采购、固定资产投资、商品销售、上游供应商、下游客户、水电气新三表、房租、仓储物流费用、财务费用、业务转型、关联交易、红冲交易、双向交易等的明细情况和异常情况（见表2）。

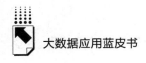

表 2   包含真实交易数据的企业信用画像数据源

类别	公开数据	授权数据
数据主体	1.7 亿社会信用主体	7200 万增值税开票企业
数据类型	工商(基本信息、股东、年报) 投资机构(基本信息、相关公司……) 经营风险(经营异常、环保处罚、股权出质、严重违法、知识产权出质、司法拍卖、土地质押、动产质押、欠税公告、公示催告、行政处罚、税收违法、询价评估、简易注销) 经营信息(产品信息、债券信息、资质证书、抽查检查、进出口信用、双随机抽查、招聘信息、购地信息、土地转让、电信许可、招投标、行政许可……) 企业发展(企业业务、竞品信息、私募基金、产品信息、融资历史、团队信息……) 上市信息(上市公告、配股分红、股本变动、参股控股……) 司法风险(开庭公告、立案信息、失信人、司法协助、裁判文书、被执行人、限制消费令……) 知识产权(软件著作权、作品著作权、商标、专利、网站备案……)	销项发票(发票代码、发票号码、发票种类、购方地址电话、购方名称、购方识别号、购方银行账户、金融、价税合计、开票日期、开票月份、清单标志、税额、收款人、销方地址电话、销方企业编码、销方名称、销方识别号、销方银行账户、作废标志) 进项发票(发票代码、发票号码、发票种类、购方地址电话、购方名称、购方识别号、购方银行账户、金融、价税合计、开票日期、开票月份、税额、收款人、销方地址电话、销方企业编码、销方名称、销方识别号、销方银行账户、作废标志) 税务财报(资产负债表、利润表、现金流量表) 纳税数据(纳税人类型、税种、项目、金额单位、本年累计金额……) 纳税信用数据(税收违法、欠税公告、纳税信用等级、完税详细信息……)
数据来源	全国信用信息公示系统 中国执行信息公开网 国家知识产权局 裁判文书网 ……	税控设备 电子税务 ……
数据性质	公开信息	授权可查信息
数据获得	采集+汇集	授权采集

表格来源：作者自制。

把银行的信贷风险分解到企业的信用风险上，表现为两个维度：履约能力和履约意愿。

履约能力首先应该看企业的盈利能力，以及由企业的盈利能力延伸出的偿债能力（归还银行贷款的能力），这是企业的第一还款来源。其次再看银行的第二还款来源，比如抵押、质押、担保、保证……以及来自其他机构的偿债资金。传统的银行信贷是对于企业第一还款来源缺乏客观数据的获取和验真能力，而来自企业上报的数据往往是经过粉饰的，这就使得银行不得不更多把授信放贷的重点放在第二还款来源上，而第二还款来源的押品则又主要落在房地产上。在过往经济高速发展、房价持续上升、押品持续增值的背景下，第二还款来源压力不大，现如今房地产去金融化，仍然以房地产押品作为第二还款来源则压力和风险急剧增大，传统信用创造模式亟须调整。再则从地方政府角度出发，地方政府有从土地财政向股权财政转变的动向，而股权财政仍然要落实到实体经济的盈利能力上。由此可见，银行在授信评估中，对于履约能力的关注重点从第二还款来源向第一还款来源的转向势在必行。

而对于借款企业的履约能力，最直观的因果关系数据即企业的真实经营数据，在金税三期系统完善以前，客观的经营数据的获得一直是难题。过去银行只能通过企业提交的财务报表，辅以税额、流水、新三表（用水、用电、用气）等数据来解决企业经营数据的获得问题，但这些数据要么不客观（如企业提交的财务报表），要么不详尽（如流水），要么仅是相关关系数据而不是因果关系数据（如税额、新三表）。得益于金税工程将全国各省税务数据打通，企业完整的上下游交易数据得到供给，用于反映企业真实交易情况以便银行用于信贷风控评估的数据分析才成为可能。

履约意愿则可以结合使用公开数据和交易数据进行综合评估。公开数据中的负面信息如被执行人信息、行政处罚信息、涉诉信息等作为一部分因子，鉴于企业往往通过关联交易、投资关系，以及一些特殊的交易行为等方式输送利益，利用交易数据中的一部分信息也可以作为履约意愿的表征，从而增强银行对企业履约意愿的洞察。

五　真实交易数据如何赋能银行存量信贷资产风险管理

第一，利用真实交易数据进行企业信贷信用评估，可以降低银行信贷尽职调查的时间成本和经济成本。

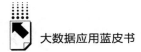

以某自治区联社案例为例，为对一家关联关系较为复杂的煤炭贸易企业进行尽职调查，银行派出两名工作人员，驻扎企业整整两个星期，方整理出一份尽职调查报告。相比较而言，以企业真实交易数据为元数据形成的企业尽职调查报告，如图3所示，使用特定的数据技术架构，仅仅需要企业扫码授权，10分钟后即可出具报告。不仅能大大缩短银行信贷业务尽职调查的时间，也能最大限度减少银行信贷业务的调查成本。

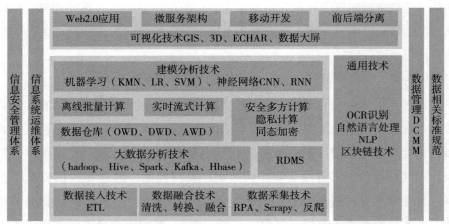

图3　集企业交易数据的采集、分析、展示于一体的大数据技术架构

图片来源：作者自制。

第二，利用真实交易数据来对银行授信户（贷前调查、贷中审查、贷后检查）进行全方位的经营状况扫描，并依据企业关联关系、商品交易往来等各种信息，能够洞察企业各种潜在涉贷风险和经营风险。如"涉嫌骗贷""涉嫌利用发票伪造交易""粉饰经营业绩""借名贷款""多头借款""贷后资金挪作他用""财务费用过高""业务重大转型""偿债能力下滑""账外经营""利益输送""客户依赖""负债主体与经营主体不一致"等各种重大潜在风险（见表3、表4），帮助银行提前发现风险以便及时制定应对办法。而对于排查后的一般风险户（相对于重大风险户），则可帮助银行针对性制定企业的"借新还旧"政策，提高银行贷款服务的竞争力，并且可根据一般风险户的上下游厂商拓展新业务机会。

表3 基于企业交易数据的信贷信用揭示模型（部分）示例

模型	因子	释义
伪造交易模型	红冲交易,双向交易	企业利用伪造交易虚增业绩或调节利润
粉饰业绩模型	销售波动性,采购波动性,销售商品,采购商品,关联交易,运费占比,房租占比,水电气占比	企业通过粉饰业绩来提高申请贷款通过的概率和提高获得贷款的额度
多头借款模型	采购明细,年度,财务费用支出的发票字段表	企业在多家银行或非银金融机构借款
借名贷款模型	股东,对外投资,关联交易,其他付款,其他应收款	企业利用本主体贷款,给关联方输送资金,导致负债主体与经营主体不一致
业务转型模型	国标行业类别,国标商品大类,销售类别,采购类别,年度	企业在贷款存续期间主营业务发生重大转型
账外经营模型	开票率,存货,销售明细,采购明细,销购差,其他应付款,其他应收款	企业存在非票收入,并且非票收入未入公司账户,有挪用公司资产风险和涉税风险
经营恶化模型	开票率,销售额,采购额,销购差,销购差率,销售增长率,销购差增长率,资产负债率	企业在贷款存续期间经营状况出现恶化

表格来源：作者自制。

表4 反映某企业“财务费用占比过高”及“多头借款”的交易数据分析示例

单位：万元

				提供金融服务供应商列表			
排名	供应商名称	采购总额	占比	年度采购额			
				2019	2020	2021	2022
第1名	海尔融资租赁股份有限公司	2061.8	20.2%	228.4	802.6	610.1	420.7
第2名	内蒙古呼和浩特金谷农村商业银行股份有限公司	563.5	5.5%	—	—	183.5	380.0
第3名	和林格尔县农村信用合作联社	266.0	2.6%	20.1	112.8	84.4	48.7
第4名	内蒙古银行股份有限公司	106.6	1.0%	38.3	39.9	28.4	—
第5名	呼和浩特市赛罕蒙银村镇银行股份有限公司	38.8	0.4%	38.8	—	—	—
合计	—	3036.7	29.7%	325.6	955.3	906.4	849.4

表格来源：作者自制。

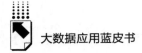

第三，利用真实交易数据采集与分析技术，可以帮助银行建立健全存量信贷资产风险控制的流程与效果。由于真实交易数据的采集与分析全过程由程序完成，独立客观、数据完整、采集快速、秒级分析输出、成本低廉，对于商业银行用于动态监控并预警企业经营风险和偿债风险的变化有着广阔的前景。

第四，将企业的投资关系谱、关联关系谱、交易关系谱形成商品流转链、利益传递链、风险传导链，从而帮助银行解决核心能力——风险定价能力的数据依据，并通过打通银行内部信息孤岛、解决内部无共同认可的客观数据标准等方式，赋能银行信贷全流程决策，并有效解决银行因为贷后无有效监管措施带来的"重贷前轻贷后"的问题。

以上探究了大数据在商业银行存量信贷资产管理中的信息应用，交易数据的引入可以帮助商业银行利用大数据技术来对企业经营数据、行业积累数据、监管公开信息进行汇集分析，不仅可以帮助银行构建覆盖准入评估、还款能力评估、还款意愿评估、资金需求预测、授信额度评估、贷后动态监控等全生命周期业务的各类模型，更重要的是可以帮助商业银行形成可以有效评价受信主体第一还款来源能力的企业交易数据底座。后续商业银行还可以利用统计和机器学习方法对这些数据进行分析，利用特征工程提取有用特征、使用各种机器学习算法（如决策树、随机森林、支持向量机、神经网络等）训练信贷风险预测模型，根据借款人的交易数据预测他们的违约风险，然后将预测模型在新的数据上进行应用和测试，以评估其性能和准确性，从而不断迭代出作为商业银行信贷业务核心能力的风险控制能力。

六　总结

通过以上理论分析、方法阐述及应用效果，可以看到利用金税工程形成的企业真实交易数据来表征借款人的信贷信用，有助于帮助银行降低信贷调查时间、成本，并从因果关系数据的维度，提高银行对企业信贷信用调查的效能，而且不仅可以赋能银行贷前调查、贷中审查，还可以解决商业银行对于存量信贷资产监管无可用有效手段的问题，更重要的是，能够帮助商业银行建立面向未来的风险控制能力，即以第一还款来源的评估和定价为核心的风险管理能力，从而增强商业银行"守住不发生系统性风险的底线"的能力。因此，商业银行亟须建立一套能够被银行及监管内外各相关方接受的客观真实完整的、可验证可追溯的、能以因果关系反映企业经营与资信水平的企业交易数据底座，来解决银行与企业、税务部门、监管机构等外部相关主体之间以及银行内部各业务环节之间的信息不对称问题。

B.13
数字标识夯实数字经济的身份基石

范 寅 王国荣*

摘 要： 数字标识是数字经济发展的基石，是建立数字经济信任生态的先决条件。我国工业互联网标识以及自然人数字标识得到高速发展，工业互联网标识解析体系基础设施基本成型、行业标准逐次展开，地方与行业创新案例正不断丰富，包括物联网大数据、可信计算、区块链、隐私计算、云边协同等技术得到深层次的广泛应用。包括分布式数字身份服务以及区块链即服务等平台的建立，将进一步丰富我国的标识解析与验证体系，为数据流通提供信任基础，从而推动数字经济的长期稳定发展。

关键词： 数字身份 去中心化数字标识 工业互联网主动标识

一 数字标识

数字标识是一种用数字表示的唯一标识符。在计算机科学和信息技术领域中，数字标识常常被用于标识和区分不同的实体或对象，例如用户、文件、程序、设备等。数字标识可以被用于存储、检索、识别和处理信息，在数据管理和网络通信等方面都有广泛的应用。常见的数字标识包括 IP 地址、MAC 地址、序列号、身份证号码、银行账号、商品编码等。数字标识作为

---

* 范寅，安徽成方量子科技有限公司技术总监，合肥创谷数据研究院有限公司研究院副院长，曾就职于思科、联发科、腾讯等企业，研究方向为计算机系统软件、算法；王国荣，中国管理科学学会大数据管理专业委员会副秘书长。

网络环境下的人与物的"身份号码",相应的解析及验证体系成为数字经济的重要基础。

数字标识按其表达对象分为工业互联网标识和自然人数字身份标识,前者面向工业互联网中实体资源(如设备、零件、元器件、材料等)与虚拟资源(如软件、数据、网络等);后者作为实体社会中自然人身份在数字空间的映射,为相应机构组织和人员提供数字空间内唯一识别编码。尽管场景迥异,数据标识系统的核心基本一致,即数据标识编码和解析、对数据标识表达的对象进行身份验证、为数据标识表达的对象提供数据服务。数字标识用途广泛,在既往的人类活动中发挥了极大的价值,随着互联网以及数字经济的高速发展与深入进行,数字标识的基础作用将更为明显,主要体现在以下几个方面。

第一,数字标识可以唯一地识别虚拟对象与实体的身份,数字身份认证是数字经济中进行交易和合作的基础。

第二,数字标识将个人和组织的信息与智能化应用结合,是人工智能、大数据、数字孪生等技术开展的必要条件。

第三,数字标识对数据进行标记和管理,是保障数据资产有序流通使用、数据安全与隐私保障的前提。

第四,数字标识可以建立数字化的身份证明和信任机制,对网络行为的监管和治理起到重要作用。

第五,数字标识是数字化管理的基石,是企业、政府开展数字转型提升效率与竞争力的前置条件。

由于定义数字标识的组织不一,数字标识编码无序散乱无法满足数字经济发展的要求,建立相对统一的数字标识的编码解析体系已经成为必然趋势。国际上广泛使用的标识解析体系有近百种,推动标识标准化的国际组织也为数众多,国际标准化组织 ISO(International Organization for Standardization,ISO)、国际电工委员会(International Electrotechnical Commission,IEC)、国际电信联盟(International Telecommunication Union,ITU)、万维网联盟(World Wide Web Consortium,W3C)、国际物品编码组织 GS1、RFID 联盟等,正积极推动相关标准的建设。一些数字标识解析标准，例如：Handle、DOI、OID、GS1、DID 等逐渐得到广泛接受。中国自主的标识体系包括 ECODE、CSTR、NIOT、eID①、CTID② 得到了长足发展，VAA、ISLI③ 等也被国际组织接纳。

承载数字标识的资源可分为主动标识载体和被动标识载体。被动标识载体一般附着于工业制品或者产品表面，典型的包括条形码、二维码、射频识别（RFID）、近场通信（NFC）等；主动标识载体则指可嵌入在工业设备内部，能够承载数字标识和相应安全证书，具备联网通信功能，能够主动向标识解析服务发起连接的设备或者芯片，典型的主动标识载体包括控制单元（MCU）、通用集成电路卡（UICC）、模组、电子终端设备等。主动标识具备网络结合能力强、网络覆盖范围大、可以加密以及身份验证等特点，成为未来数字标识应用的主要发力点。

二　中国数字标识的发展

中国数字标识沿人和物两个方向发展，其中人指的是自然人数字标识。中国关于自然人数字标识的推进是基于公民身份号码制度的建立而不断完善，通过数字化手段实现了个人身份信息的标识和连接（自然人数字身份），为公共服务提供了更加便捷和安全的支持。大致历经身份证号码、电子政务、移动互联网、大数据等阶段。

自 1985 年以来，中国开始实行居民身份证制度，为每个公民发放可唯一识别的身份证号码作为其身份标识，中国进入了自然人数字身份证号码阶段。

---

① 公民网络电子身份标识（Electronic Identity），由中国公安部第三研究所推动的公民网络电子身份标识编码。
② 网络空间可信标识（Cyber Trusted Identity），由中国公安部第一研究所推动的公民网络身份标识编码。
③ 国际标准关联标识符（International Standard Link Identifier），该国际标准规定了信息与文献领域中可被唯一识别的实体之间关联的标识符，该标准由中国首次提案并主导。

2000 年左右，随着中国政府电子政务的发展，出现了许多需要数字标识的应用场景，如电子税务、电子医保等，以居民身份证号码和社会保障卡号码等为代表的数字标识得到了广泛应用，中国进入自然人数字身份电子政务阶段。

2010 年左右，随着移动互联网的兴起，数字标识在移动互联网应用中的重要性也越来越突出；互联网公司开始对用户进行数字标识的管理，如支付宝的支付宝账号、微信的微信号等；同一时期，中国政府启动了全国人口信息系统建设，旨在将各地的人口信息整合到一个统一的系统中。该系统采用了数字化的方式，包括电子身份证和人脸识别等技术，可以实现全国范围内的人口信息共享和查询。中国进入了自然人数字身份的移动互联网阶段。

大数据时代的阶段始于 2017 年，随着大数据和人工智能技术的发展，中国开始推进数字化身份标识的建设。2017 年，中国国家发展和改革委员会发布了《数字中国建设发展战略纲要》，明确提出要推动数字化身份标识的建设；2020 年，中国公安部第一研究所、第三研究所分别推出了 CTID 和 EID 数字标识体系，CTID 作为"数字身份证明"，是中国政府在数字化转型背景下推出的一项新型身份识别技术，其目的是提高数字化身份认证的安全性和便利性。EID 作为"电子身份证"，是 CTID 的实际应用形式，它是由安全芯片和数字证书组成的，可以实现在线身份认证、数字签名等功能。CTID 和 EID 的推广旨在推动数字经济的发展和普及，并提升数字化服务的便捷性和安全性，其推出使中国居民在进行各种数字化交易时无须再使用传统的纸质身份证明，而是可以通过电子方式完成身份认证，从而方便快捷地进行各种线上交易和服务。目前，中国已经建立了国家数字身份管理体系，推出了数字身份证和数字驾驶证等数字化身份标识，并在各领域推广应用，围绕着 CTID、EID 相关的标准与应用也逐步展开。

物联网方面，中国把数字标识作为工业互联网的重要基础支撑。在工业互联网产业联盟提出的工业互联网体系架构①中，把标识解析定义为网络功

---

① 《工业互联网体系架构 2.0》，工业互联网产业联盟，2020 年 4 月。

能的重要组成部分，并将标识解析细化为标识数据采集、标签管理、标识注册、标识解析、数据处理和标识数据建模等内容。

我国将工业互联网数字标识解析体系作为工业互联网互联互通和数据流通共享的关键枢纽，并大力推动工业互联网数字标识体系建设。中国的工业互联网数字标识大致可分为三个发展阶段。

第一阶段，起始阶段（2015~2017年）。中国政府在2015年提出"中国制造2025"战略，将数字化转型作为重要内容之一。此时，中国开始意识到数字标识在工业互联网中的重要性，政府开始出台相关政策文件，推动数字标识的应用和发展。

第二阶段，发展阶段（2018~2020年）。随着制造业相关政策的深入推进，中国工业互联网进入快速发展阶段。此时，中国政府继续加大数字标识的推动力度，提出数字标识的标准化应用，推广数字标识的示范应用，并建设数字化平台以支持数字标识的应用。自2018年起，我国开展了大规模的工业互联网标识解析体系的基础建设，搭建国际根节点、国家节点、二级节点、企业节点、公共递归节点的五个层级的体系架构（见图1）。

第三阶段，加速阶段（2021年至今）。2021年，中国政府提出了"新基建"战略，明确了数字化转型的重要性。此时，中国工业互联网数字标识的应用和发展加速推进，政府和企业共同推进数字标识的标准化应用，进一步加强数字标识的安全保障。

截至2022年底，我国已经建立"武汉、广州、重庆、上海、北京"5个国家顶级节点和"南京、成都"2个灾备节点，建立二级节点289个，累计标识注册量突破2139亿，日解析量1.2亿，服务企业超20万家，覆盖29个省、自治区、直辖市和38个重点行业，已成为推动数字经济创新发展、产业优化升级、生产力整体跃升的重要驱动力量。[1]

需要注意的是，自然人的数字标识与工业互联网数字标识并不是彼此孤

---

[1] 《我国工业互联网标识解析体系国家顶级节点全面建成》，人民网，2022年11月20日，http://finance.people.com.cn/n1/2022/1120/c1004-32570303.html。

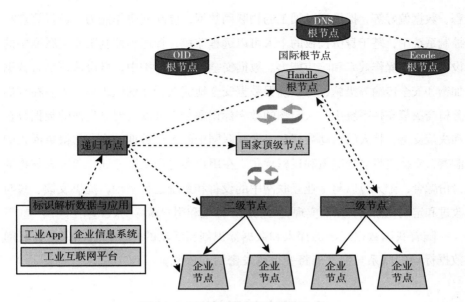

图1 工业互联网标识解析体系架构

图片来源：国家工业信息安全发展研究中心和工业信息安全产业发展联盟。

立发展的，两者既有联系又有区别，过于强调数字标识在自然人或者物联网的单个领域的应用，势必带来数字标识技术及标准的重复与割裂，并为相关技术应用发展造成阻碍。

首先，两者存在大量复用技术或者技术衔接。包括快速身份识别（Fast Identity Online，FIDO）、去中心化数字身份（Decentralized Identifier，DID）等可以同时兼顾人与物的身份服务要求。数字标识应用系统往往需要在安全与隐私保护、标识解析、身份认证与建立信任、数据集成与共享、云计算和边缘计算框架支持、智能化与自动化支持等技术层面实现人与物数字标识技术的复用与衔接。

其次，在业务领域，存在着大量人与物标识融合场景。身份认证与访问控制中，将人的数字标识与工业互联网中的设备、系统和资源进行关联，可以实现更安全的身份认证和访问控制机制，确保授权的人或物访问敏感数据资源、关键控制系统和设备。在个性化服务与配置中，可以根据个人或组织的业务流程、数据偏好等，提供经过加工的物联网数据，提高其协作能力。远程管理与控制系统中，基于身份授权的个人可以远程监控、管理和控制工业互联网中的设备，提高操作效率和响应能力。数据安全与隐私保护中，身份认证结合数据加密和安全传输等措施，可以确保数据安全地流向合法的组织或个人。在数据分析与决策支持系统中，人与物的数字标识融合，可以实现更全面的数据分析和决策支持，将人的活动数据和工业互联网中的生产数据结合，获得更深入的洞察，支持更智能的决策和运营优化。在用户参与和反馈方面，通过人与物的身份融合，个人可以与工业互联网中的设备和系统进行互动，提供反馈、参与改进和定制化需求，从而实现更好的用户体验和用户满意度。

随着我国数据经济的深入和数据标识创新活动的持续，自然人与物联网数据标识的联系与交叉点将变得越发密切和重要。

三 数字标识的技术趋势

数字标识应用涉及大量信息技术。例如，区块链技术可以用于实现去中心化的数字标识系统，确保标识信息的可信性、不可篡改性和安全性，区块链提供分布式账本和智能合约功能，用于管理数字标识的创建、验证和访问控制。加密技术在数字标识中也得到了普遍应用，对标识数据进行加密可以防止未经授权的访问和数据泄露，确保只有合法用户能够访问和使用标识信息。生物识别技术包括指纹识别、面部识别、虹膜识别、声纹识别等，可以用于自然人数字标识的身份验证，这些技术通过采集和比对个体的生物特征来验证其身份，提供更安全和便捷的身份验证方式。多因素身份验证（Multi-factor Authentication，MFA）结合了多个身份验证要素，如密码、硬件密钥、手机验证等，以提高身份验证的安全性。基于多因素身份验证技术可用于构建零信任网络，实现泛网环境下的设备网络资源的管理。[1][2] 可信

---

① 孙瑞、张正：《基于多因素认证的零信任网络构建》，《金陵科技学院学报》2020年第1期。
② 王晨宇、汪定、王菲菲、徐国爱：《面向多网关的无线传感器网络多因素认证协议》，《计算机学报》2020年第4期。

计算技术可用于保护数字标识应用中的敏感数据和操作,它通过硬件和软件的安全隔离来确保计算环境的可信度,防止恶意软件和攻击者对标识数据进行窃取或篡改。AI 与机器学习技术在数字标识应用中可以用于行为分析和异常检测,帮助识别和防止欺诈行为和恶意活动,这些技术可以分析用户的行为模式和活动数据,以确定是否存在可疑或具有风险的活动。上述技术的运用,极大地丰富了数字标识应用的技术内涵,赋予数字标识更大的活动空间。

从最近几年的数字标识应用发展来看,存在以下技术趋势。

(一)主动标识载体逐渐成为万物互联的重要基础

主动标识应用通过在芯片、模组、终端等主动标识载体中嵌入标识,由网络主动向解析节点发送解析请求,无须借助外部设备,是数字标识体系中的关键基础技术之一。2020 年 12 月 22 日,工信部在发布的《工业互联网创新发展行动计划(2021-2023 年)》中,提出加快主动标识载体规模化部署,加快推动基于 5G、窄带物联网(NB-IoT)等技术的主动标识载体规模化应用,部署不少于 3000 万枚等目标。主动标识载体技术成为推动互联网应用的重要力量。

中国主动标识载体标准目前主要由工业互联网产业联盟推动,该联盟已经制定的主动标识包括安全认证、通信模组、通用集成电路等系列标准。其中,《AII/017-2021 工业互联网标识解析 主动标识载体 总体技术框架》提出了主动标识载体总体技术架构和接口(如图 2 所示)。上述标准的确立将有利于理顺主动标识载体应用的技术衔接,为推动工业互联网发展奠定了良好基础。

在主动标识载体中,UICC 承载着全球移动通信用户信息存储、鉴权秘钥、资费服务以及多种逻辑应用,在通信领域具有重要作用。UICC 的应用很多,包括用户标识模块(SIM)、IP 多媒体业务标识模块(ISIM)等。工业互联网场景下,UICC 向不可拔插的 eUICC 发展。基于 eUICC,全球移动通信协会(GSMA)等国际组织推动的 eSIM(如图 3 所示)具有良好的机

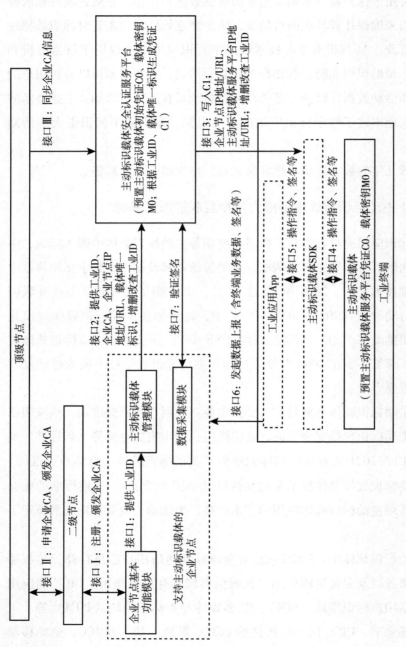

图 2　主动标识载体总体技术架构和接口

图片来源：工业互联网产业联盟。

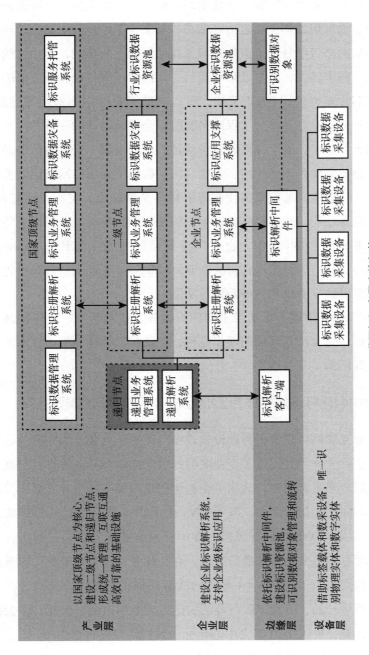

图 3　工业互联网标识应用实施架构

图片来源：工业互联网产业联盟。

械电气特性、安全与隐私保护和数字化生态，被广大厂商支持，发展潜力巨大。芯片作为主动标识载体主要包括基带芯片与安全芯片。其中基带芯片用于处理无线通信的基带信号，负责处理与无线通信相关的功能，包括无线信号的调制解调、频率转换、信号处理和通信协议的解析等，是无线通信的核心部分。基带芯片基本采用 ARM 架构，可以存储工业标识和密钥等信息，并提供安全保护。安全芯片是为了保障系统的安全性而设计的一种芯片。主要功能包括加密与解密、安全存储、身份认证、访问控制、安全通信等。主动标识的另一重要载体是通信模组，是物联网架构的感知层与网络层的关键环节，与终端一一对应。通信模组往往将射频与基带集成，完成无线接收、发射与信号处理等功能。模组厂商数字标识的通行做法是将工业标识、秘钥等集成到基带芯片或者 MCU 中，也有厂商利用硬件安全芯片（Hardware Security Module，HSM）、可信平台模块（Trust Platform Module，TPM）等安全芯片赋予模组以数字身份和身份验证等功能。

自 2020 年以来，中国不断加强主动标识的核心技术研发、应用创新与标准建设等工作，随着产业环境的逐步完善，主动标识载体的相关技术发展将成为工业互联网的重要基础。

（二）去中心化标识解析成为工业互联网标识解析的重要补充

我国的工业互联网标识解析基础设施建设已经趋于完备，为国家的数字经济建设发挥了巨大作用，促进了企业之间的数字协同与业务协作，提高了企业的供应链管理水平和效率，优化了企业生产流程和产品服务质量，但仍存在安全风险和应用不足。例如，基于 DNS 或者 DNS 改良路径的标识体系容易受到 DNS 污染、DNS 劫持等风险；作为标识解析转发、递归解析、安全验证、数据缓存等重要功能的递归节点，存在任务功能复杂繁重，容易成为负载瓶颈等缺点；由于包括 VAA 等在内的编码标识是按国家代码、行业代码、企业代码展开的，不利于跨行业的实体或者数据追溯。因此，作为标识节点的重要补充，W3C DID 等去中心化标识解析将发挥重要作用。

W3C DID 是由万维网联盟（World Wide Web Consortium，W3C）提出和推

动的去中心化标识标准。标识采用一个特殊的字符串，该字符串经解析后指向一个保存在分布式文件系统（区块链）中的数字文档（DID 文档），该文档采用 JSON 语言描述对应的身份的公钥、服务、证明、服务资源等信息，解析器对 DID 解析，经网络请求获取和验证 DID 文档中的数据，完成数字身份验证以及访问资源控制。W3C DID 的身份验证通过三方验证方式进行，发证机构、持证者以及校验者通过经数字签名的可验证凭证实现实体的个人属性、身份、机构等证明。

W3C DID 解析不再依赖各层级的中心节点，因而具有较强的稳定性，标识方法可以由不同厂商组织定义，具有开放性。W3C DID 标识应用同时支持人与物的标识服务，因而具有更好的适应性，受到国际组织和企业的青睐，包括中国信通院、中国联通、阿里、百度、腾讯等众多企业组织参与相关标准的制定，以及应用系统的实施。中国也积极加强了相关标准的研究，例如中国联通推动的国际电信联盟（ITU）标准编号 ITU-T Y.4811《去中心化环境下的物联网设备身份标识与认证融合服务框架》，中国信通院推动的《基于区块链的自然人数字身份系统技术与应用要求》等，分别从人与物的角度定义了去中心化标识的技术框架和要求。

（三）数字身份验证技术仍不断发展

数字身份验证是数字标识应用的重要功能，是数据安全与数字资源分配的基础。在工业互联网环境下，随着泛网设备的广泛应用，为设备分配密码账号的方式无法满足大量离散设备的管理需要与安全保障。主动标识技术条件下，通过关键硬件存储内置的数字标识和数字证书并提供相应保护已经成为可能。内置数字标识往往由芯片厂家或者其他厂商一次性写入特定制度区域，为保证其芯片基础之上的各级系统软件与应用的可信，上游厂商往往利用其掌握的公钥，采用非对称加密方式对其供货的厂商发授加密证书。各级应用通过核对证书，逐级验证保证从终端硬件到应用软件的合法性。这种方式虽然能够保证从硬件到应用系统的整体可信与安全，但整个产业环节的信任链（Chain Of Trust）是建立在少数厂家提供的信任根（Root Of Trust）基础上的。例如，如图 4 所示：在 GSMA 推动的 eSIM 生态中，需要 GSMA

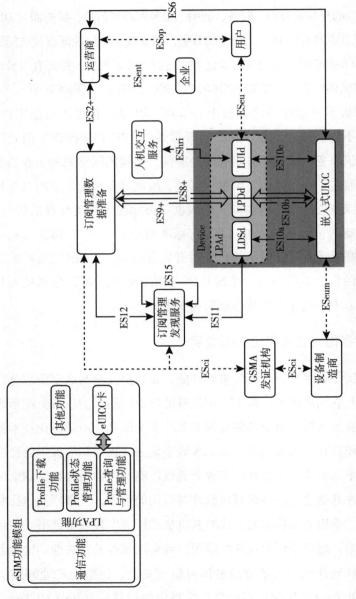

图 4 eSIM 架构

图片来源：全球移动通信协会。

发证机构向各合作机构提供证书（ESci），同样，设备制造厂商在嵌入式 UICC 中内置相应的数字标识与证书（ESeum）。

去中心化的数字身份验证则提供了另一种技术途径。去中心化的数字标识可以按特定规则自行生成，数字标识关联的数字文档则放置于区块链上，文档内容的真实与否通过发证方提供的签名背书（可验证声明）来保证，验证方通过核验数字文档来确认数字身份的真实性。为保证数字标识在验证系统中的不可篡改，区块链技术被加以运用，例如泰凌 TLSR9 系列通信芯片集成了区块链技术，保证了数字标识及其发送数据的不可篡改（见图 5）。

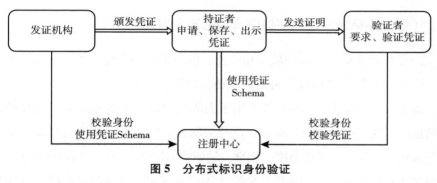

图 5　分布式标识身份验证

图片来源：作者自制。

为提高身份验证的便利与安全，FIDO2（Fast Identity Online 2.0）等采用多身份验证技术以及无密码身份验证技术，已经被微软、谷歌、华为等众多厂商支持。FIDO2 是一种无密码身份验证的开放标准，其技术框架包括 WebAuthn，提供了基于 WEB 的身份验证标准，允许用户使用多种身份验证，如生物特征、硬件安全秘钥等进行身份验证；CTAP（Client to Authenticator Protocol）定义了 WEB 浏览器和身份验证器之间的通信规则，允许 WEB 应用进行身份验证，该协议同时支持 USB、蓝牙、NFC 等连接方式；ASM（Authenticator-Specific Module）是 FIDO2 的可选组件，允许身份验证设施厂商根据设备特性定制其生物识别、PIN 码输入等高级功能。在手机应用中，该技术往往与机密计算技术结合，用来对包括手机等移动终端存储的数字标识以及人脸、指纹等个人生物特征数据进行保护。由于 FIDO2 依赖不同厂

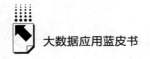

商的具体技术支持，对硬件的安全性也有一定的要求，存在兼容性与功能受硬件局限等问题，该技术仍不断发展和完善。

零信任安全被认为是身份验证技术的进一步发展方向，零信任安全是一种基于策略和技术的安全模型，将所有的访问尝试都视为不受信任的，需要进行逐个身份验证和授权。在工业互联网中，零信任安全模型可以应用于设备和系统的访问控制，确保只有经过验证的实体可以进行操作和通信。目前零信任安全的相关技术仍在探索，包括 BeyondCorp、Zscaler Private Access、Duo Security 等技术有待进一步的验证和实践。

（四）隐私技术是数字标识应用的安全保障

隐私技术在数字标识领域应用广泛，除传统的假名化技术、加密技术之外，一些隐私技术逐渐被采用或者推进。例如：

匿名化（Anonymization）技术用于去除或隐藏个人身份信息，以保护用户的隐私。通过去标识化、脱敏、泛化或随机化等方法，将个人标识与敏感信息分离，使得个人无法被唯一识别。例如中国提出的 xID 去标识化技术，使用可逆加密技术将个人身份信息转换为不可逆标识，并在数据交换中使用该标识代替真实身份信息。有效地保证了数据的分析价值并保护了个人信息。

差分隐私（Differential Privacy）通过在发布的数据中引入噪声，使得个人数据无法被单独识别。差分隐私能够保证在统计分析中保护隐私，同时保持数据的可用性和有效性，但其在大规模神经智能分析中，是否引入误差并如何消除仍待进一步研究。

随机化响应（Randomized Response）与不经意传输技术（Oblivious Transfer）均用于调查和统计领域，通过引入噪声和随机性，从而保护参与者的隐私。这样可以减少对敏感问题的担忧，并提高参与者的合作性。

隐私计算（Privacy Computing）是一类在保护数据本身不对外泄露前提下实现数据分析计算的技术集合，包括可信执行环境、联邦学习、同态加密、多方安全计算、区块链、零知识证明等多种技术，除同态加密与零知识证明之外，其余大部分技术在不同场景下均有所应用。

四 数字标识相关应用

在行业应用上，众多企业纷纷抓住二级标识节点建设契机，参照工业互联网标识解析体系提出了自己的架构与方案。[1][2]

在企业内部，数字标识的使用有利于企业构建不同信息系统的连接关系，实现围绕产品生命周期的数字孪生。在不同的企业组织之间，利用数字标识有利于实现跨地域、行业、企业的生产协作与供应链关系。中国积极开展数字标识的案例征集与示范应用，在能源电力、化工、钢铁、船舶、汽车、服装等多个领域均有成功示范，解决了各类型企业生产经营的痛点问题。

从 2021 年、2022 年中国工业互联网联盟收集的数字标识应用创新案例来看，制造业在产品设备层关注使用数字化标识打通供应、制造、运营、维保环节信息流，提升精细化运营管理能力，降低时间成本，提高生产效率（见图 6）。例如，中船黄埔文冲船舶有限公司通过数字标识应用，将机务数据初始化时间由超过 14 天降到 3 天以内，质量检验前期对接时间由 5 天降为 2 天以内。过程流程层关注提高跨企业、跨行业的数据共享与业务协作，致力于打通上下游销售通道，优化供应链需求关系，例如，新凤鸣集团通过数字标识应用，打造生产平台，提供精细化供应链交付应用，通过微信小程序为客户提供产品批次的工艺指标参数，让客户能及时调整自己设备的工艺参数，大幅减少销售成本、提升销售响应数据。在产业资源层，企业关注资金流、单据流、信息流的融通，为企业资金周转提供有效可靠的解决路径。例如，合医（北京）网络科技有限公司与工商银行合作建立"商医贷金融服务平台"，在降低人力成本和时间周期的同时，综合年化贷款利率从 15% 降到 4.35% 的水平。

除此之外，人与物的数字标识融合也具有巨大的潜力，例如：在智能家

---

[1] 魏文渊、赵鹏超、谢卉瑜等：《车联网标识解析体系研究》，《时代汽车》2021 年第 6 期。

[2] 李晋航、高铭泽、吴文亮、陈兵、石致远：《电力装备制造业工业互联网标识解析体系应用发展研究》，《电力系统保护与控制》2020 年第 12 期。

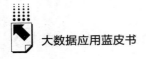
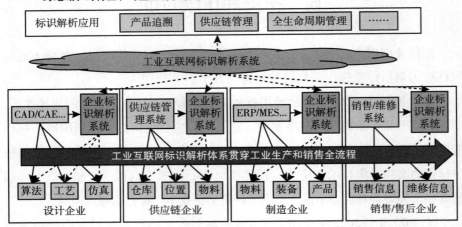

通过给每一个对象赋予标识，并借助工业互联网标识解析系统，实现
跨地域、跨行业、跨企业的信息查询和共享

图6   工业互联网标识解析助力数据多跨

图片来源：工业互联网产业联盟。

居场景下，通过将自然人的身份与物联网设备绑定，实现智能家居的个性化和智能化控制。居民可以使用自己的数字标识来控制家中的智能灯光、温度、安防系统等，实现定制化的居家体验。在智慧城市场景下，将自然人的身份与城市中的各种物联网设备和基础设施关联，实现智慧城市的管理和服务。市民可以通过自己的数字标识使用智能公交系统、智能停车系统、智能健康服务等，提升城市生活的便利性和舒适度。在智能交通场景下，将自然人的身份与交通设施和交通工具进行融合，实现智能交通管理和个性化出行服务。个人可以通过自己的数字标识使用智能公共交通卡、共享单车、智能停车等，尝试更便捷、高效的交通体验。在其余领域，例如智能健康，智能零售等场景下，人与物的数字标识融合应用将带来个性化的数据服务，具有广泛的社会经济效益。

五   总结

随着中国对数字标识的重视以及各项创新应用的展开，数字标识实现了人、平台、设备之间的互联互通，促进了物联网、大数据、人工智能、区块链等技术的应用，成为数字经济重要的技术力量。同样，数字经济的高速发展也为数字标识技术带来挑战。一是体现在数据安全层面，数据标识应用广泛使用经典加密尤其是非对称加密系统用于保证各项数据安全，但随着量子计算的发展，经典加密算法受到量子威胁[1]，数字标识应用面临普遍的加密机制或者加密算法改造难题。二是体现在标识应用层面，不同的行业、组织机构往往采用不同的编码标准以及企业内部标准，实现多组织的基于数字标识的数据沟通，不可避免地出现一物多码，不利于跨地区、行业的物联网数据交换，要便利实现不同协议解析的交换，需依赖不同标准组织的共同推动。

物联网大量使用嵌入式设备，硬件信任根是构建信任链的锚点，中国相关产业在自主知识产权研发、标准体系建设、供应链安全、国际合作等方面仍存在缺陷与不足，有待国内科研组织与技术厂商的努力。

---

[1] Gidney, Craig & Ekerå, Martin, "How to Factor 2048 Bit RSA Integers in 8 Hours Using 20 Million Noisy Qubits", *Quantum* 5. 433, 2021.

B.14
新文科实验室建设中亟待解决的问题

董青岭 刘文龙*

摘 要: 当前,伴随着数字化进程的推进,新文科实验室建设已成为社会科学研究迈向"第四范式"的关键一环。然而,由于资金和技术门槛的限制,新文科实验室建设面临关键难题,即大体量数据的稳定供应和多模态数据的可计算。其中,前一个主要是用以解决文科大数据研究没有数据、缺乏数据的问题以及拥有了数据难以有效阅读的问题;而后一个则着眼于服务那些没有编程知识的人如何进行大体量数据计算,以及谁来供应算力支撑的问题。就此而言,唯有解决好这两个"卡脖子"的关键问题,新文科实验室建设才能真正助力文科研究走向数据密集型科学研究和智能化分析,即真正迈入"第四范式"。

关键词: 第四范式 新文科 实验室建设

一 引言

当前,伴随着数字化进程的加速演进,文科实验室建设日渐成为促进科

---

* 董青岭,博士,对外经济贸易大学国际关系学院教授、计算社会科学实验室主任,主要研究方向为大数据科学与国际关系的交叉,研究内容涵括大数据海外舆情监测与冲突预警、国际关系自然语言处理与社会情感挖掘、机器学习与国际关系智能分析;刘文龙,对外经济贸易大学国际关系学院博士生、计算社会科学实验室研究助理。

学知识生产、加快科研创新的主阵地。①《教育部社会科学司 2020 年工作要点》提出，要"重点支持建设一批文科实验室，促进研究方法创新和学科交叉融合，引领学术发展"。其中，数字化进程是新文科实验室建设的核心驱动力，特别是大数据和人工智能技术的进步正在造就新文科建设的范式革命。概括来说，这些变革主要体现为以下几点：第一，研究素材的变革。传统的文科研究主要以小体量、稀疏数据为主，局限于历史资料、田野调查、抽样统计与面对面访谈等方式所形成的数据资料；而借助大数据技术的支撑，新文科研究不仅采集传统的结构化数据，而且收集和高效处理诸如文本、声音、图像和视频等非结构化数据，研究素材的多样化正在急剧扩大文科研究的对象空间，数据分析对象正在从单一模态分析向多模态、跨模态分析转变。第二，研究工具的创新。面向数据密集型科学研究，超级计算和分布式计算（诸如 Hadoop 和 Spark 等）也逐步成为新文科实验室建设的努力方向。在此背景下，针对某些具体研究问题和研究任务，诸如情感分析、社会网络分析和地理空间分析以及各种算法软件和实验工具的研发，也日渐成为新文科竞争的重要阵地。建设数据底座和算法底座，越来越成为新文科竞争的关键着力点。第三，研究方法的革新。与传统文科研究重视经验不同，新文科发展更加注重从数据中挖掘知识和发现规律，更加注重计算机科学、基础数学、数理统计与文科的交叉融合，以及更加注重先进的实验设计和深度学习方法的使用，研究方法革新正在变革传统的研究思维。

但是，作为一个新型的跨学科交叉融合问题，新文科建设要想真正迈入智能化与半智能化分析时代，以下两大问题亟待解决：一是数据获取与稳定供应问题。即高质量、高密度的数据从何而来，换言之，如何解决新文科大数据科学研究没有数据的问题以及数据如何被有效阅读的问题。二是数据计算与模型复用问题。即大体量、多模态数据如何实现可计算问题，也可理解为大多数不会编程和计算的人员如何使用高技术手段进行科学研究的问题。

---

① 李晶、刘越：《文科实验室赋能"新文科"创新发展》，《中国社会科学报》2023 年 2 月 10 日。

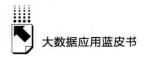
总体而言，在当前以大数据、人工智能技术为代表的全球化数字浪潮中，新文科要想真正进入以"高密度数据"和"智能化计算"为特征的"第四范式"时代，数据问题和计算问题是不得不解决的两个关键"卡脖子"问题。

二　科学研究新范式：数字化进程与新文科建设

伴随着数字基础设施的完善和数字化分析手段的介入，数字化进程已然对当前文科建设的主导范式构成颠覆性冲击。在新技术的加持下，新文科建设的主导方向是走向"第四范式"。这主要表现在以下三个方面。

第一，新议题的出现正在引发新的知识增长点，文科建设正在出现新旧研究范式的分化。纵览文献，传统研究范式都是建立在理论推导、因果假设、现状描述的分析思维下，这种研究范式的解释能力、学科建设和政策指导意义，伴随着全球进入人工智能时代而逐渐式微，新技术、新工具、新方法的出现正在引发新的研究范式和研究议题。第二，深度学习的使用正在挑战传统分析方法，一些重要社会话题研究正在出现新的分析路径。区别于传统计量分析强调因果回归和事实解释，当前以深度学习为代表的大数据分析更加重视海量数据之间的相关性、相似性、关联性和共现性等特征；虽然大数据范式存在机制解释、因果识别以及准确性的不足，但会随着技术突破和理论引导而得到更大的提升。① 第三，研究方法的交叉产生了新的研究模式，新文科实验室建设正在提高数据分析能力。计量统计方面的优势在于对结构化数据分析的规范性、可重复性以及对因果分析的重视，而大数据分析的优势在于对海量数据的获取、整理以及对相关关系研究的推进。大数据和计量方法的交叉融合不仅能够有利于获取海量结构化和非结构化数据，以及将非结构化数据转化为结构化数据，同时还可以利用计量回归增强对相关问题的因果推导和检验，有助于推进研究的可解释性、可重复性以及可理解性。

---

① 王中原、唐世平：《政治科学预测方法研究——以选举预测为例》，《政治学研究》2020年第2期，第62页。

总而言之，在大数据和人工智能技术的共同作用下，新文科建设正在加速朝数据密集型科学研究和智能化分析范式演进。在此背景下，新文科实验室建设要瞄向新的研究议题、立足新的研究方法与研究工具的使用，着力解决好"数据可获取"与"数据可计算"两个关键问题，面向世界科技最前沿、面向经济竞争主战场、面向国家重大战略需求、面向人民生命安全，通过跨学科交叉融合、打造文科研究新范式。有鉴于文科实验室如同自然科学领域的国家重点实验室，寄托着国家的科技创新追求，也是一个国家向更高科技水平进军的重要领地，2022 年 5 月 27 日，教育部印发了《面向 2035 高校哲学社会科学高质量发展行动计划》，公布了 30 所首批哲学重点实验室名单（见表 1），旨在布局和建设一批具有中国特色、促进学科交叉、服务国家战略、推动国际交流的哲学社会科学重点实验室，为繁荣中国学术、发展中国理论、传播中国声音，为坚持和发展中国特色社会主义、建设社会主义现代化强国、实现中华民族伟大复兴提供有力支撑。

表 1　首批教育部哲学社会科学实验室建设名单

教育部哲学社会科学实验室（试点）	
1	北京大学语言实验室
2	清华大学计算社会科学与国家治理实验室
3	中国传媒大学国家舆情实验室
4	中国政法大学数据法治实验室
5	南开大学经济行为与政策模拟实验室
6	吉林大学生物考古实验室
7	合肥工业大学数据科学与智慧社会治理实验室
8	武汉大学文化遗产智能计算实验室
9	上海师范大学、上海市教育科学研究院教育大数据与教育决策实验室
教育部哲学社会科学实验室（培育）	
1	中国人民大学数字政府与国家治理实验室
2	北京师范大学汉字汉语研究与社会应用实验室
3	北京外国语大学人工智能与人类语言实验室
4	中央音乐学院音乐人工智能实验室
5	对外经济贸易大学全球价值链研究院

大数据应用蓝皮书

续表

教育部哲学社会科学实验室（培育）	
6	天津大学复杂管理系统实验室
7	复旦大学国家发展与智能治理综合实验室
8	上海交通大学数字化管理决策实验室
9	上海财经大学会计与财务研究院
10	华东师范大学智能教育实验室
11	南京大学数据智能与交叉创新实验室
12	浙江大学艺术与考古图像数据实验室
13	华中科技大学大数据与国家传播战略实验室
14	中山大学大数据管理行为与决策实验室
15	西南财经大学金融安全与行为大数据实验室
16	西安交通大学系统行为与管理实验室
17	北京航空航天大学低碳治理与政策智能实验室
18	中国科学院大学数字经济监测预警与政策仿真实验室
19	中国美术学院文创设计智造实验室
20	华南师范大学儿童青少年阅读与发展实验室
21	云南大学"一带一路"研究院

表格来源：作者自制。

三　新文科实验室建设：亟待解决的关键问题

简单来说，数字时代科学研究的基本形态是迈向"第四范式"，其特征如下：一是数据密集型科学，主要体现为大体量数据、多模态数据和即时性数据；二是智能化与半智能分析，主要体现为高技术分析手段的介入和开源计算平台的建设。就此而言，在数字化环境下，新文科建设不仅要能够获取海量数据、实现多语种的无障碍阅读，同时也要能够实现模型的预训练、可复用与算力的可支撑，克服传统多数文科学者无法从海量数据中洞察趋势和提供见解的窘境，推进文科研究真正做到基于数据和算法提供问题解决方案。显然，当前文科研究并没有达到这种程度，多数研究人员只能在小样本数据和个案中进行理论推导和因果分析，无法对海量数据进行获取、阅读、分析和计算。事实上，这并非研究人员缺乏探索意愿和创新精神，而是当前大数据、人工智能等先进技术为社会科学竖立了太高的门槛，从而使得传统文科研究人员无法应对数据超量和信息过载的挑战。换言之，多数研究人员因"数据"和"计算"门槛高而无法真正进入"第四范式"。

（一）亟待解决的卡脖子问题一：数据供应问题

1. 数据采集难题

高密度数据和即时性数据是开展大数据科学研究的基础，在传统文科研究中，数据采集却是一个关键障碍。这主要是因为：第一，网络爬虫程序的编写和维护难度较高。网络数据采集需要编写特定的网络爬虫程序，然而由于网页设计之间的差异，任何一个爬虫程序都不能完全满足所有网页数据的抓取，并且有些网页在设计之初还设定有反爬虫机制，这就导致网络爬虫程序编写成为一项极为复杂且难以批量化的工作。另外，由于有些网站的底层设计会不定时更新，这导致某一网页爬虫程序的设计和应用并不能一劳永逸，需要时刻进行检测和维护。第二，数据采集的硬件搭建成本较大。要想高效获取和存储数据，还需要有高性能的处理器和存储硬件，对于传统数据而言，一台电脑、一台服务器就足以满足各种研究的数据需求，而对于大数据而言，高性能处理器和大容量存储器以及云空间都需要耗费大量资金进行添置。对于资金短缺的文科学者来说，较少的研究经费和价格高昂的软硬件设备之间的矛盾长期以来是多数学者难以跨越的障碍。[1]

2. 数据分析阅读障碍

文科研究包罗万象，涉及语言语种材料较多。不同于计算机科学领域，研究人员可以直接将研究素材转换成二进制代码，能够直接对原始数据进行训练和分析，文科学者需要对研究素材进行自然语言阅读并提取总结发现，因此跨语言阅读就成为文科学者不得不面对的一个现实问题。仅仅获取到数据是不够

---

① 董青岭、王海媚：《21世纪以来中国的大数据国际关系研究——董青岭教授访谈》，《国际政治研究》2019年第4期，第156页。

的，对于一个文科学者而言，其更需要借助机器手段实现自由阅读并深刻理解研究对象之意义。然而，在现实研究场景中，能够熟练掌握三种语言的学者就已属凤毛麟角，多数学者主要以英语为主，面对机器在全球抓取的多语种数据，应当如何阅读分析成为一件极为困难的事情。而且，当部分学者阅读长文本时，也可能会因文本过长、俚语较多、数据量较大而出现阅读速度较慢、提取信息较少、数据分析效率较低等问题，即使有各种翻译软件做辅助，也难以摆脱相应的阅读障碍，更何况多数翻译软件都有文本翻译限制。

（二）亟待解决的卡脖子问题二：数据计算问题

1. 算法难以复用的障碍

一方面，多数学者难以进行算法编程和算法复用。对于95%以上的文科学者而言，现有文科队伍的技术水平难以做到使用算法编程进行数据分析，绝大多数学者已然习惯的是传统定性分析与人工数据处理，这导致多数学者难以对数字时代的海量数据做出有效反应。另一方面，现有算法集成和预训练程度较低，可复用性较差。不仅多数学者难以修改和应用这些算法模型，同时这些算法模型也可能存在方法不够完善、分析不够精准等问题。并且，无论是为了提高准确性和稳定性而将多个基础算法组合起来的算法集成，还是为解决某一特定问题对海量数据进行预训练的算法模型，其都需要专业的人才和丰富的算力做支撑，显然当前文科建设不仅缺乏专业的算法人才，同时也缺乏足够的算力支撑。在此背景下，即使部分学者拥有开展相应大数据研究的意愿，也会因自身编程能力不足、算法复用性较低而迟滞不前。

2. 算力短缺的障碍

算力提升是大数据分析能够实现应用的重要因素，没有庞大的算力支持，即便有丰富的数据和复杂的算法模型，也无法将大数据分析应用于实践。[①] 对于文科建设而言，面对全球海量数据，算力不足、算力建设难度大

---

① 陈云松、吴晓刚、胡安宁等：《社会预测：基于机器学习的研究新范式》，《社会学研究》2020年第3期，第98页。

已成为制约文科数据处理的重要障碍。相较于传统结构化数据，大数据分析需要采用更加复杂的算法模型进行多级运算、分布式计算以及模型预训练，其所需的算力已经远远超出单台计算机的处理能力。而传统文科研究主要立足于简单数据的研究，对算力几乎没有要求。但是面向"第四范式"的数据密集型科学研究则是另外一番景象，多模态、跨语言、大体量的数据计算不仅需要有可供选择的算法工具箱，更要有高性能的算力支撑。因此，新文科实验室算力建设不仅需要高性能处理器、大空间存储和高速网络传输线路等硬件设备，同时还需要架设操作系统、安装软件平台以及搭建网络架构等软件设施，以及对设备软硬件进行持续性优化、维护等操作。在当前新文科建设初始阶段，文科学者微薄的研究经费是难以支撑单独建设如此庞大的算力平台的。

四 现有解题思路：数据的供应与可计算问题

新文科实验室的建设应不同于工科实验室。这主要体现在二者的功能定位上，其中工科实验室主要是面向系统性能改善与科学发现，需要大型实验设备和独创性算法的支撑，其建设必然属于重资产、重量级的实验室；而文科实验室主要是将成熟的科学技术引入促进社会问题的解决，其本质是成熟技术的场景应用，其发展重心是应用层建设，由此决定了其属于轻量级、轻资产型实验室建设。就此而言，工科实验室和文科实验室各有分工、各有侧重，二者的发展路径也不应相同。但幸运的是，对于整个社会科学的创新发展而言，学术界都已普遍认识到数据和计算的重要性，并为之积极探索各种解决方案。

（一）有关数据供应问题的解题思路

1.账号购买型数据供应

这类数据中心是一种账号集成平台，其本身并不生产数据，而只是将涉及本专业领域的相关数据资源购入本平台，设置使用权限，仅供有条件、小范围的人群使用。例如，各个大学或研究机构的图书馆数据中心，其与专业的数据生产机构进行协商，将购买的数据资源放置在平台中，研究人员主要通过 IP 地址或账号登录的方式获取使用权限。这种数据供应属于科研单位基础公共设施建设的一部分，科研单位承担了数据资源的购入成本，不仅有助于降低研究人员使用专业数据的经济成本，同时也为研究人员更快、更精准地获取研究数据提供了便利。但是，这类数据供应缺乏稳定性，由于数据供应主动权掌握在供应商手中，数据供应商可能出于各种原因抬高数据价格、暂停数据供应，或者不再更新数据内容等。

2. 协商共建型数据供应

这类数据供应主要是两个及以上单位通过发挥各自优势针对某一具体领域进行协商共建、共同享用数据资源；常见于政府与企业、政府与高校、企业与高校之间的数据合作。例如，政府与高校共建数据，主要是政府提供大量数据，高校负责分析数据内容，并提供相应的对策建议。这种类型的数据建设不仅能够帮助政府分析海量数据、获取到来自高校更具专业性的政策建议指导，同时高校也能获取更直接、更全面的数据资源，进行更加深入、更加精准且更新视角的科学研究。但是，为保证数据的安全性、保密性、敏感性，这类数据主要仅供内部机构使用，其他研究人员获取相应的数据资源则具有一定的难度。

3. 个体分享型数据供应

这类数据常见于开源数据平台和学术网站，研究人员或研究机构将自己拥有的数据上传于平台，主要用于研究方法和相应技术的创新。例如，Kaggle 数据平台，kaggle 被定义为机器学习和数据科学的在线社区，现今已经拥有近百万的数据科学家和算法爱好者参与其中，共创建了超过 5 万个公开数据集和 40 万个公共算法模型。[1] 研究人员不仅可以在平台上收集大量的数据资源，同时也能获得对应的数据分析算法。再如，以 The Dataverse Project 为代表的开源数据管理平台，为研究人员和部分学术期刊提供了数

---

[1] Kaggle, "Start with More Than A Blinking Cursor", https：//www.kaggle.com/.

据存放空间，研究人员可以将自己研究使用的数据资源上传于这类平台，供其他学者进一步研究拓展。但是，由于这类数据供应完全属于研究人员的自主行为，可能存在数据不完整、数据过时、数据失真、数据混乱等问题。

4. 自主研发型数据供应

这类数据供应是当前学界的主流形式，可分为传统摘录型数据库和自动更新型数据库，这两类数据库形成共同发展、相互补充的数据供应模式。第一，传统摘录型数据库。其主要是以人工阅读、手工摘录的方式对某一垂直领域的相关指标进行计算、汇总而形成的数据库。例如，战争相关项目（Correlates of War Project，COW）发布的国家物质能力数据集（National Material Capabilities）、国家间军事冲突地点数据集（Militarized Interstate Dispute Locations）等[1]。斯德哥尔摩国际和平研究所（Stockholm International Peace Research Institute，SIPRI）发布的军火工业数据库（SIPRI Arms Industry Database）、军事支出数据库（SIPRI Military Expenditure Database）等。[2] 这类数据在建设中需要遵循严格的收集和计算标准，数据噪音较小、价值较高、可验证性较强。然而，这些数据也不免因对历史事件的梳理难以做到完全穷尽、对新近事件不能及时梳理补充，以及人工摘录存在疏漏等情况，普遍存在细粒度较差、缺失值较多、滞后性较大、误差率较高等无法避免的问题。第二，自动更新型数据库。该类数据库是采用先进数字技术进行自动摘录、自动编码、自动存储以及实时滚动更新的数据库。例如，全球事件、语言与语调数据库（GDELT）能够对全球各国超过 100 种语言的世界广播、印刷媒体、网络新闻进行全方位实时监控，数据库已经收集超过 2.5T 的数据资源。[3] 再如，武装冲突地点与事件数据项目（The Armed Conflict Location & Event Data Project，ACLED）是一个专注于收集全球政治暴力和抗议事件的数据库，其

---

① Correlates of War Project，"Data Sets"，https：//correlatesofwar. org/data-sets/.

② Stockholm International Peace Research Institute，"SIPRI databases"，https：//sipri. org/databases.

③ The GDELT Project，"The GDELT Story：Learn about How GDELT Came To Be，Who Made It，and How You Can Use It"，https：//www. gdeltproject. org/about. html.

从 2022 年开始对全球事态进行实时监控，将相关暴力冲突事件进行摘录入库、按周更新，同时还能将数据标注在地图上便于实时预览。①

总而言之，当前账号购买型数据、协商共建型数据、个体分享型数据以及自主研发型数据中的传统手工摘录型数据基本都是以传统结构化数据为主，呈现数据价值高，但是数据密度较低的特征，主要用于传统计量因果回归，难以实现高密度数据的实时分析。而自动更新型数据具有高密度、实时更新的特征，能够帮助研究人员应对未来海量数据的挑战、寻找繁杂数据间的潜在关联、探索更加精准且贴切的政策方案，但由于当前这类数据库建设难度较大、运营成本较高、覆盖领域也较少，暂时还无法支撑学者开展全方位的高密度数据分析研究。

（二）有关数据计算问题的解决方案

1. 算法问题：促进算法模型的可复用性

当前，算法供应主要是以计算机编程领域的"面向对象"思想为核心，趋向于"低代码化"发展。"面向对象"主要是指针对特定基础的问题而编写相应的算法，并将其封装，当再次遇到此类问题时，直接调用已经封装好的算法模型即可。也就是说，这种"面向对象"的编程思维能够极大地提高代码使用效率，有助于相关专业人员直接调用前人已经编写好的算法模型，或者在现有算法基础上修改、拓展新的功能。

放眼全球，现有开源的算法平台主要可分为以下三类：模型构建与预训练平台、算法博客与问答平台、学术研究附件托管平台。第一，模型构建与预训练平台。此类平台主要是能够提供算法开发、预训练、模型部署以及算法分享等服务的在线平台，可以帮助开发者快速搭建和部署算法模型，提高开发效率和算法性能。当前在全球广受欢迎的平台有 Github、Gitlab、Gitee、Bitbucket、Kaggle、TensorFlow、PyTorch 等。以 Github 为例，该平台至今已

---

① The Armed Conflict Location & Event Data Project（ACLED），"About ACLED"，https：// acleddata. com/about-acled/.

吸引全球超过一亿的程序开发者、400多万组织机构入驻，现有项目存储库已超过3.3亿个，相关算法模型更是数不胜数。[①] 第二，算法博客与问答平台。此类平台主要是指一些数据分析、程序开发的技术爱好者将自己创建或者学习他人的算法模型和学习经验放在自己的网站主页上，供他人访问学习；同时，此类平台还设有相应的问答机制，鼓励不同程序的研发者相互交流。当前国内广受欢迎的有博客园、CSDN、51博客、稀土掘金、开源中国等平台，国外有Stack Overflow、DEV、DZone等平台。以CSDN为例，该平台定位为专业开发者的交流社区，其不仅发布全国乃至全世界相关技术领域的新闻和技术发展动向信息，同时也鼓励技术开发者分享自己对相关技术的认识、解答平台中其他用户提出的问题等。第三，学术研究附件托管平台。此类平台主要专注于学术研究，为相关研究提供数据存储空间，为算法模型的复用、创新以及人才培养提供相应的交流机制。如上文所述的Dataverse开源数据管理平台，其不仅拥有大量研究人员提供的数据资源，同时也存在对应的算法资源，方便其他学者在学习相关文献时，通过平台上提供的数据和算法，进行模型复现和模型检验。

然而，以上的算法供应并没有解决多数学者不懂编程、不能调用代码的问题。而对于多数缺乏数理统计和编程基础的研究人员而言，上述平台的"低代码化"发展仍然不能有效解决他们面临的算法难题。

2. 算力问题：增强算力的可满足性

如今，算力作为发展数字经济、推进智慧大脑、开展大数据分析的基本资源，在国家战略中已经提升到与水、电、煤、燃气等基础资源同等级别的高度。[②] 无论是从国家战略发展还是市场竞争的角度，各国、各公司都在加紧建设算力基础设施。当前算力建设和供应的主要模式分为两种：集中式超

---

① Github，"Let's Build from Here： The Complete Developer Platform to Build，Scale，and Deliver Secure Software，" https：//github. com/about.

② 单志广、何宝宏、张云泉：《国家"东数西算"工程背景下新型算力基础设施发展研究报告》，中国智能计算产业联盟，第8页，http：//scdrc. sic. gov. cn/archiver/SmarterCity/Up File/Files/Default/20220927171550763370. pdf。

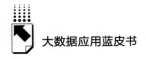

级计算中心和分布式计算系统。

集中式超级计算中心主要是指，通过高速网络将数百台乃至数千台计算节点连接在一起形成的大规模计算集群，这些计算节点配备了高性能的处理器、大容量的内存和高速存储系统，具备强大的计算资源，能够实现大规模的并行计算和数据处理。超算中心通常用于模拟天气系统、观察气候变化、地震模拟、宇宙演化、生活医学研究、材料科学研究、能源开发等复杂的科学计算问题。当前全球各国都在抢先建设超级计算中心，如美国国家超级计算应用中心（NCSA）、德国高性能计算中心（HLRS）、英国国家超级计算中心（NSCC）、中国国家超级计算无锡中心等。例如，中国国家超级计算无锡中心由 40 台运算机柜和 8 台网络机柜组成，峰值计算速度可达每秒 12.5 亿亿次，持续计算速度可达每秒 9.3 亿亿次。[①] 超级计算中心的建设已经不仅是计算机算力的比拼和相关领域计算的需求，更成为国家间科技实力的竞争、国家能力的展现。

分布式计算系统主要是指能够提供分布式计算能力的软件系统，它可以管理和协调分布式计算资源，使用户能够方便地进行分布式计算任务的提交、调度和监控。分布式计算主要应用于商业领域，在没有大规模集中式计算机资源的情况下，部分公司可以通过分布式计算系统应对复杂计算需求。当前主流的分布式计算系统有 Apache Hadoop、Apache Spark、Apache Flink、Kubernetes、Apache Mesos 等。以 Apache Hadoop 为例，其主要提供了分布式存储和计算能力，旨在从单台计算机扩展到数千台计算机，使用户能够使用简单的编程模型跨计算机集群对大型数据集进行分布式处理。[②] 当前市面上提供云算力的服务商，如谷歌云、微软云、亚马逊云、华为云、阿里云基本都是采用分布式计算系统，只是各家服务商采用的分布式计算系统存在差异，谷歌、阿里等云服务商采用的是自研的分布式计算系统，而微软、亚马

---

① 李顺顺、颜颖：《高质量发展调研行　国家超级计算无锡中心：超算既要"高大上"，又要接地气》，新华报业网，2023 年 5 月 17 日，https：//www.xhby.net/index/202305/t2023 0517_ 7941840.shtml。

② Apache Hadoop，https：//hadoop.apache.org/。

逊等云服务商的分布式计算系统则是建立在 Apache Hadoop、Apache Spark 等开源系统上的改进型应用。简言之，当前分布式计算模式是提高算力、应对复杂计算的主流方式，对于缺乏集中式超算能力和本地分布式算力的需求者而言，则主要采用谷歌云、阿里云等云计算平台进行数据计算。

然而，无论是集中式超级计算中心还是分布式计算系统，当前的新文科实验室建设都不具备相应的建设条件。一方面，集中式超级计算中心不仅建设成本较高，同时建设的技术难度也较大，新文科实验室暂时还缺乏充裕的资金和专业的人才去建设相应的算力系统。另一方面，分布式计算系统主要是对本地算力进行协调，传统文科的研究方式主要以单台计算机为主，显然也缺乏足够的本地算力。而云算力供应或许是一种可行的算力供应方式，但需要与预训练模型和海量数据相配合展开研究。也就是说，当前算力供应对于文科而言，仍然缺乏一定的普适性。

五　未来发展趋向：新文科实验室建设的可选择路径

放眼未来，新文科建设要想真正迈入"第四范式"，需要从根本上解决"高密度数据供应"和"智能化分析计算"两个公共品问题。当前主流的供应方案主要针对的是那些拥有一定数据分析和编程基础的学者，而未来需要为多数没有掌握数理分析和编程基础的学者提供更加便捷、更易操作的数据平台和计算平台。

（一）数据集成：高密度数据获取与阅读的解决方案

当海量数据在既有研究问题上能够被轻松查找、随意获取时，当任何语种的数据都将不再是研究人员的障碍时，研究人员就可以真正将分析建立在高密度海量数据基础上，从而推动科学发现与学科变革。为实现此目标，第一，新一代实验室建设要着力构建滚动更新型数据库，借助当前计算机领域已经成熟的网络爬虫和数据预处理技术，对这些领域的数据有针对性部署网络爬虫队列，将能够实现海量数据的即时抓取和实时更新。再加上文本分析、关键词提取以及数据可视化技术，一方面，研究人员将能基于既有研究问题实时查看全球变动态势，另一方面，研究人员可以利用数据的信息检索能力输出更加全面且精准的原始数据，开展更加深入的学术研究。第二，需要嵌入智能化数据翻译系统。面对不同语种的数据内容，为避免研究人员因只掌握一种语言、对其他语言束手无策而导致研究结论存在偏差，甚至是错误的情形，数据库需要解决不同语种的翻译问题。例如，通过将百度翻译、谷歌翻译、必应翻译、彩云翻译等系统嵌入数据库，来增强数据实时翻译能力，这样有助于消除语言障碍、提高研究人员的数据阅读速度。

（二）计算集成：智能化与半智能化计算的构建思路

计算集成的主要目的是降低算法模型的构建难度、提高复用性以及提供充足的算力支持。对于大多数无法真正掌握计算编程的文科学者而言，与其直面数据处理难题，不如直接绕过艰难学习阶段、应用集成算法系统来展开相关大数据研究。

第一，需要构建算法集成和预训练平台。建设该平台主要并不是为了创新最新的算法模型，而是为了在文科和计算机科学之间搭建学科交叉的桥梁，将计算机科学领域中已经成熟的技术集成化、智能化、可复用化，在文科研究中予以应用，推动文科基于大数据的研究发展。为此，新文科实验室建设可以将适用于社会科学研究的各种算法模型集成、封装，并形成一个可选择的"算法工具箱"。以往计算解决思路是"低代码化"，为少数有相应编程基础的学者提供公共产品，而未来则需要将算法模型实现"零代码化"。例如，深耕于复杂系统领域的斯蒂芬·沃尔夫勒姆（Stephen Wolfram）构建了号称可计算万物的 Mathematics 工具平台，该平台集成了包括微积分、几何学、微分方程、统计学、概率论等几乎所有基础数学的公式，并提供包括机器学习、自然语言处理等各种计算模型；相较于当前主流的 R 语言、python 等编程计算工具，研究人员只需要通过 wolfram 语言几行简单的命令即可在平台中计算推演各种复杂的模型，极大地简化了科学研究中的计算难题。①

　　第二，需要构建指导应用的计算指南。对于已经集成的算法模型，没有相关知识积累的学者如何使用也是一个至关重要的问题。为此，需要将现有各模型的应用范围、使用方式、计算原理以及结果研判标准等内容进行详细说明。正如医院检测仪器把检测指标、指标标准等内容随检测结果一同呈现，不仅便于医生进行研判，同时非医生也能大致看懂各指标情况。也就是说，针对特定的问题，研究人员不需要掌握算法编程，通过在"算法工具箱"中选择已经封装好的预训练模型进行数据分析即可。这种方式能够将计算过程的操作难度降到最低，只需要进行简单的输入、输出操作，并调整相应的参数，就可以提取到计算结果；真正做到将复杂分析留给机器，研究人员只需要基于自身的专业知识对结果进行分析、解释即可。

---

① Wolfram, "WOLFRAM MATHEMATICA: The World's Definitive System for Modern Technical Computing", https://www.wolfram.com/mathematica/index.php.en? source = nav&source = footer.

Abstract

In 2023, China's digital economy developed with new features. First of all, at the policy level, on December 19, 2022, the Central Committee of the Communist Party of China and the State Council issued the "Opinions on Building a Data Basic System to Better Utilize Data Elements". This document, known as the "Twenty Data Regulations", is a milestone in China's digital economic development. It underscores the nation's high regard for data as a new and crucial production factor and foretells the deep exploration phase of data element transactions. Secondly, at the technical level, from the beginning of 2023, ChatGPT rapidly gained global popularity. Large models led by ChatGPT represent a new wave of global artificial intelligence technology development. Large models are accelerating the intelligent upgrading of the real economy and profoundly changing industry productivity. Through the path of "big data + high computing power + powerful algorithms", large models significantly enhance generality and generalization, transitioning artificial intelligence from the era of predominantly custom training with specialized small models, known as the "craft production era," into the "industrial era" primarily dominated by universal large model pre-training. Under this policy and technical background, what characteristics will the development and application of big data show, and what trends and challenges will it face? It needs to be observed and thought by all parties in the industry, and respond positively.

The "Blue Book of Big Data Applications" jointly compiled by the Big Data Management Committee of China Management Science Society (CMSS), the Industrial Internet Research Group of Development Research Center of the State Council (DRC) and Shanghai Neo Cloud Data Technology Co., Ltd., is the first blue book on big data application in China. The aim of this blue book is to describe the current state of big data applications in various industries, fields, and typical scenarios under the backdrop of new technologies and policies. It analyzes current issues and factors constraining the development of big data applications. Based on the current state of big data applications, it makes judgments about their development trends. Volume 7 (2023) of the blue book is divided into four parts: the general report, hot topics, cases, and analysis sections. It focuses on new technologies and scenarios, tracking the latest trends in big data applications in various fields and industries such as digital government, education, culture, tourism, finance, industrial manufacturing, and more. The report compiles relevant practical case studies. This issue of the report collects hot cases such as "Analysis on the elements of big data serving the government's accurate decision-making", "Application of big data in census and evaluation of cultural and tourism resources", "Application of big data in education governance", and "The application of industrial Internet in the glass manufacturing industry". These cases are analyzed in-depth.

The "Blue Book of Big Data Applications" Volume 7 (2023) believes that the rise of the large models represented by ChatGPT will bring a series of changes to the development of the digital economy including the transformation of data elements from resourceization to assetization; fine management of data transactions; collaborative, intelligent and green computing infrastructure; AIGC (artificial intelligence generated content) technology leads technological change. Driven by relevant national policies, AIGC will further evolve with the maturity of basic data, model technology and computing infrastructure. It will not only promote richer and higher-quality content creation, but also have the potential to expand to multiple industries such as education, medical care, engineering, scientific research and art. The "Blue Book of Big Data Applications" Volume 7 (2023) points out that the large model promotes the transformation of data elements from resources to assets, which is a key step in releasing the potential value of data, marking the deeper development of economic and social digitalization. While the large model bring a series of changes, it also brings many corresponding challenges. For example, the large model puts forward higher requirements for data authority,

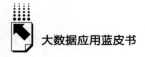

大数据应用蓝皮书

quality, scale, diversity, timeliness and security in data processing, etc.

Keywords: Twenty Data Regulations; ChatGPT; Large Models; AIGC

Contents

I   General Report

B.1   Generation & Creation : Development and Application of
Big Data in China in the Context of Large Models
Editorial Board Research Group of the Big Data
Applications' Blue Book / 001

Abstract: This report provides a detailed analysis of the landscape of China's digital development in the context of AI large models, covering aspects such as the digital economy, big data industry, key technologies, and innovation capabilities. It delves into data element policies, data trading, and data security, discussing the relationship between big data and large models, and summarizing trends in computing power and large model development. The report showcases digitalization's application and impact in government, culture, society, and ecology. It emphasizes the transformation of data elements from resources to assets for deepening the digital economy and social development, highlights the need for improved data trading management to innovate trading technologies and models, discusses the role of "The East-West Compute Transfer Project" in promoting synergistic, intelligent, and greener computing infrastructure, and foresees how AIGC technology will enhance content creation quality and diversity across industries.

Keywords: Artificial Intelligence; Big Data; Large Models; High Computing Power; Data Elements

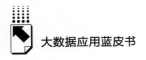
Ⅱ Hot Topics

B.2 Application of Big Data in Census and Evaluation of
Cultural and Tourism Resources

Wang Yingjie, Wang Kai, Zhang Peng and Han Ying / 027

Abstract: The census and evaluation of cultural and tourism resources are prerequisites for resource development, planning, and management, in which big data plays a significant role in providing support. This report introduces the current situation and development trends in the census and evaluation of cultural and tourism resources, with a focus on the application of big data in these areas and its effectiveness. Firstly, with the integration of big data, the model for cultural and tourism resource census can be optimized and improved, effectively enhancing progress in excavation, compilation, and the construction of databases for cultural and tourism resource lists. Simultaneously, this enables the promotion and application of in-depth innovations in theories and methods for evaluating cultural and tourism resources. Secondly, big data in the census and evaluation of cultural and tourism resources has yielded results in process optimization, quality improvement, and the expansion of prospects, among other achievements. These outcomes are specifically demonstrated through case studies in different geographical regions, including Ningxia, Hainan, Qimen, and others.

Keywords: Big Data; Cultural and Tourism Resources; Resources Census; Resources Evaluation

B . 3　Digital Transformation Empowers the Educational Governance

　　Practice of Jiangsu Open University: Achieving

　　"High Quality" Through "Intelligent Governance"

　　　　Huang Li, Li Fengxia, Feng Yujia, Lai Wentao and Wang Fen / 052

Abstract: The advancement of the national education digital transformation strategy has injected new momentum into the construction and reform of the online education ecosystem in the new era. The integration and innovation of digital technology and online education have been deepening continuously, leveraging digitalization to promote the integration and sharing of digital educational resources, empower educational teaching and governance, and facilitate the modernization of the governance system and capacity in higher continuing education. These developments hold significant social importance. As a leading force in the construction of a service-learning-oriented society and the establishment of a lifelong education system for all, Jiangsu Open University has harnessed digitalization to empower the construction of an educational big data governance system. It has successfully addressed key bottlenecks in higher education big data governance by exploring valuable aspects such as the framework, practical pathways, and governance effectiveness of an education governance system based on a data foundation. From both technological and organizational perspectives, a practical model for data governance in higher continuing education has been proposed, resulting in the development of the university's capabilities and service paradigm to serve a lifelong learning society for all in Jiangsu, thereby promoting the collaborative development of the educational data governance system.

Keywords: Data Governance; Educational Big Data Governance; Service－Learning Oriented Social Development; Education Digital Transformation; Data Security

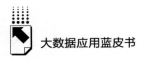

B . 4　Analysis on the Elements of Big Data Serving the
Government's Accurate Decision-making
—*Based on the construction practice of big data platform*
of Anhui Provincial Government

Wang Xiaosheng，*Zhang Qi* / 071

Abstract：Big data not only changes the way government makes decisions，
but also promotes the precision of government decisions. At present, the
application of the government's accurate decision-making of big data services is still
in the primary stage. There are obstacles in the integration of government and
enterprise data, government data analysis, data security and confidentiality,
management system and mechanisms, etc. , resulting in the common problems
such as：people can hardly and correctly use the data, or unwilling, even dare not
use the data. From the perspective of how the government big data analysis
platform serves the accurate decision-making of government departments,
combined with the cases of big data analysis platforms of the state and some
provincial units in our province, this paper summarizes and puts forward the
promotion of digital transformation to realize the modernization of provincial
governance capabilities, the improvement of the emergency response ability of big
data in response to emergencies, and implementing the construction of the digital
Yangtze River Delta, building the digital economy industrial ecology with data as
the key factor, improving the resource factor guarantee ability, providing
standardized services to meet the needs of the masses of the people, planning
scenario services and other suggestions to improve the government's decision-
making ability with big data application.

Keywords：Government Big Data；Accurate Decision-making；Big Data
Platform；Anhui

B.5   Research and Discussion on Integrated Cloud Native Security
Architecture for Full Lifecycle

Chen Quan, Li Yan and Huang Yong / 088

Abstract: Beginning with cloud-native architecture, this article provides a brief overview of the current development status of cloud-native technology and the security challenges it presents. To address these security challenges, we have drawn from the comprehensive security frameworks developed by Gartner and the Institute of Information and Communications Technology, adapting them to domestic requirements, and proposed our design concepts for a security framework. Following this approach, we present an introduction to the security protection capabilities of cloud-native technology throughout its entire lifecycle. This includes aspects such as cloud infrastructure security, product security, runtime security, and others. Additionally, we propose a plan for constructing and operating an integrated security operation platform. Finally, we provide a brief overview of a practical deployment application case.

Keywords: Cloud Native Security; DevOps; Container Security; CNAPP

Ⅲ   Cases

B.6   The Application of Industrial Internet in the
Glass Manufacturing Industry   *Yu Furong* / 116

Abstract: In response to the challenges faced by the glass manufacturing industry, we conducted a study on solutions provided by industrial internet and industrial big data technology. We introduced the architecture of the industrial internet platform, division of labor at all levels, and key technologies. By applying industrial big data in monitoring, fault diagnosis and prediction, and energy consumption management in glass production processes, we have demonstrated that

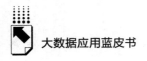

industrial internet and industrial big data can assist manufacturing enterprises in achieving intelligent production processes. This, in turn, helps optimize production efficiency, improve product quality, reduce costs and risks, and ultimately realize the goal of intelligent manufacturing.

Keywords: Industrial Internet; Industry Big Data; Glass Manufacturing Industry; Production Process Monitoring; Big Data Analysis

B.7　The Practice of Empowering Megacity Governance with Digital Intelligence in Nanjing　　*Mao Yinling*, *Sun Wen* / 132

Abstract: Relying on advanced technologies such as big data and artificial intelligence to enhance urban governance capabilities is a crucial lever for modernizing the governance system and its overall effectiveness. The Nanjing 12345 government hotline has harnessed its data advantages and initiated four major endeavors focused on megacity governance. Firstly, it empowers interaction between the government and the public to streamline and optimize channels for expressing people's demands. Secondly, it supports urban development and contributes to the creation of a model city that meets citizens' expectations. Thirdly, it facilitates the formulation of urban planning and enhances the efficiency of public services during the 14th Five-Year Plan period. Lastly, it strengthens crisis response capabilities to ensure people's well-being during emergencies. Starting with digitalization and intelligence, Nanjing continuously explores innovative approaches to empower urban governance and contribute to the development of megacities.

Keywords: Mathematical Intelligence; 12345 hotline; Urban Governance; Nanjing

B.8 Big Data Empowers High-quality and Balanced
Development of Urban and Rural Education

Xia Jingqi, *Ma Youzhong* / 145

Abstract: With the continuous popularization of nine-year compulsory education, there has been a basic balance achieved between urban and rural education. However, several issues still hinder the attainment of a higher level of high-quality balance. These issues primarily include imbalances in educational information infrastructure, the uneven distribution of excellent teachers, disparities in the availability of high-quality curriculum resources, differing levels of understanding in data thinking, and variations in the quality of student training. Drawing upon the advantages of big data in promoting the sharing of high-quality educational resources and data analysis, this article presents several avenues for big data to enable the high-quality and balanced development of urban and rural education. These paths include establishing a big data platform for urban and rural education, enhancing the teaching capabilities of rural educators, strengthening the development and sharing of high-quality courses, improving information literacy, and fully harnessing the value of student learning data. Finally, the article introduces a typical case and showcases the application results from Ye County, Pingdingshan City, which demonstrates how big data contributes to enabling high-quality and balanced development in urban and rural education.

Keywords: Big Data; High Quality and Balanced Development of Education; Data Thinking; Big Data Platform of Education

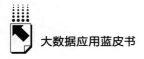
B.9 Big Data Application in Digital Transformation

      Practice of Water Supply: A Case Study of Hefei Water Supply

      Group Co., Ltd   *Zhu Bo, Mu Li and Wu Ming* / 161

Abstract: With the continuous development and popularization of big data technology, smart water construction has become an inevitable trend in the future development of the water sector. This article conducts a review and analysis of the construction practices and applications of big data in smart water services, provides an in-depth introduction to the development trends and challenges of smart water services, proposes an overall smart water service architecture that is in line with the actual business practices of water supply companies, and studies the application of big data technology in water supply "water networking", production operation system, service marketing system and comprehensive management system construction. This article takes the digital transformation practice of Hefei Water Supply Group Co., Ltd as an example, proposes a complete digital transformation solution for water supply enterprises, and evaluates the construction effect.

Keywords: Big Data; Smart Water Utilities; Enterprise IDC; Smart Water Plant; Water IoT

B.10 Research on the Path of Deeply Integrating the

       Development of Digital Economy and Real

       Economy Based on Smart Light Poles

                     Zhou Shuqin, Zang Feng / 178

Abstract: From the perspective of macro policies and the market environment, this paper systematically examines the current upstream and downstream industrial chains and technology development trends within the smart light pole industry. It takes the successful example of the digital transformation of the lighting industry in Nanjing, which contributes to the urban digital reality integration development, as a case study. The paper aims to provide strategies for digital reality integration development based on smart light poles, with the goal of offering valuable recommendations for government decision-making. It also seeks to promote the aggregation of key factors such as ecological enterprises, talent, technology, and capital, providing useful insights for the development of the digital economy and the smart IoT industries centered around smart light poles.

Keywords: Smart City; Smart Light Pole; Digital Economy; Smart IoT

Ⅳ Analysis

B.11 Applications and Development of Big Data in Digital

Government Construction: Challenges and Solutions

Wang Xiaofang, Tang Yalin / 198

Abstract: The application and development of big data are essential technical supports for the construction of a digital government and serve as a significant driving force for the coordinated development of the digital economy, digital society, and digital government. This report begins by conducting a comprehensive analysis of the positioning and essential characteristics of digital government in the new era. It identifies that the phased characteristics of China's digital government construction are jointly influenced by the new national mission, the new normal of the economy, new social changes, and new global trends. These essential characteristics reflect the changing governance needs, development challenges, and evolving public expectations intertwined in China's economic and social development process. Furthermore, the report systematically summarizes and elaborates on the current state, opportunities, and challenges of digital government construction in China. In this new era of digital economy and digital society development, key historical opportunities for advancing digital government construction stem from the technical foundations of big data development, top-down policy initiatives, the practical requirements for integrating government affairs and services, and the value orientation of a "people-centered" approach. To capitalize on these opportunities, mitigate risks and challenges, and facilitate the transformation and enhancement of the digital government system, active planning is required, particularly from the perspective of solidifying the "foundation" of the big data system. The primary approach involves breaking down data barriers, promoting the co-construction and sharing of nationally unified government big data, innovating technology platforms to establish a one-stop government big data sharing platform, implementing a hierarchical layout for new infrastructure to facilitate the development of digital infrastructure, strengthening data rights protection, and establishing a digital information security community.

Keywords: Digital Government; Big Data Applications; Digital Transformation; Governance Modernization

B.12 Exploring the Information Application of Big Data in Commercial Banks' Outstanding Credit

Asset Management　　　　　　　　*Wang Jianhao, Zhao Feifei* / 216

Abstract: As China's economy transitions from high-speed growth to high-quality development, the traditional credit business of commercial banks, which heavily relies on real estate mortgages to create credit, is becoming unsustainable. There is an urgent need to adopt new scientific methods to assist banks in establishing credit assessment and pricing capabilities, with a focus on the primary source of repayment. Thanks to the comprehensive implementation of the National Golden Tax Project, obtaining compliant enterprise tax-related data, particularly real transaction data, has become increasingly convenient. This opens the door to using causal relationship data instead of merely correlational relationship data to characterize the operational conditions and credit risks of enterprises. By modeling with real transaction data, we can address the issue of information asymmetry among banks and external stakeholders such as enterprises, tax authorities, regulatory agencies, as well as within various internal bank processes. This approach helps in preventing potential moral hazards and effectively aids banks in identifying and assessing various credit risks, including issues such as "inflated revenue", "off-balance-sheet operations", "borrowing under others' names", "insufficient debt-servicing capacity", and more. It also allows banks to implement comprehensive, dynamic, and intelligent risk control measures, thus enabling them to maintain stable operations in the credit business and guard against systemic risks. Therefore, it is imperative for commercial banks to establish a recognized, verifiable, traceable, real, objective, and complete foundation of enterprise transaction data to empower credit asset management.

Keywords: Commercial Bank; Credit Asset Management; Information Asymmetry; Transaction Data; Big Data Risk Control

B.13 Digital Logo Tamps the Identity Cornerstone of Digital Economy *Fan Yin, Wang Guorong* / 234

Abstract: Digital identification is the cornerstone of digital economy development and a prerequisite for establishing a trust ecosystem within the digital economy. China's industrial Internet identification and natural person digital identification have seen rapid development. The infrastructure for the industrial Internet identification resolution system has essentially taken shape, and industry standards have been continually developed. Additionally, local and industry innovation cases continue to grow, with technologies such as IoT big data, trusted computing, blockchain, privacy computing, and cloud-edge collaboration being widely applied at a deep level. The establishment of platforms, including distributed digital identity services and blockchain-as-a-service, will further enhance China's identification resolution and verification system, providing a trustworthy foundation for data circulation and promoting the long-term stable development of the digital economy.

Keywords: Digital Identity; Decentralized Digital Identification; Industrial

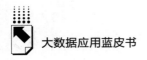

B.14 Urgent Problems in the Construction of New

Liberal Arts Laboratories   *Dong Qingling*, *Liu Wenlong* / 252

Abstract: Currently, with the advancement of digitization, establishing new liberal arts laboratories has become a crucial step for social science research to transition into the "Fourth Paradigm". However, due to limitations in funding and technological barriers, the construction of these new liberal arts laboratories faces key challenges. These challenges include ensuring a stable supply of large-scale data and enhancing the computability of multimodal data. The former issue primarily aims to address the lack of data and the difficulty in effectively accessing data in liberal arts big data research. The latter problem focuses on enabling non-programmers to perform large-scale data computations and determining who will provide the necessary computational support. Therefore, only by effectively addressing these two critical issues can the construction of new liberal arts laboratories genuinely contribute to the advancement of data-intensive scientific research and intelligent analysis in the liberal arts, thus embracing the "Fourth Paradigm".

Keywords: the Fourth Paradigm; New Liberal Arts; Laboratory Construction

权威报告·连续出版·独家资源

皮书数据库
ANNUAL REPORT(YEARBOOK)
DATABASE

分析解读当下中国发展变迁的高端智库平台

所获荣誉

- 2020年，入选全国新闻出版深度融合发展创新案例
- 2019年，入选国家新闻出版署数字出版精品遴选推荐计划
- 2016年，入选"十三五"国家重点电子出版物出版规划骨干工程
- 2013年，荣获"中国出版政府奖·网络出版物奖"提名奖
- 连续多年荣获中国数字出版博览会"数字出版·优秀品牌"奖

皮书数据库　　　"社科数托邦"
　　　　　　　　微信公众号

成为用户

　　登录网址www.pishu.com.cn访问皮书数据库网站或下载皮书数据库APP，通过手机号码验证或邮箱验证即可成为皮书数据库用户。

用户福利

- 已注册用户购书后可免费获赠100元皮书数据库充值卡。刮开充值卡涂层获取充值密码，登录并进入"会员中心"—"在线充值"—"充值卡充值"，充值成功即可购买和查看数据库内容。
- 用户福利最终解释权归社会科学文献出版社所有。

数据库服务热线：400-008-6695
数据库服务QQ：2475522410
数据库服务邮箱：database@ssap.cn
图书销售热线：010-59367070/7028
图书服务QQ：1265056568
图书服务邮箱：duzhe@ssap.cn

社会科学文献出版社 皮书系列
SOCIAL SCIENCES ACADEMIC PRESS (CHINA)

卡号：784835994328
密码：

S 基本子库
SUB DATABASE

中国社会发展数据库（下设 12 个专题子库）

紧扣人口、政治、外交、法律、教育、医疗卫生、资源环境等 12 个社会发展领域的前沿和热点，全面整合专业著作、智库报告、学术资讯、调研数据等类型资源，帮助用户追踪中国社会发展动态、研究社会发展战略与政策、了解社会热点问题、分析社会发展趋势。

中国经济发展数据库（下设 12 专题子库）

内容涵盖宏观经济、产业经济、工业经济、农业经济、财政金融、房地产经济、城市经济、商业贸易等 12 个重点经济领域，为把握经济运行态势、洞察经济发展规律、研判经济发展趋势、进行经济调控决策提供参考和依据。

中国行业发展数据库（下设 17 个专题子库）

以中国国民经济行业分类为依据，覆盖金融业、旅游业、交通运输业、能源矿产业、制造业等 100 多个行业，跟踪分析国民经济相关行业市场运行状况和政策导向，汇集行业发展前沿资讯，为投资、从业及各种经济决策提供理论支撑和实践指导。

中国区域发展数据库（下设 4 个专题子库）

对中国特定区域内的经济、社会、文化等领域现状与发展情况进行深度分析和预测，涉及省级行政区、城市群、城市、农村等不同维度，研究层级至县及县以下行政区，为学者研究地方经济社会宏观态势、经验模式、发展案例提供支撑，为地方政府决策提供参考。

中国文化传媒数据库（下设 18 个专题子库）

内容覆盖文化产业、新闻传播、电影娱乐、文学艺术、群众文化、图书情报等 18 个重点研究领域，聚焦文化传媒领域发展前沿、热点话题、行业实践，服务用户的教学科研、文化投资、企业规划等需要。

世界经济与国际关系数据库（下设 6 个专题子库）

整合世界经济、国际政治、世界文化与科技、全球性问题、国际组织与国际法、区域研究 6 大领域研究成果，对世界经济形势、国际形势进行连续性深度分析，对年度热点问题进行专题解读，为研判全球发展趋势提供事实和数据支持。

法律声明